EDITION Gefiederte Welt

Volker Munkes / Heidrun Schrooten

Papageienverhalten verstehen

70 Farbfotos
10 Zeichnungen und Karten

Inhalt

Großpapageien in menschlicher Obhut 10

Die beliebtesten Papageienarten 15

Körperliche Fähigkeiten 26

Die Verhaltensweisen der Papageien 40

Verhaltensprobleme bei Heimvögeln 92

Gelbhaubenkakadu.

Aufzuchtmethode und Verhaltensentwicklung 103

Tiergartenbiologische Gesichtspunkte 116

Anhang 126

Geleitworte und Vorwort

Geleitwort von Dieter Hoppe

Ein unter Naturwissenschaftlern gern benutztes Zitat lautet: „[…] was man erforscht verändert man“. Wenn man sich intensiv mit einer Sache beschäftigt, dann wird man sie durch Beobachten und Hinterfragen besser kennenlernen. Es werden sich neue Perspektiven eröffnen und viele bislang unberücksichtigte Details werden auf einmal zutage gefördert, die zuvor unerkannt waren, aber wichtige Bestandteile des Ganzen sind.

Ein Team um den Biologen Ralf Wanker widmet sich in Feld- und Laborstudien in Kolumbien und am Biozentrum der Universität Hamburg der Ökologie und dem Sozialverhalten des Augenringsperlingspapageis (*Forpus conspicillatus*). Schwerpunkte der Forschungsarbeiten liegen auf den Gebieten der Bioakustik und der Soziobiologie. Erstaunliche Entdeckungen haben in den vergangenen Jahren die Wissenschaftler gemacht. Nicht nur, dass die in Gruppen lebenden Sperlingspapageien mit Tönen in einer Bandbreite von 438–946 Hz miteinander kommunizieren und duettieren und sich dabei umfangreich über die Belange ihres Alltages austauschten. Ganz deutlich zeigen die Aufzeichnungen auf, dass die Mitglieder von Familienverbänden sich sogar „namentlich ansprechen“. So hat das Männchen A, wenn es Kontakt zu seinem Weibchen B aufnahm, immer einen Ruf in gleicher Länge und Frequenz ausgelassen. Die Kontaktaufnahmen zu den Jungen C und auch D erfolgten wieder durch gezielt formulierte Laute von immer gleicher Dauer und gleichem Klang. Salopp formuliert kann man sagen, dass das Ansprechen der einzelnen Sperlingspapageifamilienmitglieder immer mit deren Namen erfolgte. Diese Papageienzwerge mit einem Körpergewicht von gerade einmal 20 Gramm zeigen uns erkennbar auf, auf welch hohem Niveau sich das papageiische Sozialverhalten bewegt und machen uns in aller Deutlichkeit bewusst, wie verantwortungsvoll wir mit diesen Tieren in unserer Obhut und Pflege umgehen müssen.

Die vergleichende Verhaltensforschung oder Ethologie ist eine relativ junge wissenschaftliche Disziplin. Die Pioniere, wie Oskar Heinroth (1871 –1945), Wallace Craig (1876–1954), Karl Ritter von Frisch (1886–1982), Nikolaas Tinbergen (1907–1988) und auch Konrad Lorenz (1903–1989), haben mit ihren theoretischen und methodischen Forschungsarbeiten das Fundament geschaffen. Heute ist die Verhaltensbiologie das integrative Element der organismischen Biologie und durch immer neue Aufspaltungen ein nahezu unerschöpfliches Reservoir für Disziplinen wie zum Beispiel Verhaltensökologie, Soziobiologie, Verhaltensphysiologie.

Wie kann man Verhalten überhaupt definieren? Es ist ein wichtiger Mechanismus bei den Anpassungen eines Organismus an seinen Lebensraum. Dazu zählen auch die sogenannten „Grundfunktionen“ wie Energieverwaltung und Stoffwechsel, Thermoregulierung, Wasserhaushalt, Sinnesphysiologie, Orientierung, und andere mehr. Wesentliche und auch von uns sofort erkennbare Elemente des Verhaltens sind Bewegungs- und Lautsignale, beides wichtige Regulatoren für das innerartliche Zusammenleben. Sie dienen primär dem Erkennen und Sichern von Lebensgebieten für die Tages-, Nacht- und Jahreszeiten gegen Beutegreifer, Krankheiten, Nahrungskonkurrenten und auch „fremden“ Artgleichen, der Erschließung und Nutzung von Nahrungsquellen und Wasserstellen, dem Zusammenleben innerhalb der Paare, Familien, Gruppen und Schwärme und besonders in der Zeit der Fortpflanzung und

Brutpflege mit den Elementen der Balz, Brut, elterlichen Fürsorge bei Jungenaufzucht und Jungenführung. Dieses komplexe Repertoire an Verhaltenselementen hat sich im Lauf der stammesgeschichtlichen Entwicklung der Papageienvögel stets evolutionistisch an sich verändernde Bedingungen mit angepasst.

Wir bezeichnen Papageien, die wir in unserer Obhut pflegen, gerne als Haustiere. Dies ist nur in einem Punkt richtig, nämlich in dem, dass wir die Papageien im Haus halten. Sie bleiben aber dort weiterhin Wildtiere und unterscheiden sich nicht abgesehen von eventuellen Gefiedermutationen, den vielleicht etwas anderen Körperproportionen und ihrer mehr oder weniger geringen Distanz zu uns Menschen von ihren wildlebenden Artgenossen.

Entfliegt ein psychisch und physisch gesunder Wellensittich, der vielleicht schon in über hundertster Haltungsgeneration gezüchtet wurde, dann ist er sofort in der Lage, für sich Futterquellen zu erschließen und Plätze ausfindig zu machen, die ihm Sicherheit bieten. Er ist sofort wieder, wie seine Artgenossen in den australischen Steppen, ein wildes Tier. Was ihm sicherlich nicht gelingen wird, ist unbeschadet den mitteleuropäischen Winter zu überstehen.

Einigen anderen Papageien ist aber auch dies schon gelungen, wie die verwilderten Halsband- und Alexandersittichpopulationen (*Psittacula krameri* und *Psittacula eupartia*) in Heidelberg, Wiesbaden, Köln und anderen Städten beweisen. Selbst die aus tropischen Regionen stammende Gelbkopfamazone (*Amazona oratrix*) wurde zu einem mitteleuropäischen Brutvogel, ist sie doch seit über zwanzig Jahren im Stadtgebiet von Stuttgart etabliert.

Ja, die Intelligenzleistungen und das Verhalten von Papageien ist für uns Beobachter äußerst interessant; umfangreich strukturiert sind die Elemente und faszinieren uns durch viele höchst beeindruckende Gebärden und Laute immer wieder aufs Neue. Allerdings gestaltet sich unser Zusammenleben mit diesen hoch entwickelten Individuen nicht immer in der gewünschten menschlich-papageiischen Harmonie. Hierzu kennen wir die Grundbedürfnisse und Anforderungen dieser Exoten nur unzureichend und interpretieren viele der ausdrucksstarken Verhaltenselemente falsch oder wir vermenschlichen sie zu sehr. Volker Munkes und Heidrun Schrooten, Fachleute die selbst seit vielen Jahren Papageien halten, pflegen, scharf beobachten und sich kritisch mit allen Haltungsbedingungen und denen sich daraus oft ergebenden Problemen auseinandersetzen, haben dem Leben, den Ansprüchen und Bedürfnissen der wilden Papageien nachgespürt. Die Beobachtungen und Aussagen von Feldbiologen fließen in ihr Werk ebenso ein wie die Erfahrungswerte von Haltern und Züchtern. Wenn wir uns nun mit dem vorliegenden Werk beschäftigen, dann werden sich für uns viele neue Blickwinkel eröffnen und wir werden die Papageien und deren Belange, ob wir sie nun im Freiland beobachten oder zu Hause pflegen, besser verstehen lernen und ihnen dann noch idealere Haltungsbedingungen einräumen.

Geleitwort von Ralf Wanker

Die Autoren haben sich mit Erfolg bemüht, die oft schwer verständliche wissenschaftliche Literatur über Papageien zu sammeln, zu sichten und in allgemein verständlicher Form wiederzugeben. Es war Ihnen wichtig, die Ergebnisse wissenschaftlicher Forschung auch unter angewandten Aspekten der Haltung von Papageien in menschlicher Obhut darzustellen. Im Vordergrund der Betrachtungen stand dabei immer das Wohl der Papageien. Heidrun Schrooten und Volker Munkes verdeutlichen, dass Papageien einerseits aufgrund angeborener Verhaltensmechanismen reagieren, andererseits aber nicht die vermenschlichten „Loras“ mit den ihnen oft zugeschriebenen unglaublichen Fähigkeiten und Eigenschaften sind. Die Zweiheit von Instinkthandlungen, Lern- und Intelligenzleistungen darzustellen, ist ihnen überaus gut gelungen. Das vorliegende Buch bietet einen umfassenden Einblick in das Verhalten der meistgehaltenen Großpapageienarten, die jeweils in eigenen Kapiteln vorgestellt werden.

Kapitel 1 befasst sich mit der Geschichte der Papageienhaltung in Europa. Die interessante Palette reicht von der Tierhaltung des Adels über das erste Auftreten der Papageienkrankheit, bis hin zu Papageien in der Malerei und den Richtlinien für die Papageienhaltung.

Im 2. Kapitel werden zwölf der meistgehaltenen Großpapageien vorgestellt. Ein Schwerpunkt liegt bei den Amazonen, Kakadus, Graupapageien und Aras. Angaben zu Verbreitung, äußerem Habitus, Lebensraum, Gelegegrößen, Brutdauer und Flügglingszeit finden sich in übersichtlicher und zusammenfassender Form.

Kapitel 3 beschäftigt sich mit der Frage, was Papageien „von Natur aus“ können. Aktuelle Ergebnisse zu Gehirnstruktur und kognitiver Ausstattung werden gut verständlich dargelegt. Die Autoren gehen auf die innerartliche Kommunikation mittels Körper und Stimme ein. Auch dazu werden neueste Ergebnisse, beispielsweise aus dem Bereich des UV-Sehens, vorgestellt. Insbesondere der Bedeutung der Lautäußerungen im sozialen Umfeld wird Beachtung geschenkt. Wichtige Bereiche des Verhaltens wie Duettieren, Nachahmung, Situationsbezug, Stimmungsübertragung und Gruppenbindung unterziehen die Autoren einer grundlegenden Betrachtung.

Kapitel 4 beinhaltet die soziale Organisation verschiedener Papageienarten. Dazu behandeln die Autoren vor allem Arbeiten, die sich mit freilebenden Papageien befassen. Die Frage nach der Verfügbarkeit von Rangordnungen bei Papageien wird schlüssig beantwortet. Gruppenstärken verschiedener Arten, die im Freiland beobachtet werden konnten werden benannt und sind mit Abbildungen belegt. Da es für sozial lebende Tiere wie Papageien von großer Wichtigkeit ist, eine Rangordnung zu etablieren und zu erhalten und die Frage nach einer Rangordnung immer wieder für heftige Diskussionen sorgt, werden in diesem Kapitel alle Hinweise auf die Existenz von Rangordnungen bei Papageien angeführt.

Ein weiteres Kapitel behandelt kooperatives Verhalten von Papageien; speziell soziale Interaktionen, Hinweise auf Wächtersysteme, Unterstützung gegen fremde Artgenossen, Sicherung von Nahrungs- und Schlafplätzen. Ein wichtiger Unterpunkt ist der gemeinsame Nahrungserwerb. Die Autoren stellen das Nahrungsverhalten verschiedener Arten vor. Unter anderem weisen sie auf die für einige Arten dokumentierte Aufnahme tierischer Nahrung und auf die Entgiftungsmechanismen freilebender Tiere hin. Ein weiterer Aspekt, der ausführlich abgehandelt wird, ist das Spielverhalten. Es wird von den Autoren in seinen verschiedensten Formen einfühlsam und detailliert beschrieben. Da zum Spielverhalten auch das Baden gehört, wird hierauf gerade im Zusammenhang mit der wesentlichen Funktion für die Gefiederpflege eingegangen. Ebenso die Bedeutung der Tagesperiodik wird eingehend geschildert. Mögliche psychische Folgen unangepasster Belichtungszeiten werden angesprochen. Da zum Sozialverhalten stets auch die innerartliche Aggression gehört, ist dieser ein großer Teil des Kapitels gewidmet. Es wird nicht nur auf die Aggression zwischen den Tieren selbst, sondern auch auf die Aggression zwischen Tier und Mensch und deren Ursachen Bezug genommen. Wer die Körpersprache seiner Papageien erkennen und richtig interpretieren möchte, findet gut verständliche Beschreibungen der Signalsprache verschiedener Arten, häufig mit Abbildungen unterlegt.

Obwohl die meisten Papageienarten sozial lebende Tiere sind, kommt es immer wieder zur Ausbildung von Territorien, besonders zur Brutzeit. Das Phänomen Territorium und seine Implikationen für die Haltung in menschlicher Obhut wird ausführlich angesprochen.

Das Kapitel zu Haltungsproblemen ist sicherlich für viele Halter das wichtigste. In diesem Kapitel werden Verhaltensprobleme von Papageien in menschlicher Obhut dargestellt. Fallschilderungen verdeutlichen das jeweilige Phänomen, Ursachen werden benannt und Möglichkeiten zur Abhilfe geboten. Ein Schwerpunkt des Kapitels ist die, teilweise unvermutet auftretende, Aggression gegen Halter. Eben so wird auf das häufig zu beobachtende Phänomen des Federrupfens hingewiesen und mögliche Kausalitäten erörtert.

Einer der wesentlichen abgehandelten Aspekte ist der Einfluss der Aufzuchtmethode auf die Verhaltensentwicklung. Vor allem auf mögliche Auswirkungen von Handaufzuchten wird verwiesen und es wird dargelegt, dass diese früher aus der Not entstandene Methode heute oft praktiziert wird, wobei die Folgen nicht selten unterschätzt werden. Verdeutlicht wird auch, dass Handaufzuchten in unserer modernen Gesellschaft ethisch nicht vertretbar sind. Mögliche Auswirkungen werden umfassend beschrieben. Anschließend daran gehen die Autoren auf Naturbruten und deren Grundlagen ein.

Munkes und Schrooten haben einen Leitfaden entwickelt, an dem sich der interessierte Papageienhalter orientieren und die für seine Lieblinge richtige Haltungsform finden kann.

Sowohl die soziale Organisation der Tiere im Freiland, die Volierengröße, die Notwendigkeit der Schaffung von Flugmöglichkeiten als auch ein sinnvolles Futterangebot finden Berücksichtigung. Es werden konkrete Vorschläge für eine Bereicherung der „Futterpalette“ unterbreitet.

Insgesamt offeriert dieses Buch dem Halter von Großpapageien ausreichend Hintergrundwissen, um die Haltung seiner Lieblinge zu optimieren. Auf jeden Fall ist es ein eindringlicher Aufruf, sich am natürlichen Verhalten der Papageien zu orientieren.

Vorwort

„Da es bisher nicht als Schande gilt, ohne naturwissenschaftliche Bildung zu sein, ist bei den allermeisten unserer Zeitgenossen die Gesamtauffassung vom Tier voller Vermenschlichungen und Voreingenommenheit."
Oskar Heinroth, 1941

Oskar Heinroth, der eigentliche Begründer der Tierpsychologie und Lehrmeister von Konrad Lorenz, hat in einem einzigen Satz treffend ein Dilemma angesprochen, an dem sich mehr als sechzig Jahre später wenig geändert hat. Das Wissen um die Lebensweisen und Grundbedürfnisse vieler Tierarten wird bei deren Haltung oft

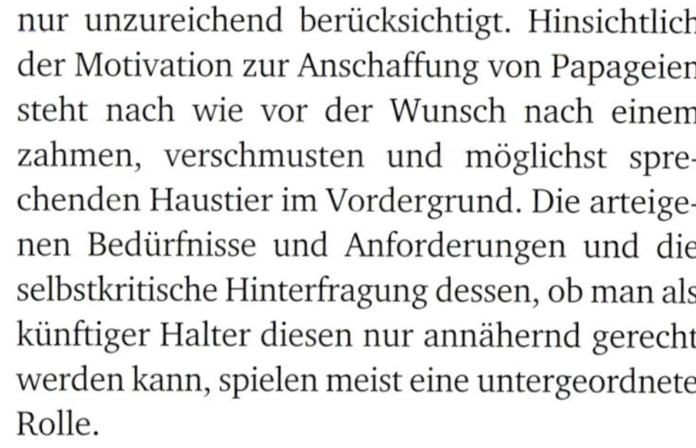

nur unzureichend berücksichtigt. Hinsichtlich der Motivation zur Anschaffung von Papageien steht nach wie vor der Wunsch nach einem zahmen, verschmusten und möglichst sprechenden Haustier im Vordergrund. Die arteigenen Bedürfnisse und Anforderungen und die selbstkritische Hinterfragung dessen, ob man als künftiger Halter diesen nur annähernd gerecht werden kann, spielen meist eine untergeordnete Rolle.

Die Möglichkeiten zur Erforschung tierischen Verhaltens haben sich in den letzten Jahrzehnten deutlich verbessert. Dies gilt auch in Bezug auf Papageien. Trotzdem lässt die herkömmliche Literatur immer noch viele Fragen offen. Die Ergebnisse neuerer Arbeiten und Studien sind oft nur Insidern zugänglich. Zu vielen Teilbereichen der Biologie, Ökologie und Ethologie selbst häufig gehaltener Papageienarten bestehen immer noch erhebliche Wissenslücken. Welcher um etwas umfassendere Informationen über die Lebensweise seiner papageiischen Hausgenossen bemühte Halter könnte beispielsweise nicht bestätigen, dass die Ernährung von Papageien in fast allen auf dem Markt erhältlichen Ratgebern so beschrieben wird: „Papageien ernähren sich vorwiegend von Beeren, Früchten, Nüssen und Samen"; dabei sind allein für die Gruppe der Amazonenpapageien aus Freilandbeobachtungen mehr als fünfhundert verschiedene Nahrungspflanzen bekannt. Gleiches gilt für viele Komponenten papageiischen Verhaltens, die oft nur unzulänglich, unvollständig und in Kategorien menschlichen Verhaltens verpackt, gedeutet und dargestellt werden.

„Animal non agit, agitur."
(Das Tier handelt nicht, es wird getrieben.)
René Descartes, 1637

Ist also dem großen Aufklärer und Rationalisten René Descartes beizupflichten, der das Verhalten der Tiere konsequent auf das Triebleben reduziert sehen wollte und eine strikte Trennung zwischen tierischem und menschlichem Verhalten vornahm? So einfach ist es nicht. Lange Zeit galt der Mensch als Zentrum und Maß aller Dinge.

Seit Charles Darwin die gemeinsamen Wurzeln von Tier und Mensch offen legte und schrieb, dass „der geistige Unterschied zwischen Mensch und Tier, so groß er auch sein mag, sicherlich nur von gradueller Natur, nicht aber von unterschiedlichem Wesen ist" (DARWIN, 1871), kam es nach einer Zeitspanne erbitterter Anfechtungen bis in die Wissenschaftswelt hinein zu einer Fülle teils unhaltbarer Vermenschlichungen tierischen Verhaltens. Tieren, gerade auch Papageien, wurden Fähigkeiten und Eigenschaften zugesprochen, die nach heutigem Kenntnisstand bestenfalls anekdotischen Wert haben und weit über jedes Ziel seriöser Verhaltensforschung hinausgingen.

Welcher Halter wäre nicht geneigt, angesichts balzlustiger, unter Einsatz der ganzen Palette aggressiven Verhaltens „ohne Rücksicht auf Verluste" partner- und revierverteidigender Großpapageien von einer absoluten Dominanz der Triebe auszugehen, wüsste er nicht gleichzeitig auch um außerhalb dieser triebbestimmten Zeiten zu beobachtende Fähigkeiten und Verhaltensweisen.

Das Verhalten unserer gefiederten Freunde zeugt von hoher sozialer Intelligenz, Erfindungsreichtum und Spielfreude. Es ist weder ausschließlich triebgesteuert, noch rein auf Intelligenz-, Anpassungs- und Lernleistungen zurückzuführen. Es ist ein Miteinander – ein „Sowohl-als-auch".

„Die Annahme einer fundamentalen Zweiheit von Instinkthandlung auf der einen, Lern- und Intelligenzleistung auf der anderen Seite hat uns nirgends Schwierigkeiten gebracht, sondern hat uns im Gegenteil manche sonst durchaus unverständliche Verhaltensweise verstehen lassen."
Konrad LORENZ, 1965

Keiner hätte das besser zu formulieren gewusst, als Konrad Lorenz, der große Schüler des eingangs zitierten Oskar Heinroth. Wer „seinen" Papageien im Sinne einer artgemäßen Haltung auch nur annähernd gerecht werden möchte, muss über gute Kenntnisse beider Verhaltenskomplexe verfügen. Zusätzlich gefordert ist die Bereitschaft, aus menschlicher Sicht unangenehme, im Verhaltensrepertoire fest verankerte Bestandteile papageiischen Verhaltens als naturgegeben zu akzeptieren und den Vögeln aus ungeeigneten Erziehungsversuchen resultierende Frustrationen mit oftmaliger Folge psychischer und physischer Beeinträchtigungen zu ersparen. Verhalten ist immer auch an die körperliche Beschaffenheit und das Lebensumfeld einer Kreatur gebunden. Von daher versteht es sich von selbst, dass das Lufttier Papagei in grundlegenden Dingen über andere Anpassungen und Verhaltensstrukturen verfügt, als der Mensch.

Dieses Buch soll einen möglichst umfassenden Einblick in die sozialen und außersozialen Verhaltensweisen der meistgehaltenen Arten geben, Probleme der Haltung in menschlicher Obhut aufzeigen und Ansätze zu deren Abmilderung oder Behebung bieten.

Volker Munkes
Heidrun Schrooten
Nohfelden und Hünxe, im Frühjahr 2008

Großpapageien
in menschlicher Obhut

Seit Jahrhunderten werden Papageien in menschlicher Obhut gehalten. Zu früheren Zeiten war der Besitz von Papageien fast ausnahmslos Privileg der Adels- und gutsituierten Oberschichten, während spätestens seit Mitte des 19. Jahrhunderts Papageien zunehmend auch für das Bürgertum in den europäischen Metropolen erschwinglich wurden. Allerdings war es zum Beispiel noch im Jahr 1840 in Sachsen „armen Bürgern" per Gesetz untersagt, Haustiere zu halten, die „einen Kostenaufwand verursachten" (Sachsse und Tennstedt, 1980). Sandführ (2001) schreibt: „Der Papagei symbolisiert die Vereinnahmung der Neuen Welt durch die Alte und ist vor allem in Europa eine Allegorie des Exotischen."

Kleine Historie der Papageienhaltung in Europa

Seit dem frühen 16. Jahrhundert gelangten die ersten südamerikanischen Papageien von Spanien aus als Geschenke an die europäischen Fürstenhöfe. Geschätzt nicht zuletzt wegen seiner Fähigkeit, die menschliche Sprache zu assimilieren, symbolisiert der Papagei Macht und Reichtum seines Herren und wird dabei vielfach selbst als ein dem Menschen ähnliches Wesen betrachtet. Im Paris des 18. Jahrhunderts wurde bereits eine Vielzahl von Affen, Papageien, Sittichen und Singvögeln als private Haustiere gehalten. Es gibt wenige Hinweise darauf, wie die vielen Papageien, Affen und Sittiche nach Frankreich gelangten. Wahrscheinlich, so die Vermutung von Robbins (2002), wurden viele Tiere zusammen mit Sklaven nach Frankreich eingeschifft. Besonders die gesellschaftlich gut situierten Damen kauften sich Papageien und andere Exoten und präsentierten stolz die Talente ihrer Haustiere. Robbins beschreibt anschaulich die damals wie heute noch unverändert häufig vorzufindende Motivation zur Anschaffung exotischer Tiere und den Umgang mit den Exoten. So schildert sie, dass die Halter ihren exotischen Hausgenossen oft menschliche Gedanken und Gefühle zuschrieben und menschliche Verhaltensmuster zur Beschreibung derjenigen ihrer Haustiere verwandten. Schon im 16. und insbesondere im 18. Jahrhundert blühte in Europa der Handel mit exotischen Vögeln, und Papageien erzielten hohe Preise. Die meisten der nach Europa eingeführten Papageien kamen über den Seeweg in die Häfen, wie auch die Gedichtzeilen von Lotz aus dem Jahr 1916 veranschaulichen:

Ernst Wilhelm Lotz, 1916:

„Ein großer Dampfer kommt vom Ozean.
Stark ruft sein Baß. Die Luft wird plötzlich trüber.
Man drängt ans Wasser kindlich nah heran.
Ein Atem braust. – Die Woermann schwimmt vorüber.
Die Zeltstadt glänzt bevölkert wieder bald.
Wir schreiten langsam durch die hellen Reihen.
Und hören hier: es kam ein Palmenwald,
Ein ganzes Land mit Düften, Negern, Affen, Papageien."

Einen Einschnitt im Papageienhandel brachte das Jahr 1934 mit dem Auftreten einer bis dahin unbekannten und auch für den Mensch gefährlichen Krankheit, der Papageienkrankheit (Psittacose). Als Seuchen vorbeugende Maßnahme wurde ein Einfuhrverbot verhängt, das erst im Jahre 1964 aufgehoben wurde. Danach kam es in den USA und den europäischen Staaten zu einem regelrechten Run auf gefiederte Exoten.

Einen umfassenden Rückblick auf die mehr als tausendjährige Geschichte der Beziehungen zwischen Mensch und Papagei bietet Strunden in seinem Buch „Papageien einst und jetzt – geschichtliche und kulturgeschichtliche Hintergründe der Papageienkunde" (STRUNDEN, 1984).

Kolonialpolitik und wissenschaftliche Expeditionen

Die zahlreichen Expeditionen vom frühen 19. bis zum frühen 20. Jahrhundert in unerforschte Gebiete Süd- und Mittelamerikas und „Schwarzafrikas" im Zuge der Kolonialpolitik brachten neben der Entdeckung und Beschreibung unbekannter Papageienarten auch erstmals damaligen wissenschaftlichen Ansprüchen genügende und verlässlichere Angaben über das Lebensumfeld und die Lebensweise dieser Vögel. In den Sammlungen naturkundlicher Museen sind heute noch zahlreiche Präparate und Bälge von Papageien zu sehen, die von solchen Expeditionen stammen. Doch das mitgebrachte Wissen und besonders die mitgebrachten toten und lebendigen Exemplare dieser schönen Exoten, die „bunten" Veröffentlichungen und Zurschaustellungen weckten vielerorts den Wunsch nach dem Besitz solch farbenprächtiger Tiere. Rasch entwickelte sich ein einträglicher Handel. Oft wurden Papageien auf Bestellung an zahlungskräftige Mitteleuropäer geliefert, um in Menagerien, zoologischen Gärten oder in Privathaushalten zur Erbauung der Besucher oder Besitzer ihr künftiges Dasein zu fristen.

Der berühmte Zoologe Ritter Johannes Baptist von Spix, dem sein Geburtsort Höchstadt an der Aisch ein Denkmal gesetzt hat, legte durch seine Brasilien-Expedition von 1817–1820 den Grundstein für die Kollektionen der Zoologischen Staatssammlung München. Der von ihm erstmals entdeckte und nach ihm benannte Spix-Ara hat ihn in der freien Natur allerdings nur um wenige Jahre überlebt. ROTH (1990) schreibt: „Laut Angaben, die wir von älteren Einwohnern der Region erhielten, setzte sich diese Population von Spix-Aras noch zu Beginn des Jahrhunderts aus dreißig oder mehr Paaren zusammen. [...] Dann jedoch begannen wenige, spezialisierte Fänger in den sechziger und siebziger Jahren die Population in steigendem Maße auszubeuten, und die ins Absurde steigenden Preise für diese Art auf dem „Markt" sorgten dafür, daß auch die letzten Exemplare weggefangen wurden." Bereits die Expeditionen der Ära des Christopher Columbus und der Conquistadores brachten die Kunde vom Ressourcenreichtum des amerikanischen Kontinents an die Königshöfe Europas. Eine industrielle Ausbeutung in für die Naturräume und die darin lebenden Arten wirklich bedrohlichem Ausmaß setzte allerdings erst Anfang des 19. Jahrhunderts ein. Die Folgen für die Lebensräume der Papageien und damit für die Papageien selbst sind hinlänglich bekannt.

Die Kenntnisse über die Biologie der einzelnen Papageienarten sind zwar in Teilen immer noch unzureichend, haben sich jedoch vor allem während der letzten beiden Jahrhunderte deutlich verbessert. Die Motivation zur Haltung von Papageien und das den biologischen Gegebenheiten kaum entsprechende Bild von Papageien hat sich durch die Jahrhunderte hinweg hingegen nicht entscheidend verändert. Den Ansprüchen der Art wird bei der Haltung in privater Obhut immer noch vielfach nur unzureichend entsprochen. Der Bedarf potenzieller Halter ist

Das Ölgemälde zeigt einen Rundkäfig mit Kakadu. Solche ausschließlich an der Wohnästhetik ausgerichteten Behältnisse sind zur Haltung von Papageien absolut ungeeignet.

zwar teilweise durch mittlerweile mögliche Nachzuchten der meisten Arten abgedeckt; allerdings tragen legale und illegale Importe weiterhin zur Gefährdung bis hin zur existenziellen Bedrohung von Arten in den Ursprungsländern bei. Ende 2006 wurden in erster Linie zur Prävention gegen die in den letzten Jahren sich verbreitende Vogelgrippe alle Einfuhren der Wildbahn entnommener Vögel in Staaten der EU untersagt.

Diese wenigen Beispiele aus der Geschichte der Papageienhaltung in Europa sollen nicht darüber hinwegtäuschen, dass die Haltung von Papageien seit Jahrhunderten in allen Teilen der Erde verbreitet ist. Wer sich dazu vertiefender informieren möchte, dem sei die Lektüre „Papageien einst und jetzt" von STRUNDEN (1984) empfohlen.

Vom Wildtier zum Heimtier

Jede Mensch-Tier-Beziehung hatte irgendwann und irgendwo ihren Anfang und entwickelt sich fort. Um Entwicklungen, und welche Richtung sie nehmen, besser einordnen und verstehen zu können, ist immer ein Rückblick auf das Vergangene erforderlich. Während der letzten hundert Jahre haben sich Lebensumstände, -philosophie und technische Möglichkeiten grundlegend geändert. Innerhalb kurzer Zeit können Papageien aus ihren Herkunftsländern nach Europa transportiert werden. Ein Anruf beim Züchter oder ein Besuch im Zoogeschäft genügen, um den Wunsch nach einem papageiischen Hausgenossen zu erfüllen. Papageien fast jeder Art und für fast jeden Geldbeutel sind heute problemlos zu erhalten. Gerade darin liegt ein Problem. Das Wildtier Papagei wird zur beliebigen und erschwinglichen Ware, die oft genug aus einer Laune heraus den Weg in heimische Wohnzimmer findet. Der hohen Verfügbarkeit des Wildtieres Papagei steht nach wie vor ein Mangel an Wissen über seine Bedürfnisse gegenüber. Dem entsprechend sind die aktuellen Haltungssituationen oft wenig tiergerecht.

Die Zoologie unterscheidet zwischen Wildtieren und Haustieren. Der Begriff „Heimtier" ist zwar allgemein gebräuchlich, wird aber in der Regel sehr undifferenziert auf alle Tierarten angewendet, die für die Haltung in Privathaushalten angeboten werden. Im „Lexikon der Tierschutzethik" wird der Begriff Heimtier so definiert: „Alle Tiere [...], die in privaten Haushalten gepflegt werden und nicht als Nutztiere leben. Zu den klassischen Heimtieren zählen Hunde, Katzen, Meerschweinchen, Goldhamster, Wellensittich und Zierfische." (TEUTSCH, 1987) TEUTSCH räumt mit seiner Aufzählung klassischer Heimtiere, die unter anderem deshalb dazu geworden sind, weil ihre Unterbringung und Pflege halbwegs unproblematisch zu bewerkstelligen ist, folgerichtig ein, dass es daneben auch „nicht-klassische Heimtiere" gibt. Dazu gehören sicherlich die sogenannten „Exoten". ISENBÜGEL (1985) präzisierte das Kriterium der unproblematischen Haltung und die Europäische Gemeinschaft hat fast gleichlautend festgelegt: „Die Ansprüche der Tiere an Raum, Klima, Futter und Verhalten müssen leicht zu befriedigen sein." (Europäisches Übereinkommen, 1991) Wer sich mit den Ansprüchen und dem Verhalten von Papageien nicht nur oberflächlich befasst, wird darum wissen, dass diese, mit je nach Art geringen Unterschieden, keineswegs „leicht zu befriedigen" sind. Schon die vom deutschen Bundesministerium für Verbraucherschutz, Ernährung und Landwirtschaft (1995) definierten „Mindestanforderungen an die Haltung von Papageien" verdeutlichen, dass Papageien sehr hohe Anforderungen an Haltung und Pflege stellen. Dabei ist zu bedenken, dass „Mindestanforderungen" nicht annähernd die Bedingungen einer anzustrebenden Optimalhaltung beschreiben. Das Schweizer Bundesamt für Veterinärwesen (1998) bringt es in einer Online-Publikation auf den Punkt: „Die Mindestanforderungen stellen nicht optimale Haltungsformen dar, sondern bilden die Grenze zur tierquälerischen Haltung."

So ist im Differenzierungsprotokoll des Bundesministeriums für Verbraucherschutz, Ernährung und Landwirtschaft (Januar 1995) zu den bundesdeutschen Mindestanforderungen, um nur einen Punkt zu nennen, folgender Verweis zu lesen: „Die Käfig- und Volierenmaße sind insgesamt zu klein." Aber schon die Mindestanforderungen werden bei Haltung von Papageien in menschlicher Obhut nicht selten als überzogen und überfordernd empfunden und teilweise unterschritten. Die schweizerische Tierschutzgesetzgebung stuft selbst als domestiziert geltende exotische Arten, deren Haltung hohe Anforderungen stellt, ausdrücklich nicht als Haustiere, sondern weiterhin als

Wildtiere ein (Bundesamt für Veterinärwesen, 1998).

Wenn wir die Domestikation als Merkmal für die Heim- und Haustiertauglichkeit im Hinblick auf Papageien einer näheren Betrachtung unterziehen, kann klar gesagt werden, dass von ihr lediglich bei verschiedenen Agapornis-Arten, Wellen- und Nymphensittichen, nicht jedoch bei Großpapageien, die Rede sein kann. Dee (2000) schreibt zutreffend: „Papageien sind Wildtiere, auch wenn sie in Gefangenschaft erzüchtet wurden, kann von einer echten Domestikation nicht die Rede sein. Sie haben die selben Bedürfnisse wie ihre wildlebenden Artgenossen, die sich im Alltag sehr aktiv verhalten.“ Abgesehen von vereinzelten, zuweilen mit Absicht betriebenen Mischlingszuchten bei Großpapageien ist bisher bei Nachzuchten in mehreren Generationen keine erkennbare Änderung des Phänotyps zu verzeichnen, ebensowenig eine Änderung von Verhaltensmerkmalen durch selektive Zuchtauslese. Vielmehr sind die grundlegenden Merkmale papageiischen Verhaltens auch bei Nachzuchttieren konstant und erfahren lediglich Veränderungen durch die Haltungsumgebung, nicht jedoch durch Variation genetischer Anlagen (Herre und Röhrs, 1990; Nachtsheim und Stengel, 1977). Evans (2001) hat in einer aktuellen Arbeit zum Thema „Bereicherung der Haltungsumgebung von Papageien“ ebenfalls fundiert dargelegt, warum die Großpapageien weiterhin als Wildtiere zu gelten haben und von einer Domestikation keine Rede sein kann.

Menschliche Sichtweisen

Wohl ohne belehrende Absicht beschreibt der mittlerweile über 90jährige Film- und Theaterschauspieler Sir Alec Guinness im Jahre 1998 in seinen Tagebuchnotizen ein Grundproblem der Papageienhaltung: aus dem „lustigen Wesen“ der prinzipiell mit wenig Haustiereignung versehenen Papageien werden falsche Rückschlüsse auf deren tatsächliche Befindlichkeit gezogen. Er berichtet von einem Graupapagei, der den Anfang eines Hamlet-Monologs aufsagen konnte: „O welch ein Schurk und niedrer Sklav' bin ich! Ist's nicht erstaunlich, daß der Spieler [...]“ , das Wort „Spieler“ ersetzte er durch das Wort „Papagei“ und brach anschließend in ein Gelächter aus. Letztlich verstarb das so „lustige“ und gelehrige Tier völlig federlos und mit Leberschaden in den Armen des Perückenmachers Stanley Hall. Guinness, von dem nicht bekannt ist, dass er sich im Besonderen mit Papageien und deren Bedürfnissen befasst hätte, beschreibt hier anekdotisch ein Vogelschicksal, das sich so oder ähnlich ereignete hatte. Und es wird sich mit anderen Darstellern auch weiterhin ereignen. Sicherlich wird sich heutzutage kaum noch ein auf die Sprachkunst von Papageienvögeln fixierter Halter der von Plinius dem Älteren (circa 23–79 n. Chr.) in seiner „Historia naturalis“ empfohlenen Methode bedienen, Papageien tagsüber allein in einem stillen und dunklen Raum unterzubringen, weil sie sich dann besser darauf konzentrieren könnten, einzelne Wörter oder ganze Sätze zu rezitieren. Allerdings ist nach wie vor die Ansicht verbreitet, dass Einzelvögel, die nur Kontakt zum Mensch genießen, rascher und besser das „Sprechen“ erlernten. Diese Befähigung zur Nachahmung, von einem Sprechen im menschlichen Sinn kann nicht die Rede sein, war und ist eine der Eigenschaften, die wesentlich zur Beliebtheit von Papageien als Hausgenossen, aber auch zu vielfachen Missverständnissen und Tierleid beigetragen hat. Welch tragisch-komische Auswüchse die menschliche Sicht auf das „Sprechen“ gefiederter Exoten im Extremfall hervorrufen kann, zeigt das vom Magazin Stern aufgegriffene Beispiel eines Pädagogen aus Unna, der mit seinem Luftgewehr den Papagei des Nachbarn erschoss, weil dieser ihn ständig beleidigt habe (Stern, 2004).

Gekäfigte und einzeln gehaltene Papageien, wie von de Hooch (1683) auf seinem Gemälde „Ein Paar mit Papagei“ dargestellt, finden sich auch heute noch in vielen Privathaushalten. Gretzschel (2005) beschreibt das im Kölner Wallraf-Richartz-Museum ausgestellte Bild wie folgt: „Die Dame sitzt in einem kostbar schimmernden Kleid auf einem Stuhl, auf dessen Lehne der neben ihr stehende Mann seine linke Hand stützt. Mit der Rechten hat er das Gitter eines auf dem Tisch stehenden Käfigs geöffnet. Der Papagei reckt seinen Kopf nach dem Weinglas der Dame.“ Diese Beschreibung ließe sich mühelos auf manches „Haltungs-Idyll“ der Neuzeit übertragen.

Schon Porcius Cato (234–149 v. Chr.) wetterte zur Glanzzeit des Römischen Imperiums im Rat der Alten über den dekadenten Umgang der Bürger mit den tierischen Hausgenossen:

Wandteller der Firma Villeroy und Boch AG, Mettlach, mit einem Motiv aus der Tafelgeschirrserie „Design 1900“.

„Oh, ihr Senatoren! Oh, unglückliches Rom! Was kommt da auf dich zu! In was für Zeiten sind wir schon geraten, da wir mit ansehen müssen, daß Frauen Hunde auf dem Schoß füttern und Männer Papageien auf der Hand umhertragen!“ (in: STRUNDEN, 1992)

Ein völlig am Wesen und den natürlichen Bedürfnissen von Papageien vorbeizielendes Bild ist keinesfalls lediglich ein der Unkenntnis geschuldetes Überbleibsel aus längst vergangenen Epochen. Es ist wohl so sehr im kollektiven Gedächtnis verankert, dass sich auch in unserer aufgeklärten Zeit Papageien im wahrsten Sinn des Wortes angedichtete Eigenheiten finden, deren Darstellung in unterschiedlichsten Zusammenhängen genutzt wird. So bietet die Europäische Kommission (Generaldirektion Bildung und Kultur) in allen europäischen Sprachen verfügbare Poster zum Thema „Lebenslanges Lernen“ an, auf denen ein Papagei mit Zahnbürste und ein vornehm dreinschauender haariger Affe zu sehen sind.

Ästhetik und Ethik

Kleine verzierte Kuppelverliese entsprachen der Wohnästhetik des 18. und 19. Jahrhunderts und waren in dieser oder ähnlicher Art, und je nach finanzieller Ausstattung der Halter oft reich verziert, weit verbreitet. Dass diese Behältnisse den Ansprüchen der gehaltenen Papageien nach halbwegs ausreichender und der Art entsprechender Bewegung nicht gerecht werden konnten, versteht sich von selbst. Form, Größe und Gestaltung der Käfige wurden durch die Jahrhunderte hinweg den Stilrichtungen der jeweiligen Epochen und den ästhetischen Ansprüchen der meist betuchten Bürger untergeordnet. Neben einem heutzutage reichlichen Angebot an mehr oder minder geeigneten Klein- und Kleinstvolieren für Papageien finden sich in der Angebotspalette nach wie vor Käfige, die sich für die Haltung von Papageien generell nicht eignen.

Derartige Zierbehältnisse sollten einer entsprechenden Nutzung, zum Beispiel als attraktiver Blickfang mit Efeu berankt, zugeführt werden und keinesfalls der Haltung von Papageien dienen. Der Zentralverband Zoologischer Fachbetriebe (ZZF) sieht sich auf seiner aktuellen Webseite immer noch veranlasst, auf die Untauglichkeit von Rundkäfigen hinzuweisen: „Traditionelle Rundkäfige für Vögel sind aufgrund ihrer gefälligen Optik unter Vogelhaltern noch immer verbreitet, obwohl diese Unterbringungsart für die Tiere nur schädlich ist.“ Die Darstellungen auf diversen Schmuckgegenständen sind bis in die heutige Zeit von einem Bild der Papageienvögel geprägt, das sich in seiner romantisierenden Darstellung des papageiischen Wesens erhalten hat.

Die beliebtesten Papageienarten

Die folgenden Artbeschreibungen sollen eine für die Haltung in Menschenobhut repräsentative Zusammenstellung der Papageienarten darstellen, wobei nur die sogenannten Großpapageien berücksichtigt werden. Einen Anhaltspunkt dafür, welche Arten bevorzugt gehalten werden, bieten verschiedene Foren und Kleinanzeigenmärkte und so orientiert sich die Auswahl an den Auswertungsergebnissen entsprechender Beiträge und Annoncen. Warum sich Halter für die eine oder andere Papageienart entscheiden, liegt nicht zuletzt auch an den für die betreffende Art typischen Verhaltensweisen. Diese werden jeweils kurz beschrieben. Aktuelle Entwicklungen in der Taxonomie wurden soweit derzeit möglich berücksichtigt. Gerade im Verlauf der letzten Jahre kam es zu Neuzuordnungen, die im Prinzip eine ständige Aktualisierung erforderlich machen. Das Hauptaugenmerk dieses Buches liegt jedoch nicht in der Vermittlung taxonomischer Aspekte.

Amazonen

Die Gattung der Amazonenpapageien (*Amazona*) ist innerhalb der Familie der Papageien (*Psittacidae*) mit 31 Arten vertreten. Das Vorkommen der Amazonen ist ausschließlich auf die sogenannte „Neue Welt" beschränkt. Ihr Verbreitungsgebiet reicht von Mexiko über die Karibikinseln bis nach Uruguay und den Norden Argentiniens. Wie den anschließenden Artbeschreibungen zu entnehmen, werden innerhalb der Verbreitungsgebiete sehr unterschiedliche Lebensräume genutzt.

Amazonen sind, wie die meisten Papageienarten, außerhalb der Brut- und Aufzuchtzeiten sozial lebende Tiere und auf Kontakte mit Artgenossen angewiesen. Sie sollten daher mindestens paarweise gehalten werden. Amazonen haben ein ausgeprägtes Bewegungsbedürfnis.

Das Foto der sich kraulenden und gegenseitige Gefiederpflege betreibenden Papageien legt nahe, dass auch bei ihnen eine Stimmungslage am Gesicht ablesbar ist. Die leicht geneigte Kopfhaltung, das Aufstellen des Kopfgefieders, das genüssliche Schließen der Augen - all dies ergibt einen Gesamteindruck, der wenig Zweifel an der Stimmung aufkommen lässt.

Rechts: Blaustirnamazone.

Trotz ihrer nur mittleren Größe müssen ausreichend dimensionierte Haltungssysteme verfügbar gemacht werden. Eine reine Käfighaltung verbietet sich. Amazonen können vor allem in den Morgen- und Abendstunden sehr laut sein. Besonders dann, wenn die Haltungsumgebung nicht genügend Beschäftigungsmöglichkeiten bietet, werden alle erreichbaren Gegenstände, so beispielsweise auch Möbelstücke, mit dem kräftigen Schnabel benagt. Amazonenpapageien neigen zur Verfettung. Dies gilt verstärkt bei bewegungsarmer Haltung und konstant hoher Temperierung des Haltungssystems. Zur Vermeidung von oft kaum behandelbaren Schädigungen der Leber ist auf eine möglichst fettarme und ausgewogene Ernährung zu achten. Während Jungtiere bis zur Erlangung der Geschlechtsreife (in der Regel zwischen dem dritten und fünften Lebensjahr) meist keine Probleme bereiten, kann es danach zu deutlichen Verhaltensänderungen kommen. Aggressives Verhalten gegenüber dem Pfleger bis hin zu schmerzhaften Bissen, vermehrtem Schreien und sexuell motivierten Ersatzhandlungen wie zum Beispiel Kopulationsversuchen am menschlichen Finger sind keine Seltenheit. Federbeißen oder Federrupfen als mögliche Folge unzureichender Haltungsbedingungen bleibt im Gegensatz zu anderen Arten bei Amazonen eher die Ausnahme.

Blaustirnamazone

Nominatform: *Amazona aestiva aestiva* (Linné)
Englisch: Blue-fronted Amazon
Vorkommen: Süd-Brasilien, Paraguay, Ost-Bolivien, Nord-Argentinien
Körpermerkmale: Größe etwa 37 cm, Gefieder: vorwiegend grün, Nacken und Brust meist dunkler gesäumt, Stirn hellblau, ebenso vorderer Zügel. Scheitel, Wange, Kinn, Kehle gelb. Kopffärbung sehr variabel, Flügelbug rot, manchmal mit wenigen gelben Federn. Flügelspiegel rot. Spitzen der Armschwingen blau. Schwanzfedern grün, am Grund rot. Große Variationsbreite, vor allem in der Färbung von Kopf, Flügelbug und -rand sowie Größe. Schnabel: schwärzlich. Weniger ausgeprägte Färbung bei Jungtieren.
Lebensraum: feuchter, subtropischer Wald, Gebiete mit laubabwerfenden Bäumen, schmale Galeriewälder mit offenen Savannen. Vorwiegend Flachlandbewohner. In Ost-Bolivien auch trockene Bergtäler in Höhenlagen von etwa 1600 m.

Lebensweise: paarweise, Gruppen, Familienverbände. Zuweilen in größeren Schwärmen, auch zusammen mit Venezuela-Amazonen.
Ernährung: überwiegend fructivor und granivor, in Anbaugebieten und Plantagen als Ernteschädlinge angesehen.
Geschlechtsunterscheidung: keine erkennbaren Unterschiede zwischen den Geschlechtern.
Gelege: 2 bis 5 Eier
Brutdauer: 25 bis 30 Tage. Jungvögel nach etwa 2 Monaten flügge.

Unterart:

Gelbflügel-Blaustirnamazone
Amazona aestiva xanthopteryx (Berlepsch)
Vorkommen: Südwestliches Brasilien, Südost-Bolivien, Paraguay, Nord-Argentinien
Körpermerkmale: wie Nominatform, jedoch mit gelbem Flügelbug und -rand.

Venezuelaamazone

Nominatform: *Amazona amazonica amazonica* (Linné)
Englisch: Orange-winged Parrot
Ursprüngliche Vorkommen: Bolivien, Brasilien, Kolumbien, Ecuador, Französisch Guyana, Guyana, Peru, Surinam, Trinidad, Tobago, Venezuela
Einbürgerung: Martinique, Puerto Rico
Körpermerkmale: Größe etwa 31 cm, Gefieder: vorwiegend grün. Nacken und Brust meist dunkler gesäumt. Scheitel und Wangen gelblich (variierend). Stirn und Zügel bläulich bis blauviolett. Gelber Stirnfleck kann auch fehlen oder wenig ausgeprägt sein. Flügelspiegel orangefar-

Links: Venezuela-amazone.

Rechts: Müller-amazone.

ben. Schwanzgefieder grün mit gelblich grünen Endungen, äußere Schwanzfedern orangefarben gezeichnet. Schnabel hellgrau bis hornfarben. Weniger ausgeprägte Gefiederfärbung bei Jungtieren.
Lebensraum: tropisch feuchte Zone bis zu 650 m. Im Amazonasbecken in den Varzea-Waldungen, teilweise auch in urbanen Bereichen.
Lebensweise: paarweise, Gruppen, Familienverbände, zuweilen in größeren Schwärmen, auch zusammen mit Granada-Amazonen (*Amazona dufresniana rhodocorytha*), Müller-Amazonen (*Amazona farinosa*), Blaustirnamazonen (*Amazona aestiva*), Gelbscheitelamazonen (*Amazona ochrocephala ochrocephala*). Sehr sozial.
Ernährung: überwiegend fructivor und granivor, in Anbaugebieten und Plantagen als Ernteschädlinge angesehen.
Geschlechtsunterscheidung: keine erkennbaren Unterschiede zwischen den Geschlechtern.
Gelege: 2 bis 5 Eier
Brutdauer: 21 Tage. Jungvögel nach etwa 2 Monaten flügge.

Unterart:

Tobago-Amazone
Amazona amazonica tobagensis (Cory)
Vorkommen: Trinidad und Tobago
Körpermerkmale: Geringfügig größer als die Nominatform. Der orangerote Flügelspiegel ist auf 4 Federn ausgedehnt.
Anmerkung: Die taxonomische Einordnung dieser Unterart ist umstritten.

Mülleramazone

Nominatform: *Amazona farinosa farinosa* (Boddaert)
Englisch: Mealy Amazon
Vorkommen: Mexiko, Nicaragua, Costa Rica, Panama, Belize, Guatemala, Honduras, Kolumbien, Ecuador, Venezuela, Guyana, Surinam, Französisch-Guayana, Peru, Brasilien, Bolivien
Körpermerkmale: Größe: etwa 39 cm, Gefieder: grün. Scheitel gelegentlich mit gelbem Fleck, zuweilen in Rot, zum Hinterkopf in Graublau übergehend. Nackenfedern schwärzlich gesäumt, grauer Puder, ebenso auf dem Rücken. Flügelrand rot wie auch der Spiegel. Hand- und Armschwingen grün, Spitzen blauviolett. Schwanzfedern grün, Spitzen gelbgrün. Jungtiere mit wenig oder ohne Gelb am Scheitel. Oberschnabelbasis gelblich-hornfarben, zur Spitze hin dunkelgrau.
Lebensraum: Waldbewohner, vorwiegend im feuchten Tierra-firma-Wald, lokal auch in laubabwerfenden Wäldern anzutreffen. Flachland, jedoch in kleiner Zahl auch im Bergland bis zu 1000 m, gelegentlich bis 1500 m.
Lebensweise: paarweise, Kleingruppen, keine großen Schwärme bildend. Mischen sich gelegentlich unter Salvinsamazonen (*Amazona autumnalis salvini*), Gelbscheitelamazonen (*Amazona ochrocephala ochrocephala*) und vor allem Venezuelaamazonen (*Amazona amazonica*). Auch mit Arara-Arten wurden sie gemeinsam beobachtet.
Ernährung: überwiegend fructivor und granivor.
Geschlechtsunterscheidung: keine erkennbaren Unterschiede zwischen den Geschlechtern.
Gelege: 3 Eier

Rechts: Weißstirn-amazone.

Brutdauer: 24 bis 25 Tage. Jungvögel nach etwa 2 Monaten flügge.

Unterarten:

Amazona farinosa inornata (SALVADORI), als Unterart strittig
Vorkommen: Panama, Venezuela, Kolumbien, Nordwest-Ecuador
Körpermerkmale: der graugrüne Überzug auf der Oberseite ist schwächer als bei der Nominatform. Der Scheitel ist grün, manchmal mit einzelnen gelben Federn.

Amazona farinosa chapmani (TRAYLOR), als Unterart strittig
Vorkommen: Südost-Kolumbien, Ecuador, Nord-Peru, Nordost-Bolivien
Körpermerkmale: größere Statur als Nominatform. Schwächerer graugrüner Überzug auf der Oberseite. Scheitel grün mit einigen gelben Federn.

Amazona farinosa virenticeps (SALVADORI)
Vorkommen: Nicaragua, Costa Rica, West-Panama
Körpermerkmale: Grundfarbe, besonders an der Unterseite, eher gelbgrün. Stirn blau getönt. Scheitel grün, die Zügel bläulich schimmernd. Flügelrand gelbgrün, manchmal leicht rot. Schnabel bläulich schwarz.

Amazona farinosa guatemalae (SCLATER)
Vorkommen: Honduras und entlang der karibischen Küste bis Süd-Veracruz (Mexiko)
Körpermerkmale: ähnelt *Amazona farinosa virenticeps*, aber mehr Blau in den Kopfregionen und etwas größer.

Weißstirnamazone

Nominatform: *Amazona albifrons albifrons* (SPARRMAN)
Englisch: White-fronted Amazon
Vorkommen: Mexiko entlang der Pazifikküste von Nayarit südlich bis Südwest-Guatemala
Körpermerkmale: Größe etwa 26 cm, Gefieder: grün. Nacken- und Rückenfedern dunkel gesäumt. Vorderseite heller grün. Schmales Stirnband über der Nase, Zügel und Augenregion rot. Stirn weiß, manchmal mit gelben Federn durchsetzt, Oberkopf grünbläulich. Leuchtend rot ausgebildeter Flügelrand und Daumenfittiche. Außenfahne der Hand- und die Fahnen

der Armschwingen intensiv blau. Basis der Schwanzfedern rot. Iris orangebraun. Nackter Augenring weiß bis hellgräulich. Füße gelblich braungrau. Schnabel gelblich. Bei Jungtieren nur vordere Augenregion rot. Stirn gelb. Zügelgegend wenig befiedert. Schwingen wie Altvögel.
Lebensraum: trockene Busch- und Laubwälder. Feuchttropische Tiefländer sowie Regenwälder werden nur gelegentlich aufgesucht. Auch in trockenen, mit Kakteen bewachsenen Landschaftsteilen.
Lebensweise: paarweise, Familienverbände, Gruppen. Jahreszeitlich bedingte Wanderungen sind möglich.
Ernährung: überwiegend fructivor und granivor, in Anbaugebieten und Plantagen als Ernteschädlinge angesehen.
Geschlechtsunterscheidung: Weibchen ohne roten Flügelrand und rote Daumenfittiche. Blau auf Hand- und Armschwingen nicht so intensiv, Rot um die Augenregion nicht so stark ausgeprägt.
Gelege: 2 bis 4 Eier
Brutdauer: 25 bis 26 Tage. Jungvögel nach etwa 2 Monaten flügge.

Unterart:

Amazona albifrons nana (MILLER)
Vorkommen: Mexiko entlang der Golf- und Karibikküste von Südost-Veracruz über Yukatan-Halbinsel südlich bis Nordwest-Costa-Rica
Körpermerkmale: wie Nominatform, aber Brust- und Bauchfedern dunkler gesäumt. Ohrgegend dunkler grün. Etwas kleiner.

Links: Kubaamazone.

Rechts: Gelbscheitelamazone.

Kuba-Amazone

Nominatform: *Amazona leucocephala leucocephala* (LINNÉ)
Englisch: Cuban Amazon
Vorkommen: Östlicher und mittlerer Teil Kubas
Körpermerkmale: Größe: etwa 32 cm, Gefieder: grün, dunkel gesäumt. Stirn, Vorderkopf und Augenregion weiß. Kinn, Kehle, Wangen rosarot. Vereinzelt rosarote Federn über der Brust verteilt. Ohrfleck schwarz. Bauch weinrot, dunkel gesäumt. Hand- und Armschwingen sowie Flügelbug blau. Äußere Flügeldecken auf Außenfahne blau, Flügelunterseite blaugrün. Schwanzfedern gelbgrün, an der Basis rot. Iris rotbraun, nackter Augenring weiß. Füße gelbbraun. Schnabel einfarbig hornfarben. Jungtiere ohne oder nur sehr wenige dunkle Federsäume, am Bauch ohne oder nur sehr wenige weinrote Federn.
Lebensraum: mit Mangroven bedeckte Tiefebenen und Berge.
Lebensweise: paarweise, Gruppen.
Ernährung: überwiegend fructivor und granivor. Früher in Anbaugebieten und Plantagen als Ernteschädlinge angesehen.
Geschlechtsunterscheidung: keine erkennbaren Unterschiede zwischen den Geschlechtern.
Gelege: 2 bis 4 Eier
Brutdauer: 28 bis 30 Tage. Jungvögel nach 65 bis 70 Tagen flügge.

Unterarten:

Amazona leucocephala palmarum (TODD), als Unterart strittig
Vorkommen: westlicher Teil von Kuba sowie die zu Kuba gehörige Insel Isle of Pines
Körpermerkmale: wie Nominatform jedoch dunkler grün, Kehle dunkler rosarot, Bauch dunkler weinrot.

Amazona leucocephala caymanensis (CORY)
Vorkommen: Große Kaiman-Insel (Grand Cayman), die größte Insel der aus insgesamt drei Inseln bestehenden Kaiman-Insel-Gruppe. Etwa 300 km nordwestlich von Jamaika
Körpermerkmale: etwas größer als Nominatform und mehr gelbgrün. Weiß am Kopf weniger ausgedehnt. Kinn und Kehle mehr rötlich. Rot auf Bauch weniger ausgedehnt.

Amazona leucocephala hesterna (BANGS, 1916)
Vorkommen: Kleine Kaiman-Insel und die Insel Cayman Brac
Körpermerkmale: wie Nominatform jedoch etwas kleiner und mehr gelbgrün, Bauchfleck intensiver und ausgedehnter weinrot. Kinn, Kehle und Wangen kräftiger rosarot.

Amazona leucocephala bahamensis (BRYANT)
Vorkommen: Insel Great Inagua (die drittgrößte Insel der Bahamas), evtl. Abaco und Acklin (ebenfalls Inseln der Bahamas)
Körpermerkmale: wie Nominatform aber weinroter Bauchfleck nur wenig oder gar nicht vorhanden. Weiß auf Vorderkopf sowie um die Augenregion ausgedehnter. Etwas größer.

Gelbscheitelamazone

Nominatform: *Amazona ochrocephala ochrocephala* (GMELIN, 1788)
Englisch: Yellow-crowned Amazon
Vorkommen: Vom nördlichen Para in Brasilien über die Guayana-Staaten, Trinidad, Venezuela bis an die Andenhänge von Norte de Santander und Meta in Kolumbien
Körpermerkmale: Größe: etwa 36 cm, Gefie-

der grün. Wangen, Ohrgegend Brust und Bauch mehr gelbgrün. Vorderkopf und Zügel gelb. Grüne Nackenfedern dunkel gesäumt. Flügelbug rot. Flügelrand gelbgrün. Hand- und Armschwingen grün, zur Spitze hin dunkelblau. Auf den fünf äußeren Schwingen der Armschwingen roter Fleck, Flügelspiegel bildend. Flügelunterseite grün. Schwanzfedern grün mit gelbgrüner Spitze. Äußere Schwanzfedern an der Wurzel der Innenfahne rot. Schenkel gelbgrün, oft gelblich. Iris orange, nackter Augenring grau. Füße grau. Schnabel gräulich hornfarben, Oberschnabel an der Basis orangegräulich. Jungtiere an Vorderkopf und Zügel geringere gelbe Ausdehnung und mit vielen grünen Federn durchsetzt, roter Flügelbug geringer ausgedehnt. Oberschnabel mehr gräulich. Iris braun.
Lebensraum: hauptsächlich Trockenwälder in Höhen bis zu 700 m. In Küstenregionen seltener, bevorzugt im hügeligen Hinterland.
Lebensweise: paarweise, Gruppen, kleine Schwärme.
Ernährung: überwiegend fructivor und granivor. In Anbaugebieten und Plantagen als Ernteschädlinge angesehen.
Geschlechtsunterscheidung: keine erkennbaren Unterschiede.
Gelege: 2 bis 4 Eier
Brutdauer: etwa 26 Tage. Jungvögel nach etwa 2 Monaten flügge.

Unterarten:

Marajo-Amazone
Amazona ochrocephala xantholaem (Berlepsch, 1913)
Vorkommen: Insel Marajo in der Amazonasmündung (Brasilien)
Körpermerkmale: wie Nominatform, jedoch gelbe Ausdehnung auf dem Vorderkopf noch größer. Augenring gelblich. Schenkel gelb.

Natterers Amazone
Amazona ochrocephala nattereri (Finsch, 1865)
Vorkommen: von West-Caqueta in Süd-Kolumbien südwärts über Ost-Ecuador bis Madre de Dios in Südost-Peru. Südöstlich bis zum südwestlichen Amazonasgebiet in Nordwest-Brasilien
Körpermerkmale: wie Nominatform aber nur gelbes Stirnband. Wangen und Ohrgegend bläulichgrün.

Panama-Amazone
Amazona ochrocephala panamensis (Cabanis, 1874)
Vorkommen: Nordwest-Kolumbien von Magdalena südlich bis Choco und Panama einschließlich Perlas-Archipel (Inselgruppe im Pazifik)
Körpermerkmale: wie Nominatform jedoch etwas kleiner. Heller grün gefärbt. Nackenfedern nur geringe dunkle Säumung, geringe gelbe Ausdehnung am Vorderkopf, mehr grünlich gelb. Scheitel bläulich-grün. Flügelbug ausgedehnter rot. Schenkel gelblicher. Schnabel gräulich hornfarben mit dunkler Spitze. Jungtiere wie Nominatform, aber Flügelbug nahezu ohne rote Färbung.

Gelbnackenamazone
Amazona auropalliata auropalliata (Lesson, 1852)
Vorkommen: Nordwest-Nicaragua nordwärts, entlang der Pazifikküste bis Ost-Oaxaca in Südwest-Mexico
Körpermerkmale: wie Nominatform aber ohne gelben Vorderkopf und Zügel. Manchmal gelbe Federn auf dem Vorderkopf. Gelbes Nackenband. Flügelbug und Schenkel grün. Schnabel gräulich.

Gelbnackenamazone
Amazona auropalliata parvipes (Monroe und Howell, 1966)
Vorkommen: entlang der karibischen Küste von Nordost-Nicaragua bis Nordost-Honduras einschließlich der Bahia-Inseln vor der Küste von Honduras
Körpermerkmale: wie *Amazona auropalliata auropalliata* aber mit rotem Flügelbug. Schnabel matter gefärbt.

Gelbkopfamazone
Amazona oratrix belizensis (Monroe und Howell, 1966)
Vorkommen: im karibischen Küstenbereich in Belize
Körpermerkmale: wie *Amazona auropalliata parvipes* aber gelbe Ausdehnung am Kopfbereich nur an Stirn, Zügel, Augengegend, Oberkopf, obere Wangenregion und Ohrgegend. Vereinzelt gelbe Federn an der Kehle und im Nacken.

Doppelgelbkopfamazone
Amazona oratrix oratrix (RIDGWAY, 1887)
Vorkommen: an der karibischen und pazifischen Küste in Mexiko von West-Campeche über Tabasco, Veracruz, Süd-Tamaulipas bis Südost-Nuevo León und von West-Chiapas über Süd-Oaxaca, Guerrero, West-Michoacán bis Colima
Körpermerkmale: Kopf und Kehle gelb. Flügelbug rot, in gelb übergehend. Flügelrand und Schenkel gelb. Nackter Augenring weiß. Schnabel hell hornfarben, Oberschnabel an der Basis etwas dunkler, größer und kräftiger. Bei Jungtieren Kopf und Kehle grün mit gelben Federn durchsetzt, die Gelbfärbung beginnt erst im Bereich der Stirn und des Vorderkopfes und dehnt sich dann allmählich aus. Flügelbug grün, Flügelrand gelbgrün, Iris braun.

Tres Marias Gelbkopfamazone
Amazona oratrix tresmariae (NELSON, 1900)
Vorkommen: Tres Marias Inseln (West-Mexico)
Körpermerkmale: wie Doppelgelbkopfamazone (*Amazona oratrix oratrix*) aber etwas größer. Gelbe Kopfpartie bis in den Nacken und zur Oberbrust ausgedehnt. Hellere Grünfärbung. Vorderseite mehr gelbgrün, hellbläulich schimmernd. Flügelbug orange, mittlere Flügeldecken gelb, Flügelrand orange.

Kakadus

Da die Diskussionen zur Nomenklatur und systemischen Stellung der Kakadus weiterhin nicht abgeschlossen sind, wird hier auf eine einordnende Darstellung verzichtet. Die Kakadus (*Cacatuineae*) sind mit 20 Arten vertreten. Ihre Verbreitungsgebiete liegen in Australien nebst vorgelagerter Inselgruppen, aber auch im indonesischen Raum. Die Spanne der von Kakadus besiedelten Lebensräume reicht von Trockensavannen bis zu tropischen Regenwäldern. Außerhalb der Paarungs- und Brutzeiten leben Kakadus in kleineren, oder je nach Art auch größeren Gruppierungen bis hin zu großen Schwärmen. Ihrer sozialen Organisation im Freiland entsprechend ist eine mindestens paarweise Haltung geboten. Kakadus können eine immense Lautstärke entwickeln, sind sehr kletter- und erkundungsfreudig und suchen im Gegensatz zu Amazonen, Aras und Graupapageien viel häufiger den Boden auf. Besonders die Rosakakadus und die auch als „Little Corellas“ bekannten Nacktaugenkakadus (*Cacatua sanguine*) gelten als sehr „verspielt“. In Ermangelung von Artgenossen oder menschlicher Zuwendung neigen Kakadus gehäuft zur Entwicklung von Verhaltensstörungen wie Federrupfen oder Federbeißen. Auch automutilatives (selbstzerstörerisches) Verhalten bis hin zum Aufbeißen von Hautpartien ist bei Kakadus dokumentiert. Eine weitere Besonderheit stellen die bei Kakadus unter Haltungsbedingungen zuweilen vorkommenden „Gattenmorde“ dar. Selbst bei jahrelang harmonierenden Paaren kann es vorkommen, dass eines der Tiere vom Partner getötet wird. Die Gründe für ein solches Verhalten sind weiterhin unklar. Statistische Erhebungen über die Häufigkeit derartiger Vorfälle sind den Verfassern nicht bekannt.

Rosakakadu

Nominatform: *Eolophus roseicapilla roseicapilla* (VIEILLOT, 1817)
Englisch: Galah
Vorkommen: nahezu im gesamten Inneren des australischen Kontinents
Körpermerkmale: Größe etwa 34 bis 38 cm, Gefieder: Oberseite grau. Kopf, Hals, Brust und Bauch rosarot. Rundhaube. Schnabel gelblich bis grau. Bei Jungvögeln Iris dunkel, bauchseitiges Gefieder rosa mit grau vermischt.
Lebensraum: Vor allem Trockengebiete, aber auch viele andere Klima- und Vegetationsformen. Häufig in der Nähe künstlich angelegter Wasserstellen, in Parks und Hausgärten.
Lebensweise: paarweise, in losen Gruppen,

Rosakakadu.

zuweilen in größeren Schwärmen, auch zusammen mit anderen Kakadu-Arten.
Ernährung: überwiegend fructivor und granivor. In Anbaugebieten und Plantagen als Ernteschädlinge angesehen.
Geschlechtsunterscheidung: Bei Männchen Iris rotbraun und Augenrose breit. Bei Weibchen Iris mittelbraun bis rötlich und Augenrose schmal.
Gelege: 3 bis 5 Eier
Brutdauer: etwa 23 Tage. Jungvögel nach etwa 2 Monaten flügge.

Unterart:

Eolophus roseicapilla kuhli (Mathews, 1912)
Vorkommen: Westaustralien
Körpermerkmale: Gefiederfärbung blasser und Krone stärker rosa als bei der Nominatform. Augenring grauweiß.

Gelbhaubenkakadu

Nominatform: *Cacatua galerita galerita* (Latham, 1790)
Englisch: Sulphur-crested Cockatoo
Vorkommen: Nord-, Ost- und Südaustralien, Tasmanien, King-Inseln, Neuguinea, Aru-Inseln
Einbürgerung: Neuseeland
Körpermerkmale: Größe: etwa 50 cm, Grundgefieder weiß. Ohrflecken blaßgelb bis gelb. Unbefiederter, meist weißer Augenring. Flügel- und Schwanzunterseite gelb. Orangegelbe lange Spitzhaube. Schnabel grauschwarz.
Lebensraum: offene Waldlandschaften, hohe Bäume in der Nähe von Wasserläufen. Im tropischen Regenwald und baumreichen Savannen. In Australien oft auch nur lokal.
Lebensweise: während der Brutzeit meistens nur paarweise oder in Familienverbänden, außerhalb der Brutzeit in Schwärmen mit teilweise über hundert Vögeln. Als Wächtervögel in Artgemeinschaft mit Rosakakadus (*Eolophus roseicapilla*).
Ernährung: überwiegend fructivor und granivor.
Geschlechtsunterscheidung: Iris beim Weibchen rotbraun, beim Männchen schwarzbraun.
Gelege: 1 bis 3 Eier
Brutdauer: 30 Tage. Jungvögel nach etwa 12 Wochen flügge.

Gelbhaubenkakadu.

Unterarten:

Mathews Gelbhaubenkakadu
Cacatua galerita fitzroy (Mathews, 1912)
Vorkommen: Nordaustralien inklusive vorgelagerter Inseln
Körpermerkmale: ähnlich wie Nominatform, nur wenig kleiner (48 cm). Ohrdecken weniger gelblich, ebenso die Basis der Federn von Wangen und Kehle. Augenring nackt und bläulichweiß. Schnabel breiter und plumper.

Tritonkakadu
Cacatua galerita triton (Temminck, 1849)
Ursprüngliche Vorkommen: Neuguinea inklusive westlich gelegene Inseln
Einwanderung: Seram Laut und Gorong (Indonesien)
Körpermerkmale: der Nominatform sehr ähnlich, jedoch kleiner (46 cm). Kein gelblicher Ohrfleck. Augenring nackt und blau. Haube breiter und mehr gerundet.

Eleonora-Gelbhaubenkakadu
Cacatua galerita eleonora (Finch, 1867)
Vorkommen: Aru-Inseln (Indonesien)
Körpermerkmale: sehr ähnlich wie Tritonkakadu (*C. g triton*), jedoch deutlich kleinerer Schnabel.

Graupapageien

Die Gattung der Graupapageien (*Psittacus*) ist innerhalb der Familie der Papageien (*Psittacidae*) nur durch den Graupapagei selbst (*Psittacus erithacus*) vertreten. Seine Heimat sind die Regenwälder und Feuchtsavannen Zentral- und Westafrikas. Wenn auch zu bestimmten Anlässen, wie dem Aufsuchen von Nahrungsquellen oder gemeinsamen Schlafplätzen, oft Anhäufungen hunderter Exemplare zu beobachten sind, so sind die sozialen Strukturen außerhalb der Brut- und Aufzuchtzeiten dennoch von der Organisation in eher kleineren Einheiten wie Paar, Familienverband oder Kleingruppe geprägt. So gilt auch für den Graupapagei: es sollte nur eine mindestens paarweise Haltung erfolgen. Graupapageien sind sehr agil und erkundungsfreudig, deshalb sollte für ein reich strukturiertes Haltungsumfeld mit vielen Beschäftigungsmöglichkeiten gesorgt werden. Trotz der nur mittleren Größe der Graupapageien ist eine Käfighaltung nicht hinreichend, ein dauerhaftes Wohlbefinden der Tiere zu gewährleisten. Graupapageien sind äußerst sensibel und konservativ in dem Sinn, dass sie auf zu häufige Umstellungen und Änderungen der Haltungsumgebung geradezu hysterisch reagieren können. Psychisch bedingtes Federrupfen und Federbeißen wird bei ihnen gehäuft beschrieben. Sie sind in der Regel nicht annähernd so „laut" wie Amazonen oder Kakadus. Ihre Befähigung zur Nachahmung aller möglichen und unmöglichen Laute ist jedoch enorm.

Kongo-Graupapagei

Nominatform: *Psittacus erithacus erithacus* (Linné)
Englisch: Grey Parrot
Vorkommen: von der Elfenbeinküste im Westen bis West-Kenia im Osten. Nord Angola im Süden. Südlicher Kongo und nordwestlicher Teil Tansanias
Körpermerkmale: Größe etwa 36 cm. Grundgefieder grau. Unbefiederte Augenumgebung weißlich. Scheitel, Stirn, Nacken, Hals- und Kehlfedern hellgrau gesäumt. Schwanzfedern rot. Schnabel schwarz.
Lebensraum: Flachlandwälder. Zur Nahrungssuche auch spärlich bewaldete Savannengebiete und offenes Gelände.

Kongo-Graupapagei.

Lebensweise: außerhalb der Brutzeit in großen Schwärmen, während der Brutzeit paarweise.
Ernährung: überwiegend fructivor und granivor.
Geschlechtsunterscheidung: Weibchen insgesamt kleiner als Männchen.
Gelege: 3 bis 4 Eier.
Brutdauer: 28 bis 30 Tage. Jungvögel nach 11 bis 12 Wochen flügge.

Timneh-Graupapagei

Nominatform: *Psittacus erithacus timneh* (Fraser)
Englisch: Timneh Grey Parrot
Vorkommen: Guinea, Sierra Leone, Liberia und westlicher Teil der Elfenbeinküste
Körpermerkmale: Größe etwa 31 bis 32 cm. Grundgefieder dunkelgrau. Rostbrauner Schwanz. Oberschnabel horn- bis fleischfarben, Spitze und Unterschnabel schwarzgrau.
Lebensraum: Waldgebiete
Lebensweise: außerhalb der Brutzeit in großen Schwärmen, während der Brutzeit paarweise.
Ernährung: überwiegend fructivor und granivor.

Timneh-Graupapagei.

Geschlechtsunterscheidung: Weibchen insgesamt kleiner als Männchen.
Gelege: 2 bis 4 Eier
Brutdauer: 28 bis 30 Tage. Jungvögel nach 10 Wochen flügge.

Principé-Graupapagei

Psittacus erithacus princeps / als Unterart umstritten
Die Einordnung der auf der Insel Principé vorkommenden Graupapageien als Unterart ist immer noch strittig. Äußeres und Lebensweise unterscheiden sich nicht sehr von den beiden Festlandarten. Letzte Zweifel sind nur durch Abgleiche von Gen-Sequenzen auszuräumen. Hinweise auf genetische Abweichungen zu den Festlandarten liegen vor (MELO et. al., 2007).

Aras

Die Gattung der „Eigentlichen Aras" (*Ara*) ist innerhalb der Familie der Papageien (*Psittacidae*) mit 12 Arten vertreten. Hyazinthara (*Anodorhynchus hyacinthinus*) und Lear's Ara (*Anodorhynchus leari*) bilden die eigenständige Gattung *Anodorynchus*. Der zuvor ebenfalls der Gattung *Ara* zugeschriebene Hahn's Zwergara (*Diopsittaca nobilis*) wurde aktuell in die Gattung *Diopsittaca* eingeordnet.

Aras haben ihre Verbreitung ausschließlich in Süd- und Mittelamerika. Sie sind die farbenprächtigsten Vertreter unter den Großpapageien. Die soziale Organisation ähnelt derjenigen der Amazonen. Allerdings sind Aras vorwiegend in eher kleineren sozialen Einheiten (Paar, Familienverband, Kleingruppe) zu beobachten. Auch in Bezug auf Aras gilt: es sollte eine mindestens paarweise Haltung ermöglicht werden. Aras sind in ihrem Verhalten grundsätzlich ruhiger und „bedächtiger" als beispielsweise Amazonenpapageien. Das sollte jedoch nicht zu der Annahme verleiten, ihren Bedürfnissen schon mit einem geringeren Raumangebot entsprechen zu können. Bereits die beträchtliche Größe dieser Vögel macht deutlich, dass eine Käfighaltung von Aras sich von selbst verbietet. Aras benötigen eine fettreichere Ernährung als Amazonen. Länger andauerndes Konzertieren oder durchdringendes Schreien, wie wir es von Amazonen oder Kakadus kennen, ist bei den Aras eher selten. Sie reagieren in Folge unzulänglicher Haltungsbedingungen oder Fehlen eines Artpartners jedoch recht oft und ausgeprägt mit Federbeißen oder Federrupfen. Aggressives Verhalten ist, ausgenommen zu Balz-, Brut- und Paarungszeiten, bei den großen Aras ebenfalls weit seltener zu beobachten, als bei den Amazonen.

Rechts: Gelbbrustara.

Gelbbrustara oder Ararauna

Nominatform: *Ara ararauna* (LINNE)
Englisch: Blue and Yellow Macaw
Vorkommen: vom östlichen Panama bis Ecuador und möglicherweise Nord-Peru. Ost-Venezuela, vornehmlich südlich des Orinoco, bis Guayana und zur Insel Trinidad. Südlich durch Brasilien bis Bolivien, Paraguay und wahrscheinlich Nord-Argentinien
Körpermerkmale: Größe etwa 86 cm. Gefiederoberseite und Oberschwanzdecken mittelblau. Stirn und Scheitel grün-oliv. Weißliche Wangenhaut, befiedert mit einigen Reihen schwärzlich-grüner Federchen. Hals schwarz, mit grünlich gefärbter Begrenzung. Ohrgegend, Halsseiten und übriger Unterkörper gelborange. Schwanz- und Flügelunterseiten goldoliv. Iris gelb. Füße dunkelgrau. Schnabel schwarz-grau. Jungtiere kleiner, dunkle Iris.
Lebensraum: Galeriewald an Flüssen und Seen. In Buriti-Palmen-Sümpfen (*Mauritia* spp.) und in deren Nähe, zudem in laubabwerfenden Wäldern nahe von Gewässern. Meidet feuchten Tierra-firma-Wald, bestenfalls an dessen Rändern. Bis 500 m, selten in Bergen anzutreffen.
Lebensweise: paarweise, Gruppen und Schwärme.
Ernährung: überwiegend fructivor und granivor.

Geschlechtsunterscheidung: keine erkennbaren Unterschiede zwischen den Geschlechtern.
Gelege: 2 bis 3 Eier.
Brutdauer: etwa 25 Tage. Jungvögel nach 90 bis 95 Tagen flügge.

Grünflügelara oder Dunkelroter Ara

Nominatform: *Ara chloropterus* (GRAY)
Englisch: Green-winged Macaw
Vorkommen: Ost-Panama, Nordwest-Kolumbien östlich der Anden und Venezuela bis Guayana. Südlich bis zu den Provinzen Paraná und Mato Grosso in Brasilien. Nordost-Bolivien, Paraguay, Nord-Argentinien
Körpermerkmale: Größe: etwa 90 cm. Grundgefieder rot. Mittlere Flügeldecken, innere Armschwingen, Schirmfedern, Schultern und kleine Flügeldecken grün. Rücken, Bürzel, Ober- und Unterschwanzdecken hellblau. Große Flügeldecken und äußere Armschwingen blau. Außenfahnen der Handschwingen dunkelblau. Schwanz dunkelrot mit blauen Spitzen. Schwanz- und Flügelunterseite dunkelrot, unbefiederter Wangenbereich besetzt mit schmalen, rötlichen Federfluren. Iris hellgelb. Füße dunkelgrau. Oberschnabel hornfarbig mit grauschwarzer Färbung an der Basis, Unterschnabel grauschwarz.

Links: Grünflügelara.

Bei Jungtieren Schwanz kürzer als bei adulten Tieren. Unterschnabel und Basis des Oberschnabels mittelgrau, Iris braun.
Lebensraum: zumeist feuchte Flachlandwälder, gelegentlich auch in den Ausläufern des Berglandes bis etwa 1000 m. Im Süden suptropische Wälder und Galeriewälder in halboffenen Gebieten.
Lebensweise: paarweise, kleine Gruppen – meist Familienverbände. Im Amazonasgebiet auch in Gruppen mit Hellrotem Ara (*Ara macao*).
Ernährung: überwiegend fructivor und granivor.
Geschlechtsunterscheidung: keine erkennbaren Unterschiede zwischen den Geschlechtern.
Gelege: 3 Eier.
Brutdauer: 24 bis 29 Tage. Jungvögel nach 90 bis 103 Tagen flügge.

Körperliche Fähigkeiten

Wer das Verhalten von Papageien nur annähernd verstehen möchte, dem bleibt es nicht erspart, sich mit den Grundlagen der Papageienanatomie und -physiologie und deren Besonderheiten zu befassen. Papageien sind in vieler Hinsicht hochinteressante Tiere. Körperliche Merkmale und geistige Fähigkeiten zeichnen sich durch eine hohe Komplexität aus. Sie sind bei weitem nicht in allen Einzelheiten erforscht. Die besondere Art der Wahrnehmung des UV-Lichtes, teilweise beachtliche Gedächtnis- und Nachahmungsleistungen, die hochsozialen Verhaltenselemente oder die Anpassungsfähigkeit – ein Teil dieser Fähigkeiten in ihrer Vielfalt und Einzigartigkeit wird hier beschrieben. Nur wer um diese Dinge weiß, kann seinen papageiischen Hausgenossen mit der notwendigen Sorgfalt und Achtung begegnen.

Gehirnstruktur und kognitive Ausstattung

Sind Papageien intelligente Vögel? Jeder wird spontan sagen: „Ja, natürlich. Sie sind sehr intelligent.“ Aber wie intelligent sind sie wirklich? Innerhalb der letzten Jahrzehnte hat sich die Sicht auf Funktion und Leistungsfähigkeit von Vogelhirnen erheblich erweitert und verändert. EDINGER (1903), eine damalige Kapazität auf dem Gebiet der vergleichenden Anatomie, meinte noch zu Beginn des 20. Jahrhunderts, das Verhalten von Vögeln werde nur von Instinkten gesteuert. Ihr Großhirnaufbau sei nicht geeignet für Intelligenzleistungen. Schon in den 1960iger Jahren war diese Ansicht nicht mehr haltbar. KARTEN schrieb 1969: „Tatsächlich gibt es beim Vogel ebenso wie bei den Säugetieren einen Weg, intelligentes Verhalten zu erzeugen.“ Die Vögel verwenden durchgehend Cluster, also eine Anhäufung verschiedener Zellen die unterschiedlich verortet sein können, Säugetiere hingegen die im Großhirn gelegenen Hirnzellen. In beiden Fällen sorgt die Natur dafür, dass instinktive Reaktionen und intelligentes Verhalten über eine wechselseitige Gehirnaktivität verbunden sind. Ganz aktuelle Arbeiten (Avian Brain Nomenclature Consortium, 2005) belegen, dass es sich bei Vogelhirnen um vielschichtige, flexible und leistungsfähige Organe handelt. Sie sind denjenigen hochentwickelter Säugetiere ebenbürtig. Strittig ist nur die Auffassung darüber, wie Vogelgehirne konkret funktionieren. Besonders die Funktion der oberen Cluster im Vogelhirn ist noch nicht endgültig klar. KARTEN (1969) vermutet, dass eine Vergleichbarkeit mit den Schichten im Säugetierhirn bestehen könnte. Aufgenommene Informationen landen bei Säugern im Thalamus und werden von dort an das Großhirn geleitet. Auch bei Vögeln gehen die Informationen laut KARTEN zunächst im Thalamus ein. Von dort werden sie zu höheren Clustern weitergeleitet und verarbeitet. Eine zweite Forschergruppe meint, dass die oberen Cluster des Vogelhirns in ihrer Funktion der Vormauer (Claustrum) und dem Mandelkern (Corpus amygdaloideum) von Säugetiergehirnen entsprechen. Hierzu STRIEDTER (1998): „Bei Säugern bleibt der Mandelkern auf das emotionale System beschränkt, bei Vögeln ist er nicht mehr nur emotional, sondern wird Bestandteil der Intelligenz“.

> Eine Gruppe von 29 Wissenschaftlern hat 2005 neue Ergebnisse der Forschung zum Vogelhirn veröffentlicht. Danach ist das „Gehirn der Vögel ungemein vielschichtig und zugleich flexibel und ebenso erfinderisch wie das Gehirn von Säugetieren“.
> AVIAN BRAIN NOMENCLATURE CONSORTIUM, 2005

Gehirnstruktur

veraltete Sichtweise

neue Sichtweise

instinktive Anteile

hoch entwickelte Anteile

Schematische Darstellung des Papageienhirns, vereinfachte Darstellung nach AVBNC.

PEARSON (1972) stellte fest, dass Papageien im Verhältnis zur Körpermasse über die größten Gehirne aller Vogelarten verfügen. IWANIUK (2005) ist sogar der Ansicht, dass Umfang und Leistungsfähigkeit von Papageienhirnen einen Vergleich zu den Gehirnleistungen der Menschenaffen zulässt.

Links: Sitz und Struktur des Gehirns einer Blaustirnamazone.

ORTEGA und BEKOFF (1987) weisen darauf hin, dass bei Papageien und verschiedenen Finken mit umfangreichen Sozialspielen das Gehirnvolumen entsprechend größer ist als dasjenige anderer Arten.

Die Ergebnisse der Arbeiten von PEPPERBERG (1983, 1987, 1990, 1994, 1999) mit dem fast schon legendären Graupapagei „Alex“ bestätigen die Annahme einer hohen kognitiven Leistungsfähigkeit bei Papageien eindrucksvoll. Der für einige Papageienarten dokumentierte Werkzeuggebrauch, ihre Nachahmungs- und Anpassungsfähigkeit, die erstaunlichen Gedächtnisleistungen und die Komplexität des sozialen Verhaltens lassen nach Meinung der Verfasser keine vernünftigen Zweifel an der hohen Intelligenz von Papageien zu.

Gedächtnisleistungen

Schon beim Papageienembryo dürfte ein genetisch angelegtes Artgedächtnis vorhanden sein. Es verfügt über alle grundlegenden Informationen zu den artspezifischen Merkmalen und bietet so die Möglichkeit, Individuen der eigenen Art als zugehörig zu erkennen. Die Individualisierung einzelner Tiere aus der Gemeinschaft heraus ist dagegen eine Lernleistung. Genau genommen handelt es sich dabei um ein Differenzierungslernen. Gemeint ist damit nicht das „klassische“ Differenzierungslernen im Sinne der Verstärkung einer bestimmten operanten Verhaltensweise, wenn sie in einer definierten Weise ausgeführt wird, sondern das „Herausdifferenzieren“ individueller Merkmale aus der arttypischen Gestalt. In einer Gruppe lebende Papageien vermögen aufgrund kleiner individueller Verschiedenheiten in der Gefiederausfärbung bestimmte Exemplare voneinander zu unterscheiden.

Sehsinn

Vögel sind sogenannte Tetrachromaten. Ihre Netzhaut besitzt vier Typen von Farbrezeptoren oder Zapfen. Der Mensch verfügt über Rezeptoren für die Farben rot, grün und blau. Bei den Vögeln ist ein vierter Rezeptor für den Gelbbereich vorhanden. Dieser vierte Zapfentyp stellt gleichzeitig einen Rezeptor für ultraviolettes Licht dar. Farbsehen, und dabei sehr bedeutsam das UV-Sehen, dienen der Verständigung zwischen den Artmitgliedern, besonders zur Erkennung der Gefiederfarben, des Geschlechts und des Individuums. Vögel sehen mit einer zeitlichen Auflösung von 150 bis 200 Bildern pro Sekunde. Das Auflösungsvermögen der Vögel übersteigt damit die Auflösungsfähigkeit des menschlichen Auges mit 23 bis 25 Bildern pro Sekunde bei weitem (Spitzer, 2003).

Papageien verfügen über einen hoch entwickelten Apparat zur Verarbeitung optischer Reize. Gleichzeitig ist ihr Geruchssinn nur schwach ausgebildet. Bei vielen Primaten hat sich der Geruchssinn innerhalb einer vergleichsweise kurzen Zeit evolutionärer Entwicklung zu Gunsten der Farbwahrnehmung zurückentwickelt (Gilad et al., 2004). Bei Erbgutuntersuchungen stellten Zhang und Webb (2003) eine Rückbildung der entsprechenden Rezeptoren des Geruchsinnes bei Mensch und Primaten fest und begründen dies damit, dass das Farbsehen sich langfristig als bessere Methode bei der Partnersuche erwiesen habe. Es liegt nahe, dass sich dieser Schluss auch auf Papageien übertragen lässt.

Sehen im UV Bereich

Grundsätzlich verfügen Papageien neben vielen anderen Vogelarten über ein UV-sensitives Sehvermögen. Wie und in welcher Ausgestaltung die Effekte im UV-Bereich von den Vögeln selbst wahrgenommen werden, werden wir wohl nie erfahren, denn diese Ebene des Sehens ist uns physikalisch nicht zugänglich und wir müssen uns mit modellhaften Annahmen bescheiden. Schon zwischen 1930 und 1940 wurden an Wellensittichen erste Forschungen durchgeführt. Sie zeigten, dass mit UV-Licht beleuchtete Fotografien nur die Federn mit gelben Pigmenten erkennen ließen (Völker, 1936, 1937). Für die Pigmentierung sorgen bei den Sittichen in erster Linie die Carotinoide und die fluoreszierende Wirkung der auf Carotinoiden beruhenden Pigmentierung ist nur von den Vögeln selbst zu sehen. Bei Sittichen ist bekannt, dass eine Umwandlung der pflanzlichen Carotinoide in körpereigne, carotinoidähnliche Substanzen, die sogenannten Psittacofulvine, erfolgt. Die Ausgangspigmente werden zum Teil aus der Nahrung bezogen (exogene Pigmentierung) und zum Teil von Papageien auf noch nicht geklärte Weise im Körper selbst synthetisiert (endogene Pigmentierung). Mindestens vier Pigmentkomponenten, die in ihrer chemischen Struktur den Molekülen Tetradekahexenal, Hexadekaheptenal, Octadekaoktenal und Eikosanonenal ähneln, wurden als ursächlich für die Fluoreszenz von Teilen des Papageiengefieders identifiziert.

Stradi und seine Mitarbeiter (2001) vermuten, dass die leuchtenden Farben bei Papageien dadurch entstehen, dass die endogenen gelben Pigmente mit dem Keratin der Federn verbunden werden. Bei den meisten Vögeln wird die Grundfarbe durch Melanine bestimmt (Searle, 1968). Melanine sind im gesamten Tierreich am weitesten verbreitet. Sie werden in den Melanozyten gebildet, an winzige Teilchen gebunden und als Pigmentgranula an die umgebenden Zellen weitergegeben (Billingham und Silvers, 1963). Lichtabsorbierende Melaninschichten sind die Voraussetzung für die Erzeugung von Farben (Ulrich, 1990). Die Gitterstruktur der Federn bricht das auftreffende Licht, was zu schillernden Effekten und Reflexionen führt.

Neben den älteren Arbeiten von Völker belegen auch Hausmann und Mitarbeiter (2003) die Fluoreszenz des Federkleides von Wellensittichen und anderen Sittichen im UV-Bereich. Sie zeigen, dass das Federkleid einiger Arten im UV-Bereich fluoresziert. Die Forschergruppe ist sich sicher, dass die fluoreszierenden Anteile der innerartlichen Verständigung dienen und Einfluss auf das Sexualverhalten haben. Zu den Papageienarten, für die bisher Gefiederfluoreszenz dokumentiert wurde, gehören unter anderen australische Kakadus und viele australische Sittiche (Australian Museum, 2005).

Interessant ist der Hinweis von Pohland und Mullen (2006) darauf, dass die Fähigkeit des UV-Sehens auch in stark bewaldeten, also lichtarmen Gebieten nicht, wie anzunehmen wäre, eingeschränkt ist. Sie verweisen darauf, dass durch die „Lücken im Blätterdach […] das

Umgebungslicht vom durchscheinenden blauen Himmelslicht bestimmt" wird, ein „außerordentlich hoher UV-Anteil in diesem Habitat" verfügbar ist und das von den Blättern absorbierte UV-Licht „einen starken Kontrast" bietet. Ihr Fazit: „Die Vögel haben so eine gute Möglichkeit, ihren Artgenossen aufzufallen."

Das Erkennen kleinerer Objekte vor mehrfarbigem Hintergrund wird vom Farbsehen stark unterstützt, denn dieses liefert die notwendigen Kontraste. Bei Primaten wird vermutet, dass sich das Farbsehen speziell zu dem Zweck entwickelt haben könnte, im Wald die Früchte besser zu erkennen.

Farbsehen im UV-Bereich könnte den Vögeln auch dabei helfen, reife von unreifen Früchten zu unterscheiden (ALTSHULLER, 2001). Weil bestimmte, für Papageien gesundheitsschädliche Stoffe unter ultraviolettem Licht fluoreszieren, wäre es möglich, dass die Vögel diese gezielt meiden. Beispielsweise Aflatoxine, die in Schimmelpilzen enthalten sind, werden im UV-Bereich als fluoreszierend wahrgenommen (ENGELHARDT, 2005).

Studien legen außerdem nahe, dass UV-Sehen eine Bedeutung hinsichtlich Paarfindung und Balz haben kann. Mit der Methode der Spektrometrie fotografierten die Biologen POHLAND und MULLEN (2006) unter Einfluss von UV-Licht Gefiederreflexionen unterschiedlicher Art bei zahlreichen Papageienarten.

Links: Gefiederreflexion unter UV-Licht bei einer Amazone.

Fazit

Mittlerweile kann es als gesichert gelten, dass das Farbsehen und speziell das Sehen im UV-Bereich für die innerartliche Kommunikation von Papageienvögeln einen hohen Stellenwert einnimmt.

POHLAND und MULLEN schreiben: „Der vielleicht wichtigste Faktor in der Farbökologie der Vögel ist jedoch wahrscheinlich die Gefiederfarbe." Eine Besonderheit stellen die Psittacofulvine genannten Farbstoffe dar, die in die Federn eingelagert sind. Sie erzeugen einen bestimmten Farbeindruck und wurden bisher nur bei Papageien nachgewiesen.

Wenn wir den ultravioletten Anteilen des Tageslichts eine hohe Bedeutung für die innerartliche Verständigung beimessen, so ergibt sich daraus notwendigerweise, dass in umschlossenen Räumen gehaltenen Papageien dieses Lichtspektrum verfügbar gemacht werden sollte. Der UV-Anteil des Tageslichtes wird zudem zur Vitamin-D3-Synthese im Körper benötigt. Eine Glühbirne oder Neonröhre kann das natürliche Lichtspektrum nicht ersetzen. Geeignete Leuchtmittel für geschlossene Vogelhaltungssysteme sind im Handel erhältlich. Zu empfehlen sind die Birdlamps von Arcadia.

Optischer Gesamteindruck und Individualisierung

80 % aller Papageienarten verfügen über rote Anteile in der Befiederung (MCGRAW und NOGARE, 2005). Doch nicht Teilbereiche, sondern das Gesamtbild, welches sich aus der Farbzeichnung mehrerer Federn ergibt, bildet das optische Muster, dem Beachtung zu schenken ist. PORTMANN schrieb schon 1948: „Das Muster ist ein den Einzelfedern übergeordnetes Ganzes." Zur optischen Erkennung eines Artgenossen ist eine Konzentration auf wenige Merkmale nötig. Aus den Individualinformationen (Farben, Muster, Bewegung, Gestalt) müssen die Informationen herausgefiltert werden, die den individuellen Charakter des Artgenossen zeigen. Um nicht ständig die Gesamtheit der Informationen neu bewerten zu müssen, können Menschen und höherentwickelte Tiere zu einem früheren Zeitpunkt gespeicherte Informationen abrufen. Zumeist genügt ein Teil der optischen Informationen, um daraus die Gesamtinformation zusammenzusetzen. Es handelt sich im Prinzip um eine Aktivierung schon vorher gespeicherter Individualinformationen. Die in den letzten

Schon Teilinformationen können dazu ausreichen, ein Gesamtbild abzurufen.

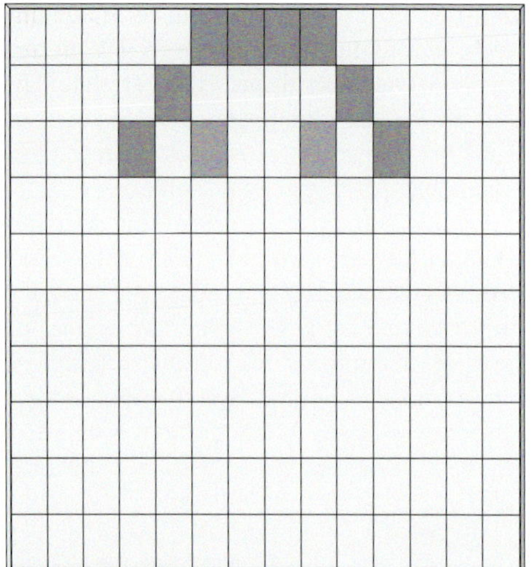

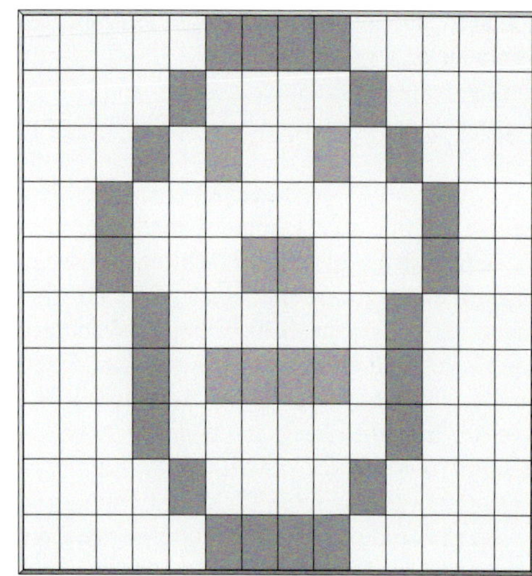

Jahren verstärkt im Bereich der Forschung zur künstlichen Intelligenz gewonnenen Erkenntnisse zur Verarbeitung von Informationen in simulierten Netzen können einen guten Beitrag zum besseren Verständnis dieser Abläufe leisten. So haben Ritter et al. experimentell mittels eines aus nur 400 Neuronen aufgebauten Netzwerkes eindrucksvoll belegt, dass schon dieser einfache Aufbau geeignet ist, aus Teilsegmenten einer zuvor gespeicherten Information das vollständige Muster innerhalb weniger Rechenschritte aufzubauen, wie auf der Darstellung zu sehen (Ritter et al., 1990).

Solche Erkennungsleistungen, die von den Papageien immer wieder erbracht werden müssen, sind in der Regel sehr automatisiert. Somit bedarf es nicht ständig neuer aufwändiger Verarbeitungsprozesse. Eine zeitnahe Zuordnung von Artgenossen erlaubt keine komplizierten Denkschleifen, sondern ist auf die Verfügbarkeit schon abgespeicherter Muster angewiesen.

Ein Beispiel aus der „Menschenwelt" mag dies vielleicht besser verdeutlichen. Wenn ich eine Person näher kenne, die eine bestimmte Frisur, beispielsweise einen markanten Kurzhaarschnitt trägt und ich sehe den Kopf dieser Person aus einer Entfernung, die das Gesicht noch nicht erkennen lässt, so lässt sich in meinem Gehirn trotzdem schon das Bild eben dieser Person aktivieren.

Abweichungen von Verhaltensmustern, die auf Grund des beobachtbaren Regelverhaltens als arttypisch beschrieben werden, dürften zusätzliche Kriterien zur innerartlichen Individualerkennung darstellen. Oft zeigen Mitglieder einer Gruppe der gleichen Art als Reaktion auf bestimmte Situationen unterschiedliches Verhalten. Dies ermöglicht es dem geübten Beobachter, Papageien an individuellen Verhaltensweisen auch zu identifizieren, ohne die körperlichen Merkmale in Betracht zu ziehen. Im Freiland ist es nicht anders. Bei Arten mit deutlicher Zeichnung und Unterschieden der Gefiederausfärbung können die differierenden Grundmuster als Individualisierungsmerkmale dienen.

Lautäußerungen

Aktive oder gehörte Lautäußerungen sind wesentliche Elemente papageiischen Verhaltens, vergleichbar der menschlichen Sprache dienen sie der Kommunikation. Papageien verfügen zwar nicht über eine unüberschaubare Zahl von Lauten, Wörtern, Kombinationen und Sätzen. Aber ihre „Sprache" hat die gleiche soziale Funktion. Sharp et al. (2005) haben dokumentiert, dass sozial lebende Vögel schon im Nest bestimmte Kontaktrufe von erwachsenen Artgenossen lernen. Einige Arten können anhand dieser Rufe verwandte von nichtverwandten Artgenossen unterscheiden. Saunders (1983) kommt zu dem Ergebnis, dass die individuelle Erkennung beim Rabenkakadu (*Calyptorhynchus funereus latirostris*) auf vokaler Ebene abläuft und Rowley (1980) hebt die Bedeutung der Kontaktrufe zur individuellen Unterscheidung beim Rosakakadu hervor. Die Lautäußerungen spielen nach Roberts (1997) auch bei der individuellen Erkennung der Puerto-Rico-Amazone eine große Rolle.

Gegenseitige Erkennung

Papageien sind in der Lage, Artgenossen allein an der Stimme zu erkennen. Ein Blickkontakt ist dafür nicht erforderlich. Zur akustischen Individualerkennung bei Blaustirnamazonen schildert WEINHOLD (1998) ihre Beobachtungen einer Volierengruppe: „So kommunizierten hauptsächlich befreundete Individuen von Außen- zu Innenbereich, ohne dass Blickkontakt bestand. Selbst dem geübten Beobachter bzw. Halter ist es möglich, die Vögel an ihrer Stimme zu unterscheiden." Die Amazonen erkannten also nicht nur die Art, sondern „wussten" auch, mit welchem Exemplar sie sich „unterhielten". Auch SNYDER et al. (1987) kommen zu dem Ergebnis, dass eine hohe Wahrscheinlichkeit dafür vorliegt, dass Puerto-Rico-Amazonen sich schon alleine an den Lautäußerungen individuell erkennen können. Die Möglichkeit der rein akustischen Erkennung ohne Sichtkontakt beschreibt MÜLLER-BIERL (1986) auch für den Arara (*Anodorhynchus hyacinthinus*), vielleicht besser bekannt unter der Bezeichnung Hyazinthara. FERNANDEZ-JURICIC et al. (1998, 2000) unterzogen das stimmliche Repertoire der Blaustirnamazone einer sehr detaillierten Beobachtung und setzten die Lautäußerungen in Zusammenhang mit den jeweiligen Aktivitäten. Ein Ergebnis der Beobachtungen waren neun Grundmuster, die variierend in verschiedenen Zusammenhängen zum Beispiel als Warnrufe oder Flugkontaktrufe benutzt werden. Die Gutturallaute sind bei der Blaustirnamazone eine häufige Kommunikationsform zwischen Paaren und Gruppenmitgliedern. Sie sind sehr variabel in ihrer Bandbreite, Dauer und Intensität (FERNANDEZ-JURICIC, 1998, 2000). Für Kuba-Amazonen werden von HIRAM (2001) elf verschiedene Grundvokalisationen dokumentiert.

Funktonsvielfalt der Lautäußerungen

Das sogenannte Warbling (deutsch: Trillern), worunter man sich andauernde, sehr markante und variable Tonfolgen vorstellen sollte, ist bei vielen Amazonenarten verbreitet. Laut BRADBURY et al. (2002) ist es unter anderem als Anzeige von Dominanz zu sehen. WANKER et al. (2003) dokumentierten in umfangreichen Versuchsreihen, dass die individuelle Erkennung bei Augenring-Sperlingspapageien (*Forpus conspicillatus)* auf stimmlicher Ebene erfolgt. Playback-Experimente am Zoologischen Institut der Universität Hamburg konnten zeigen, dass Augenring-Sperlingspapageien an den Kontaktrufen Individuen und soziale Untergruppen erkennen können. HEDIGER (1984) schrieb: „Im Grunde genommen hat jede soziale Hierarchie zur Voraussetzung, dass innerhalb derselben jedes Individuum einzeln erkannt, also von Nachbarindividuen genau unterschieden wird – und zwar durch Merkmale, die sinngemäß einem Eigennamen entsprechen." MARLER (1956) konnte mit Tonaufnahme- und Analysegeräten nachweisen, dass beim Buchfink nicht nur Artgesänge verfügbar sind, sondern auch ganz individuelle „ichanzeigende" Rufe – eben Eigennamen. Schon 1802 wies MANTAGU darauf hin, dass Vögel über sehr individuelle Lautäußerungen (akustische Namen) verfügen (in: THORPE, 1961).

Duettieren als besondere Form der Individualisierung

Das auch bei Papageienvögeln dokumentierte antiphonische Singen (Duettieren), wobei von einem Paarpartner nur ein Strophenteil vorgetragen wird und der Gegenpart einfällt und die Fortsetzung vorträgt, ist ebenfalls Beleg individualisierter Lautäußerungen. Hierzu HEDIGER (1984): „Die erste Strophenhälfte hat den Charakter eines Eigennamens, d.h. eines individuellen Ausrufenamens." HOOKER und HOOKER (1969) machten in Bezug auf Kolkrabe und Schamadrossel die bemerkenswerte Beobachtung: „[...] wenn der Partner abwesend war, pflegte der andere Töne zu äußern, die normalerweise für den abwesenden Vogel reserviert waren, mit dem Ergebnis, dass der abwesende Partner zurückkam, als ob er beim Namen gerufen worden wäre". LEYHAUSEN (1967) zu den beobachteten Effekten: „Man mag die Tatsache selbst aber betrachten wie man will, im Effekt ist es so: Die Tiere rufen sich beim Namen." Duettgesänge sind für viele Papageienarten beschrieben. Auch für den in dieser Hinsicht bisher unbeschriebenen Graupapagei gibt es mittlerweile entsprechende Annahmen. LUFT (1994) schreibt, „dass es sich bei den Lautäußerungen des Graupapagei um eine Form des

Duettgesangs handeln könnte", welcher der „Individualerkennung sowie [...] Übermittlung differenzierter Informationsinhalte" dienen könnte. Arbeiten von Bottoni et al. (2003) deuten ebenfalls auf ein eventuelles Duettieren beim Graupapagei hin. Duettgesänge sind dokumentiert für die Puerto-Rico-Amazone *Amazona vittata* (Snyder et al., 1987), den Braunkopfpapagei *Poicephalus cryptoxanthus* (Venuto und Massa, 1996), den Rotohrara *Ara rubrogenys* (Pitter und Bohn-Christiansen, 1997), den Kap-Papagei *Poicephalus robustus* (Wirminghaus et al., 2000), die Blaumasken- oder Blaukappenamazone *Amazona versicolor* (Ziegler, 2000), die Weißstirnamazone *Amazona albifrons* (Wright und Dorin, 2001), den Kongopapagei *Poicephalus gulielmi* (Venuto, 2001), den Graukopfpapagei *Poicephalus fuscicollis suahelicus* (Symes und Perrin, 2004), die Gelbnackenamazone *Amazona ochrocephala auropalliata* (Wright und Dorin, 2001), die Surinamamazone *Amazona ochrocephala ochrocephala* (Schindlinger, 2005) und mit hoher Wahrscheinlichkeit auch den Graupapagei *Psittacus erithacus* (Bottoni et al., 2003; Luft, 1994). Wickler und Seibt (1980) sehen einen Bezug zwischen dem Duettgesang und monogamen Paarbindungen bei Vögeln und betonen die Bedeutung des Duettens für die Paarbindung.

Nachahmungsfähigkeit

Akustische Nachahmung

Ein Vorteil der akustischen Kommunikation liegt im Gegensatz zur mimischen darin, dass keine Abhängigkeit von den Sichtverhältnissen besteht. So können Signale, natürlich auch nachgeahmte, über weitere Entfernungen ausgetauscht werden (Kroodsma und Miller, 1996).

„Daß Papageien „sprechen" können, weiß jeder. Deshalb werden sie auch oft von Leuten gehalten, die sonst an Käfigvögeln überhaupt nicht interessiert sind."
Curt af Enehjelm, 1982

„Je mehr ein Vogel menschliche Laute wiedergibt,
desto weniger macht er von seiner Naturstimme Gebrauch."
Wolfgang de Grahl, 1990

Viele Papageien können Geräusche wie das Tropfen eines Wasserhahns, das Knarren einer Tür, das Bellen eines Hundes oder die menschliche Stimme nachahmen. Diese Fähigkeit hat zur Beliebtheit der Papageien als Hausgenossen beigetragen. Sie hat aber auch zu einem hohen Maß an Vermenschlichung geführt. Jeder Papageienhalter wird bestätigen, dass die erste Frage von Freunden und Bekannten angesichts von Papageien lautet: „Kann der sprechen?" Schon die Papageien des römischen Imperators Flavius Vespasianus waren von ihren Pflegern dazu anzuhalten, den Kaiser mit einem vernehmlichen „Ave Cäsar" zu begrüßen (Stauffer, 1957). Immer noch ist die Ansicht verbreitet, dass Einzelvögel, die nur Kontakt zum Mensch genießen, rascher und besser „das Sprechen" erlernen.

Die Nachahmung an sich ist eine bewundernswerte Leistung, die von hoher Lernfähigkeit, sehr bewusstem Hören und einer hohen Flexibilität des Gehirns von Papageien zeugt. Portmann (1953) geht soweit, auf Grund der Nachahmungsleistungen verschiedenen Vögeln ein gewisses Maß an Bewusstsein zu attestieren, weil jede Imitation eine Unterscheidung des Vorbildes vom Selbst voraussetze. Portmann: „Es gelingt (dem) Vogel, durch den besonderen Bau seiner nervösen Verbindungen seine Stimmorgane so zu lenken, dass sie Lautfolgen erzeugen, deren Ablauf nicht durch ererbte Koordination im Nervensystem gesichert ist." Die Nachahmungsbegabung ist von Art zu Art unterschiedlich. Eine Spitzenstellung nimmt unbestreitbar der Graupapagei ein. Schmidt (1978) teilt die akustische Nachahmung der Papageien in fünf Kategorien ein. Diese Einteilung orientiert sich am akustischen Nachahmungsverhalten in menschlicher Obhut gehaltener Papageien. Sie eignet sich bestens zur Einordnung des akustischen Nachahmungsverhaltens unter den angepassten Bedingungen der Haltung. Allerdings muss sie im Hinblick auf Ursprung, Wertigkeit und Ausprägung bei freilebenden Papageien erweitert und differenziert werden:

a) Einfache Lautimitation: Zu einfachen Lautimitationen, wie dem Nachahmen des Quietschens eines Fensterflügels oder des Pfeifens nach dem Haushund, sind fast alle Papageienarten in der Lage. Hierzu gehören aber auch komplexere Imitationen wie das Nachplappern von einem oder mehreren Wörtern, wenn sie keinen Bezug zu einer aktuellen Situation haben und nicht erkennbar einem Zweck dienen. Ein schönes Beispiel für das noch nach Jahrzehnten beibehaltene einfache Nachplappern bietet der schon 104jährige Papagei des ehemaligen englischen Premiers Churchill. So war in „Die Welt“ zu lesen: „Mit großer Befriedigung hören wir die Nachricht, dass Winston Churchills Papagei noch lebt und dass er mit 104 Jahren noch nicht zu alt ist, um „Fuck Hitler“ und „Fuck the Nazis“ zu krächzen“. (Die Welt, 2004)

b) Zweckdienliches „Sprechen“ zur Bedürfnisbefriedigung:

Vorab eine erklärende Anmerkung dafür, warum ausgerechnet die menschliche Sprache so gerne nachgeahmt wird. Die gemessenen Frequenzbereiche papageiischer Lautäußerungen bilden die typische Klangfarbe, welche die menschliche Stimme individuell auszeichnet. Arbeiten von Gabriel et al. (2004) zeigen, dass Papageien über einen Sprechapparat verfügen, der dem des Menschen gleicht. Wie täuschend ähnlich die Lautmodulation von Papageien der menschlichen sein kann, zeigt folgendes Beispiel aus der Rhein-Zeitung (2006): „Mit Hilferufen nach Mama hat ein Papagei in Koblenz einen Polizeieinsatz ausgelöst. Eine ältere Dame hatte die „Mama, Mama“-Schreie über Stunden hinweg in der Nachbarschaft vernommen und die Polizei verständigt. Sie wähnte ein Kind in Not. Nach einer Überprüfung der umliegenden Wohnhäuser stellten die Beamten den Hilfe-Schreier: einen 25 Jahre alten, „fließend hochdeutsch sprechenden Papagei“, der alles nachplappere, was ihm zu Ohren komme, hieß es.“

Die Kategorie des zweckdienlichen Nachahmens wird nachfolgend bei einer in menschlicher Obhut gehaltenen Blaustirnamazone des Verfassers dargestellt. Die Amazone ist etwa 18 Jahre alt. Bis vor einigen Jahren wurde sie vom Vorbesitzer als Einzelvogel gehalten, von dem sie durch ständiges Vorsprechen des Wortes „Leckerli“ in Verbindung mit dem Anbieten eines besonderen Leckerbissens zum Nachsprechen dieses Wortes animiert wurde. Danach erhielt sie den Leckerbissen. Der Erfolg wirkt als das, was man im allgemeinen Belohnung nennt. Die englische Literatur bezeichnet alles, was in dieser Art zur Verstärkung oder zur Andressur führt, als „Reinforcement“. Die Amazone war, da sie dieses Verhalten in sogar noch komplexeren Variationen wiederholte, in der Lage zu erinnern, welche Form der Ablauf der einleitenden Handlungsglieder genommen hat und sie brachte diese Erinnerung mit dem rückgemeldeten Erfolg in Bezug. Die Amazone benutzte das ihr im Zusammenhang mit Leckerbissen erinnerliche Wort „Leckerli“ eigenständig, ohne entsprechende Vorsprache und aktiv mit dem Ziel, einen Leckerbissen zu erhalten.

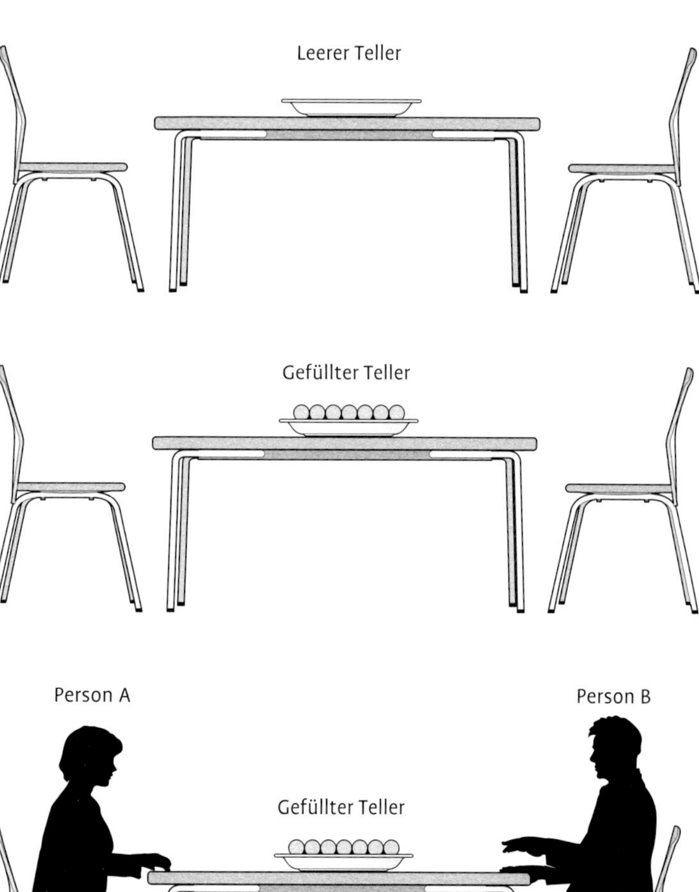

Skizzierte Darstellung verschiedener Phasen des Situationsaufbaues.

Vorausetzung für den zielgerichteten Einsatz dieses nachgeahmten Wortes dürfte die vorhergehende Andressur (Konditionierung) im Sinn der Begreifbarmachung des Zusammenhanges sein. Erstaunlich ist, dass die Amazone auch den umgekehrten Verknüpfungsweg (Erkennen des Leckerbissens = gefüllter Teller) und anschließender Einsatz des Wortes „Leckerli" zum Erreichen des erkannten Zieles anwendet.

Phase 1: Die Amazone sieht auf dem unweit der Voliere befindlichen Esstisch einen leeren Teller. Es erfolgt keine Reaktion.
Phase 2: Der Teller wird gefüllt. Die Amazone reagiert mit motorischer Unruhe (Klettern am Volierengitter – meist in Blickrichtung des Tisches). Oft erfolgt schon in dieser Anordnungsphase das „Sprechen". Führt der einmalige Gebrauch des Wortes „Leckerli" nicht zum Erfolg, kommt es zu Wiederholungen.
Phase 3: Werden von Person A oder Person B Bewegungen zum Teller ausgeführt, wirkt dies nochmals verstärkend auf das Verhalten der Amazone. Meist in dieser Phase, zuweilen aber auch schon in Phase 2, treten zum Wortgebrauch Bettelbewegungen (wiederholtes Auf- und Abklappen der Flügel) hinzu. Die Amazone zeigte dieses Verhalten weiter, obwohl wir der Absicht des Verhaltens im Gegensatz zum Vorbesitzer bewusst nicht mehr entsprachen, denn auch bei noch so intensivem Betteln erhielt der Vogel keine Belohnung in Form von Bestandteilen für Menschen bestimmter Nahrung. Das ist Beleg dafür, dass Verhaltensweisen oft auch dann beibehalten werden, wenn sie ins Leere laufen (MUNKES, 2002). Ein Musterbeispiel für die komplexen Nachahmungsfähigkeiten von Graupapageien und den Gebrauch antrainierter Wörter oder Wortkombinationen ist der Graupapagei „Alex", der die erlernten Wörter für Farben, Formen und Materialien den jeweiligen Gegenständen treffend zuordnen kann (PEPPERBERG, 1990).

c) Lautäußerungen mit Situationsbezug: Im Unterschied zum zweckdienlichen Imitieren sind Lautäußerungen mit Situationsbezug nicht dadurch gekennzeichnet, dass der Vogel die Imitation einsetzt, um ein Ziel zu erreichen. Eine ohnehin vorgenommene Handlung wird einfach zu der Situation passend kommentiert. HOPPE (1981) erwähnt das Beispiel einer Amazone, die jeden gereichten Leckerbissen mit „Mmh, ist das fein" quittierte und beim Besprühen mit Wasser die vom Halter dabei geäußerte Floskel „So, jetzt wird geduscht" zum Besten gab.

d) Transponieren und Variieren: Unter dem Transponieren versteht man den Wechsel von einer Tonart in eine andere. Der Musikwissenschaftler ABRAHAM (1901) berichtet von seinem Papagei, dem er verschiedenste Lieder in der stets selben Tonart vorpfiff. Der Papagei konnte schon nach kurzer Zeit die Melodien nachpfeifen und auch ganz exakt die korrekte Tonart beibehalten: „So begann er den Anfang der C-Moll-Symphonie stets richtig mit g, g, g, es." Abraham konnte aber auch davon berichten, dass der Vogel die ersten Tonfolgen der Symphonie in einer höheren Tonlage („as") anstimmte, um dann wieder von vorne in der richtigen Tonhöhe zu beginnen. Eine männliche Blaustirnamazone der Verfasser intonierte öfters den Anfang eines nicht näher erkennbaren Liedes mit „la, la, la, la" in einer mittleren Tonlage, um darauffolgend das Lied zwei Tonlagen tiefer anzustimmen.

e) Vorwegnahme erwarteter oder gewünschter Ereignisse durch entsprechende Lautäußerungen: Die Verfasser sind der Ansicht, dass es sich hierbei um keine eigenständige Kategorie handelt. Trotzdem sei an einem Beispiel erläutert, was darunter zu verstehen ist: Der mittlerweile verstorbene Graupapagei eines mit den Verfassern befreundeten Ehepaares begann schon dann mit der Nachahmung des Geräusches einer quietschenden Tür zur Diele, wenn sich die Hausherrin in Richtung Tür begab.

Akustische Nachahmung im Freileben

In Mitteleuropa heimische Singvögel sind in den letzten Jahren in Wäldern und Parkanlagen häufig beim Nachahmen von Handytönen zu belauschen. Während für viele Vogelarten Beobachtungen über das Nachahmen anderer Arten vorliegen, ist eine gezielte Beforschung bei Papageien im Freiland mit Ausnahme von Graupapageien bisher nicht erfolgt. Grundlegende Unterschiede des akustischen Nachahmungsverhaltens von Papageien im Freileben zum Nachahmungsverhalten unter Haltungsbedingungen bestehen darin, dass ein bewusstes Antrainieren nicht stattfindet und Nachahmungen sich nur an den dortigen Tierarten orientieren können. Forschungsarbeiten von CRUICKSHANK et al. (1993) zeigten, dass Graupapageien (*Psittacus erithacus erithacus*) im Gebiet des Salonga-Nationalparks (Demokratische Republik Kongo, ehemals Zaire) neun Vogelarten und eine Flughundspezies nachahmten, und zwar in der Wiedergabe einzelner und mehrerer Töne. Die Autorin konnte in der Freivolieren-Anlage des Institut für Papageienforschung (IPF) in Oberhausen/Testerberge Graupapageien in Gruppenhaltung dabei belauschen, wie sie Eichelhäher imitierten. Eine vom Verfasser übernommene Blaustirnamazone ahmt ganz deutlich die Schreie von Pfauen nach.

Für die möglichen Funktionen der Nachahmung anderer Arten im Freileben gibt es mehrere Erklärungsansätze. Deren Stichhaltigkeit lässt sich jedoch nur bedingt mit wissenschaftlichen Methoden abklären.

Vorteile bei der Partnerwahl: Bei vielen Vogelarten spielt der Umfang des Lautrepertoires, über das beispielsweise ein balzlustiges Männchen verfügt, eine große Rolle. Die Nachahmung artfremder Vögel sorgt für eine Erweiterung des eigenen Lautrepertoires und könnte so eine Verbesserung der Chancen bei der Partnerwahl bewirken.

Passwort-Hypothese: Ähnlich wie Dialekte bei Menschen, gibt es solche auch bei Vögeln. Akustische Imitationen anderer Arten könnten dazu dienen, Zugehörigkeit zu einer artfremden Gruppe zu signalisieren und sozusagen als „Passwort" oder „Eintrittskarte" zu fungieren.

Erkennen von Familienmitgliedern – das „akustische Stammbuch": Masin et al. (2003) konnten an Hand sonografischer Aufzeichnungen nachweisen, dass die Jungvögel von Meyer's Papageien (*Poicephalus meyeri*) spezifische Lautmuster vom Vater nachahmen und in ihr Repertoire übernehmen. Zu gleichen Ergebnissen kamen sie auch in Bezug auf Graupapageien (*Psittacus erithacus erithacus*). Die Arbeiten belegen, dass zumindest bei diesen Arten die direkte Nachkommenschaft an dem vom Vater per Nachahmung übernommenen Lautrepertoire identifiziert werden kann.

Beau-Geste-Hypothese: Diese Hypothese ist nach einem Westernhelden benannt, der völlig auf sich alleine gestellt gegen eine Überzahl an Feinden zu kämpfen hatte und trickreich Mitkämpfer vortäuschte, die in Wirklichkeit nicht vorhanden waren. Auf das Nachahmen verschiedener Vogelindividuen bezogen, könnte sich ein ähnlicher Effekt ergeben (Krebs, 1977).

Akustische Nachahmung unter Haltungsbedingungen

Lantermann (1998) stuft die akustische Nachahmung von Papageien unter Haltungsbedingungen als eine Störung des Verhaltens ein. Zuweilen wird sogar ein Zusammenhang des Sprechens mit dem Auftreten von Federrupfen hergestellt. Ein solcher Zusammenhang konnte jedoch durch die Ergebnisse einer Studie von Andrea Juppien (1998), welche die Untersuchung von 149 Papageien in menschlicher Obhut hinsichtlich Auftreten und möglicher Ursachen von Verhaltensstörungen zum Inhalt hatte, nicht bestätigt werden. Es gab „keinen signifikanten Hinweis auf Zusammenhänge zwischen dem „Sprechen" eines Vogels und dem Auftreten des Federrupfens". Juppien: „Das „Sprechen" scheint also nicht, wie häufig behauptet, mit dem Eigenrupfen in Zusammenhang zu stehen. Es muß vielmehr der Imitationsfreude, die diesen Vögeln eigen ist, zugerechnet werden. Wobei die Imitationsfreude hier nicht als ein Faktor für das Wohlbefinden der Tiere gewertet werden sollte." Klar ist, dass speziell Papageien in Einzelhaltung und mit starkem Menschenbezug oft gezielt zu Nachahmungsleistungen animiert werden. Dies sollte aber keinesfalls als sinnvoller Ersatz nur im Zusammenleben mit Artgenossen auslebbarer, arteigener Verhaltensweisen angesehen werden. Das „Sprechen" stellt nach Meinung der Verfasser eine Abweichung vom Normverhalten und eine Anpassung, aber keine Verhaltensstörung dar. Lantermann (1999) schreibt, dass ihm kein einziger Fall bekannt sei, „in dem von Anfang an paarweise oder gruppenweise zusammenlebende Papageien bei artgemäßer Haltung von sich aus mit dem „Sprechen" bzw. dem Nachahmen der menschlichen Stimme begonnen hätten". Die Verfasser konnten umgekehrt feststellen, dass „sprechend" übernommene Amazonen

Kein Papageienhalter sollte das Hauptaugenmerk darauf richten, ob ein Papagei nachahmungsbegabt ist oder nicht. Es besteht kein Anlass zur Enttäuschung darüber, wenn ein Papagei nicht „spricht". Ebenso besteht kein Grund zur Besorgnis, wenn er es tut. Wer zwei oder mehr Tiere hält, wird schon am Belauschen der naturgegebenen innerartlichen Kommunikation seine Freude haben und ganz nebenbei mehr über die Funktion der verschiedenen Lautäußerungen erfahren, als das bei einer Fixierung auf die „Sprechkünste" seiner gefiederten Freunde der Fall ist.

schon kurze Zeit nach Eingliederung in Amazonengruppen ihre menschlichen Lautäußerungen sehr reduzierten oder gänzlich einstellten. Hoppe (1981) meint: „Es scheint so, dass das Erlernen von Geräuschen, Wörtern, Sätzen und das Pfeifen von Melodien eine Art Beschäftigungstherapie ist, die sich die Tiere selbst auferlegen."

Mimische Nachahmung

Mimische Nachahmung dürfte bei Papageien, sieht man von den Nachahmungen im Rahmen ansteckender Verhaltensweisen wie Gefiederaufschütteln, Gähnen und anderen ab, keine größere Rolle spielen. Wir konnten bisher keine Bestätigung für die von de Grahl (1990) gemachten Ausführungen finden, der schreibt: „Wiegt man bei Musik mit dem Körper, so wird der Papagei bald auch diese Bewegung nachahmen und Musik und Wiegen als zusammengehörig verstehen". Lediglich das Heben beider Arme in Analogie zum oft gezeigten Heben der Flügel als Begrüßung wird gelegentlich von den Amazonen der Verfasser mit dieser Bewegung quittiert.

Stimmungsübertragendes Verhalten

Wer fände es nicht amüsant beim Betreten der Volierenanlage zu beobachten, wie ein Papagei auf dem Schlafast sitzend, geräuschvoll sein Gefieder aufschüttelt und alle Artgenossen sich wie in einem Dominoeffekt auch schütteln. In Lautschrift sieht das so aus: „Brrr....Brrrrrrrrrrrrr". Solche ansteckenden Verhaltensweisen werden als allelomimetisches Verhalten bezeichnet. Mögliche Funktionen werden unterschiedlich gedeutet. Während zum Beispiel Gattermann (1993) darin eine reine Stimmungsübertragung sieht, betont Beaver (1994) den gruppenbindenden Charakter. Bei Papageien in Menschenobhut ist oft zu beobachten, dass ein Vogel ohne erkennbaren äußeren Einfluss von seinem Sitzplatz auffliegt und alle anderen ihm wie auf Kommando folgen. Läge ein äußerer Einfluss wie beispielsweise Störungen durch den Halter, vor und alle Exemplare wären diesem Einfluss ausgesetzt, wäre das Kriterium der Stimmungsübertragung nicht anwendbar. Eine Übertragung setzt, wie der Name sagt, immer

Gähnende Venezuela-amazone.

das Vorhandensein eines durch Stimmungen beeinflussten Überträgers voraus. Bei welchen papageiischen Aktivitäten lassen sich Stimmungsübertragungen besonders gut beobachten?

Gähnen ist ein typisches Beispiel. Lorenz (1963) vertrat lange die Ansicht, dass Gähnen bei Vögeln und Reptilien nicht vorkäme. Doch schon 1967 und in den Folgejahren wurde diese Ansicht durch Beobachtungen an südafrikanischen Straußen widerlegt. Es gibt wohl keinen, der Gähnverhalten bei seinen Vögeln noch nicht beobachten konnte. Ob es bei Papageien eine reine Körperfunktion hat, oder in erster Linie wie bei Menschen und Primaten eine Stimmungslage spiegelt, muss keiner näheren Betrachtung unterzogen werden.

Lantermann (1999) merkt an, dass „das Recken des Halses und das Öffnen des Schnabels („Gähnen") „als Streckbewegungen der Hals- und Schnabelpartien zu werten" seien, „eng mit dem Putzverhalten in Verbindung" stehen und „stimmungsübertragend auf andere Artgenossen und auch artfremde Papageien" wirken. Beobachtungen der Verfasser an deren Amazonen ergaben, dass das von einem Exemplar gezeigte Gähnen fast immer von den Artgenossen aufgenommen wird. Gleiche Beobachtungen sind auch für Graupapageien verfügbar. Diese Art der Stimmungsübertragung ist offenbar nicht auf bestimmte Arten eingeschränkt, sondern stellt ein bei Papageien verbreitetes Verhaltensmerkmal dar.

Streckbewegungen im Rahmen des Komfortverhaltens wirken oft stimmungsübertragend und werden, wenn von einem Vogel praktiziert, in Folge von weiteren Exemplaren ausgeführt (Dilger, 1960; Diefenbach, 1979). Diese bei verschiedenen Agapornis- und Kakaduarten getätigten Beobachtungen lassen sich auch für Blaustirn- und Venezuelaamazonen bestätigen.

Innerhalb mehrerer Gruppen von Venezuela-Amazonen und innerhalb einer Paarhaltungsgemeinschaft von Blaustirnamazonen ist häufig zu beobachten, dass von einem Exemplar ausgeführte Komfortbewegungen sich schon nach kurzer Zeit auf weitere Vögel übertragen.

Echte Nachahmung ist abzugrenzen von den durch Stimmungsübertragung ausgelösten Ausführungen gleicher und ähnlicher Verhaltensweisen durch mehrere Exemplare. Hierzu Lorenz (1965): „Es ist gänzlich falsch, von Nachahmung zu reden, wenn ein Individuum einer Vogelschar mit der Ausführung einer Handlung beginnt und die anderen Tiere dadurch zu gleicher Tätigkeit veranlasst werden. Diese Art von scheinbarer Nachahmung beruht auf der bei Vögeln sehr verbreiteten Erscheinung, dass der Anblick des Artgenossen in bestimmten Stimmungen, die sich durch Ausdrucksbewegungen und -laute äußern können, im Vogel selbst eine ähnliche Stimmung hervorruft."

Gruppenbindung und Festigung des Zusammenhalts

Die Annahme eines gruppenbindenden Charakters (Beaver, 1994) gemeinsam und meist gleichzeitig ausgeführter Verhaltensweisen sollte um den gruppenfestigenden Charakter ergänzt werden. Zur Gruppenbindung steht Papageien ein breit gefächertes Repertoire an sozialen Verhaltensweisen wie die gegenseitige Gefiederpflege oder gegenseitiges Füttern und andere zur Verfügung. Speziell die ansteckende Form des Gefiederaufschüttelns ist aber vorwiegend innerhalb schon gefestigter Gruppen zu sehen. Sie könnte als eine von mehreren Ausdrucksformen des Zusammenhalts dienen.

Eine weitere Funktion der Stimmungsübertragung formulierte Lorenz (1965) so: „Die Ausdrucksbewegungen und Ausdrucklaute, die die Stimmung von einem auf das andere Individuum übertragen, haben also nur die Aufgabe, diese ungefähre Gleichzeitigkeit in eine etwas genauere Gleichzeitigkeit zu verwandeln." Er merkt an, dass es auch bei nicht notwendiger Weise gleichzeitig auszuführenden Verhaltenselementen vorteilhaft ist, „wenn sie von den Gliedern der Sozietät gleichzeitig ausgeführt werden, weil so der gemeinsame Lebensrhythmus der Gesamtheit im gleichen Takt bleibt" und führt als Beispiel an: „Wenn die Tiere nicht alles gleichzeitig täten, wäre stets die Gefahr vorhanden, dass ein Stück gerade unbeweglich vollgefressen zurückbliebe, wenn die anderen in Flugstimmung geraten." Diefenbach (1982) wertet die stimmungsübertragenden Verhaltenselemente bei freilebenden Kakadus ganz ähnlich: „Durch Stimmungsübertragung bedingt, halten alle Tiere einen etwa gleichen Tagesrhythmus ein; sie ruhen, fressen oder putzen sich gemeinsam."

Der Gruppenbindung und -festigung dienende gegenseitige Gefiederpflege bei Venezuelaamazonen.

Belichtungsdauer und ihre Wirkungen auf Papageien

Geeignete Leuchtmittel und angepasste Belichtungszeiten sind wesentlich für die Gewährleistung des physischen und psychischen Wohlbefindens.

Eine kleine Drüse als Taktgeber

Die Zirbeldrüse registriert das einfallende Licht. Beim Mensch und den meisten Säugetieren dient das Auge als Zugang. Bei Vögeln und Reptilien wird die Zirbeldrüse zusätzlich über Lichteinfall durch die Schädeldecke angeregt. Das ist ein Erbe früher Lebensformen, bei denen ein sogenanntes drittes Auge auf dem Schädeldach vorhanden war. Taylor: „Bei Vögeln ist die Schädeldecke so dünn, dass Licht, obwohl das dritte Auge verschwunden ist, die Zirbeldrüse beeinflusst, die unter der Schädeldecke liegt." (TAYLOR, 1983) Bei Säugetieren ist die Zirbeldrüse selbst nicht lichtempfindlich. Bei Vögeln und Nagern erfolgt dagegen eine direkte Beeinflussung der Zirbeldrüse durch Außenlicht. Die Zirbeldrüse produziert im 24-Stunden-Takt Melatonin, ein Hormon, das auf bestimmte Hirnregionen wirkt. Es beeinflusst den Tag-Nacht-Rhythmus und die zeitlichen Abläufe. Melatonin wird auch als Schlafhormon bezeichnet. Viele Biologen sehen die Zirbeldrüse als „Regler aller Regler", weil sie durch angepasste Melatoninabgabe viele Körperzellen erreicht und dadurch eine wichtige Rolle bei der Steuerung des tageszeitlichen Verhaltens spielt (TAMARKIN et al., 1985). Informationen über die Tageslänge werden bei Vögeln durch ein Tag-Nacht-Profil von Melatonin abgebildet und gespeichert. Häufige Wechsel der Tageslängen oder künstliche Verlängerungen und Verkürzungen der Lichtzeiten ändern das Melatonin-Profil. Die Zirbeldrüse reagiert. Es wird ein nicht den natürlichen Tageslängen entsprechendes Muster erzeugt. Verschiebungen des Schlaf-Wach-Rhythmus und der Aktivitätszeiten sind die Folge.

Wie funktioniert der Schlaf-Wach-Schalter? Erhöhte Melatoninzufuhr stimmt den Körper auf die Schlafenszeit ein. Wenn das Papageienhirn erweiterte Hellzeiten abspeichert, weil das Hell-Zeit-Muster dauernd über das Zwölf-Stunden-Schema hinausgeht, verringert sich nach und nach die Melatoninausschüttung, denn dem Tier wird Wach-Zeit signalisiert.

Wirkziele des Melatonin.

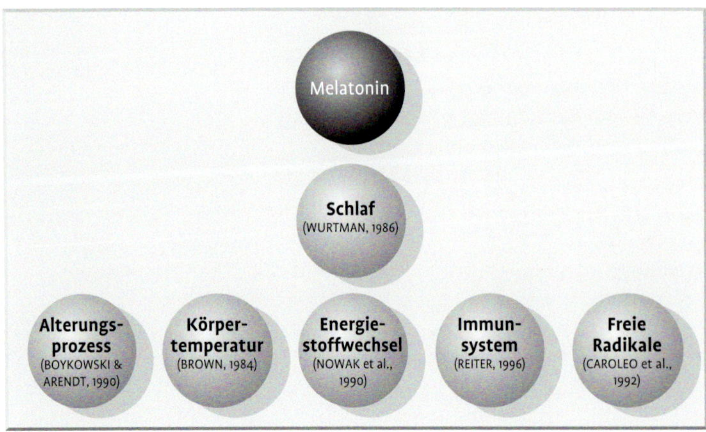

Änderungen des Melatoninprofils erfolgen mit einer gewissen Trägheit. Melatonin wird überwiegend während der Nacht produziert. Daher ist neben der Bezeichnung Schlafhormon der Zusatz „Hormon der Dunkelheit" geläufig (REITER, 1991). Melatonin steht in Wechselwirkung mit weiteren Hormonen, zum Beispiel dem Noradrenalin (KLEIN und WELLER, 1972).

Auswirkungen zu langer Belichtungszeiten

Schlafentzug bei Papageien in krasser Form ist hier nicht Gegenstand der Betrachtung, aber das Zitat belegt den Wert einer ausgewogenen Balance zwischen Wach- und Schlafzeiten. Dies

> „Es ist Sache der Ärzte zu urteilen, ob der Schlaf so notwendig ist, daß unser Leben davon abhängt. Wir erfahren allerdings, daß man den König Perseus von Mazedonien als Gefangenen in Rom sterben ließ, indem man ihn am Schlafen hinderte."
> MICHEL DE MONTAIGNE, 1580

gilt auch für Tiere in menschlicher Obhut.
Bei Ratten und Mäusen konnte in Versuchsreihen festgestellt werden, dass eine durch Verlängerung der Belichtungszeiten verminderte Melatoninabgabe zu früherer Geschlechtsreife und beschleunigten Alterungsprozessen führt (REITER et al., 1981). Experimente mit Hamstern haben bewiesen, dass die Lebenserwartung sinkt, wenn man sie zwingt, ihren Tagesrhythmus zu ändern. PIERPAOLI und REGELSON (1995) wiesen im Tierversuch nach, dass die Erhöhung des Melatoninspiegels bei alten Mäusen den Alterungsprozess verzögerte und das Immunsystem vom Mehrangebot an Melatonin profitierte.

Dagegen hat kontinuierlicher Schlafentzug und damit einhergehend eine Absenkung des Melatoninspiegels, einen nachweislich schädigenden Einfluss auf das Immunsystem. Umfangreiche Arbeiten von BORBELY und NEUHAUS (1979) beschreiben eine Reihe auf Körperfunktionen negativ wirkender Effekte durch Verringerung der Schlafzeiten. Melatonin wirkt sogar indirekt auf den Fettstoffwechsel ein (UNGER et al., 1999). Die Höhe des Melatoninspiegels hatte bei männlichen Halsbandsittichen (*Psittacula krameri)* in Abhängigkeit zur Belichtungszeit direkten Einfluss auf den Blutzuckergehalt und den Adrenalinstoffwechsel (Maitra et al., 2000). Die Gabe von Melatonin unterdrückte bei Sperlingen und Wachteln die Bewegungsaktivitäten für mehrere Stunden nach Verabreichung. Die Körpertemperatur verringerte sich merklich. Dieser Effekt war während Bewegungsphasen ausgeprägter als in Ruhephasen (Murakami et al., 2001).

Psychische Folgen

Schmid unterzog 2004 im Rahmen einer Doktorarbeit das Verhalten von 105 Graupapageien in privater Haltung einer umfangreichen Analyse. Der Einfluss unangepasster Belichtungszeiten auf das Verhalten war gravierend. So zeigten Graupapageien, die entweder zu kurzen Lichtzeiten (9 bis 11 Stunden) oder zu langen Lichtzeiten (>15 Stunden) ausgesetzt waren, ein deutlich aggressiveres Verhalten als Graupapageien, die im Mittel bei zwölf Stunden Lichtzeit gehalten wurden. Eine weitere Auswirkung bestand in übersteigerter oder vernachlässigter Eigengefiederpflege.

Jenkins (1999) sieht eine mehrerer Ursachen des Federrupfens in aus unangepassten Beleuchtungszeiten resultierendem Melatoninmangel.

Tagesperiodik bei der Papageienhaltung

Es gibt Hinweise auf Gewichtsunterschiede der Zirbeldrüse im Zusammenhang mit den Verbreitungsgebieten. Mit zunehmendem Abstand vom Äquator nimmt das Gewicht der Zirbeldrüse im Verhältnis zum Körpergewicht zu (Kristic, 1986).

Teubner (2002) erklärt die Unterschiede mit den je nach geografischer Zone verschiedenen Tageslängen. Man solle schon deshalb, weil die hier gehaltenen Papageien durchweg aus äquatornäheren Gebieten stammen, die Belichtungszeiten an den Tageslängen der Ursprungsgebiete ausrichten.

Die Zwölf-Stunden-Regel: „Die tägliche Beleuchtung soll 12 Stunden betragen, aber auch nicht überschreiten; der Tag-Nacht-Rhythmus ist einzuhalten" (Auszug aus dem Sachverständigengutachten „Mindestanforderungen an die Haltung von Papageien" des BMELV).
Weil die jahres- und tageszeitlichen Schwankungen äquatornah nur gering sind, ist zu empfehlen, unter Haltungsbedingungen für annähernd zwölf Licht- und zwölf Dunkelstunden zu sorgen. Ausreichende Schlaf- und Erholungszeiten sind für Mensch und Tier wichtig. Ständige erhebliche Überschreitungen der für Papageien notwendigen Schlafphasen schädigen Körper und Geist. Selbst reines „Nichtstun" im Wachzustand verbraucht 15 bis 20 % mehr Energie als Schlaf.

Nachtbeleuchtung bei Papageien? Aus der Befürchtung, Papageien könnten bei Nacht durch Störungen auffliegen und sich dabei wegen der Dunkelheit verletzen, installieren manche Halter schwächere Beleuchtungen in den Haltungsräumen. Reaktionen auf einen künstlichen Lichtpuls oder eine längere Beleuchtung während der Nacht zeigen Auswirkungen auf den Melatoninhaushalt. Die Synthese von Melatonin wird vermindert. Arbeiten zu vielen Tierarten geben Hinweise darauf, dass dafür schon geringere Lichtstärken ausreichen. Bei den meisten Nagern unterdrückt eine Lichtintensität von 1 Lux die Melatoninsynthese nachhaltig (McCormack, 1990). Berücksichtigt man, dass bei Nagern und Vögeln die Melatoninsynthese durch Außenlicht direkt beeinflusst wird, so ist es nicht unwahrscheinlich, dass auch bei Papageienvögeln geringere Lichtstärken während der Nacht ausreichen, um den Melatoninspiegel zu beeinflussen. Eine Studie an Menschen zeigte, dass unterschiedliche Lichtexpositionen eine unterschiedlich deutliche Unterdrückung bewirkten (Bittmann und Karsch, 1984).

Verhaltensweisen
der Papageien

Rechte Seite: Corellas auf dem Windrad einer australischen Farm.

Bilder und Filmaufnahmen riesiger Papageienschwärme führten bis in die jüngste Zeit zu der Annahme, dass Papageien außerhalb der Paarungs- und Brutzeiten in großen anonymen Gesellschaften leben. Unberücksichtigt blieb, dass solche Fotografien und Filmaufnahmen immer nur eine Momentaufnahme zeigen wie Großschwärme auf Schlafbäumen, an Wasser- oder Futterplätzen. Würde das Auge der Kamera den Tieren auch bei Verlassen dieser Örtlichkeiten folgen, wäre schnell klar, dass eine Auflösung in Familienverbände oder Kleingruppen zu beobachten ist. Solche Gruppen im oft unzugänglichen Gelände ausfindig zu machen und zu beobachten, ist allerdings recht schwierig. Es ist klar, dass die soziale Organisation das Verhalten einer Tierart in jeder Hinsicht maßgeblich bestimmt. Und ebenso, dass das Verhalten kleinerer Gruppen mit gegenseitigem individuellem Kennen ein anderes ist, als das großer anonymer Schwärme.

Über Rangordnungen bei Papageien in menschlicher Obhut wird viel berichtet. Die Frage danach, ob unter Haltungsbedingungen dokumentierte Rangordnungen auch im Freilandverhalten vorkommen, wurde dagegen bisher widersprüchlich beantwortet. Dabei ist die Beantwortung dieser Frage sehr wichtig. Sie hat Konsequenzen für die generelle Einschätzung des Papageienverhaltens. Freilandstudien zu diesem Thema sind schwierig. Trotzdem liegen mittlerweile einige Arbeiten vor.

Grundvoraussetzung für soziale Organisationen, in denen Tiere eine bestimmte Stellung einnehmen, ist das gegenseitige individuelle Erkennen. Die Wahrscheinlichkeit des gegenseitigen Kennens steht immer im Verhältnis zur Größe einer Gemeinschaft. Mit anderen Worten: Je höher die Anzahl der Tiere einer Gemeinschaft, desto geringer ist die Wahrscheinlichkeit dass sie sich gegenseitig kennen. Eine klare Abgrenzung individualisierter von anonymen Verbänden ist bei vielen Papageienarten kompliziert. Sie sind zu bestimmten Zeiten und Zwecken in großer Zahl anzutreffen. Zum Beispiel beim gemeinsamen Schlafen und bei Nahrungsflügen in Schwärmen. Zu anderen Zeiten leben sie in Familienverbänden und kleinen bis mittelgroßen Gruppen. Dieses zeitweise und zweckgebundene Zusammenfinden von Gruppen zu einem Schwarm lässt zunächst keine Aussage darüber zu, ob sich Vögel verschiedener Gruppen innerhalb des Schwarms individuell erkennen. Es muss aber berücksichtigt werden, dass sich Schwärme bei vielen Papageien aus Paaren, Familienverbänden und Gruppen mit überschaubarer Zahl zusammensetzen. Die Mitglieder dieser Unterabteilungen des Schwarms kennen sich sehr wohl.

Soziallleben in Gruppen

Ein Mittel zur Beurteilung, ob bei Papageien ein gegenseitiges Erkennen wahrscheinlich ist, bietet die Auswertung von Freilandbeobachtungen zu den Gruppenstärken. Wir haben dazu annähernd zweihundert Quellen ausgewertet, uns allerdings auf eine zusammenfassende Darstellung mit einigen beispielhaften Literaturdaten beschränkt. Alle im Kapitel 2 („Die beliebtesten Papageienarten") beschriebenen Großpapageien sind sowohl in Familienverbänden und Kleingruppen, als auch anlassbedingt größeren Schwärmen organisiert. Bei Familienverbänden und kleinen bis mittleren Gruppen ist ein gegenseitiges Kennen möglich und notwendig.

COMET

Gruppenstärken verschiedener Papageienarten

Gattung *Anodorhynchus* (Aras): GOMEZ (in HOPPE, 1992) schreibt zum Goldnackenara (*Ara auricollis*/nach der neuen Taxonomie: *Prophyrrhura auricollis*): „In kleinen Trupps von 6 bis 20 Tieren streifen die Vögel am Tag zur Nahrungssuche umher und finden sich am Abend an gemeinschaftlichen Schlafplätzen ein, wo Schwärme von bis zu 500 Vögeln übernachten." Diese Beschreibung ist charakteristisch für zeitlich begrenztes und zweckgebundenes Sammeln kleinerer Aragruppen zu einem einzigen Schwarm. Kleinere Trupps mit der Möglichkeit des gegenseitigen Erkennens schließen sich mit weiteren Trupps ähnlicher Individuenzahl zu folglich nur teilweise anonymen Schwärmen zusammen.

WETMORE (1968) berichtet von Sichtungen des Rotbugara (*Ara severa*) in Panama in kleinen Gruppen und paarweise im Flug sowie bei der Nahrungsaufnahme. FORSHAW (1973) beziffert die meist anzutreffende Zahl bei Hyazintharas (*Anodorhynchus hyacinthinus*) auf bis zu 20 Tiere.

FFRENCH (1976) berichtet, dass bis in das Jahr 1959 öfters kleine Schwärme von bis zu 15 Exemplaren des Gelbbrustara zu sehen waren.

LANTERMANN (1999) schreibt in Bezug auf den Rotrückenara (*Ara maracana* / nach der neuen Taxonomie: *Prophyrrhura maracana*) von einer Lebensweise in Paaren oder kleinen Gruppen.

RASMUSSEN (1999) hat aus den Beobachtungsdaten von vier Ara-Arten Mittelwerte hinsichtlich der Gruppenstärken berechnet (siehe nachstehende Tabelle).

Gattung *Amazona* (Amazonen): LANTERMANN (1986) berichtet bezüglich der Gelbwangenamazone (*Amazona autumnalis*) von Gruppen oder Schwärmen mit einer Individuenzahl von 6 bis 100 Tieren. EIDNER (2000) beobachtete bei einer Costa-Rica-Tour Gruppen von Gelbwangenamazonen mit je etwa 20 Exemplaren. WETMORE (1968) sichtete eine Gruppe von cirka 20 Gelbscheitel-Amazonen. DAVIS (1993) schreibt zur Gruppenstärke von Blaustirnamazonen, dass diese einzeln, paarweise sowie in kleinen Familienverbänden, häufig aber auch in größeren Schwärmen anzutreffen sind. Zu aktuellen Gruppenstärken der Blaustirnamazone in Paraguay berichten Thomas und Sabine VINKE (pers.): „Wir sind befreundet mit dem Naturkenner Heinrich Unger, der hier seit 75 Jahren lebt und als Sohn eines Naturforschers von Kindesbeinen an mit der Chaco-Tier- und Pflanzenwelt vertraut ist. Er bestätigte unsere Beobachtungen, dass die Gruppen meist zwischen fünf und zehn Tieren liegen. Die größten Schwärme gab er auch mit 50 bis 100 an. Solche Schwärme sieht man, wenn überhaupt vor allem im Winter, jedoch insgesamt nur selten, wobei sich laut Unger auch keine Änderung im Laufe der Jahrzehnte ergeben hat."

Gattung *Psittacus* (Graupapageien): Obwohl Graupapageien zu den meistgehaltenen Arten gehören, liegen nur wenige Freilanddaten vor. Nach CHADIN (1939) und CURRY-LINDAHL (1960) lebt der Graupapagei (*Psittacus erithacus*) tagsüber in Kleingruppen. Vor Sonnenuntergang versammeln sich die Graupapageien zu größeren Schwärmen, um gemeinsame Schlafplätze aufzusuchen. LUFT (1994) berichtet zum Graupapagei (*Psittacus erithacus*): „Als Schlafplatz suchen die großen Schwärme mit 100

Tabelle 1: Mittelwerte der Gruppenstärken von vier Ara-Arten nach Rasmussen (1999).

Art	Anzahl der beobachteten Exemplare	In Anzahl von Gruppen	Mittlere Gruppenstärke Exemplare pro Gruppe
Ara ararauna	46	18	2,6
Ara chloroptera	5	2	2,5
Ara macao	114	39	2,9
Ara severa	77	26	3,0

Tabelle 2: Mittelwerte der Gruppenstärken zweier Amazonenarten nach Rasmussen (1999).

Art	Anzahl der beobachteten Exemplare	In Anzahl von Gruppen	Mittlere Gruppenstärke Exemplare pro Gruppe
Amazona farinosa	19	10	1,9
Amazona ochrocephala	6	4	1,5

oder mehr Exemplaren Bäume weit entfernt von den Nahrungsquellen auf. [...]" Eine weitere Beobachtung war, dass sich mehrere kleine Gruppen in der Dämmerung in überschwemmten Wäldern und am Barombi See in Kamerun versammelten, um dort zu übernachten. LUFT: „In Ost-Gabun hatten zwei riesige Schwärme – jeder soll aus Tausenden von Tieren bestanden haben – Ölpalmen [...] als Schlafplatz besetzt." Je nach Lokalität und Tageszeit werden von LUFT beobachtete Gruppenstärken von 2 bis 12, 3 bis 30, 6 bis 10 und bis zu 40 Exemplaren beschrieben. MAY (2001) beobachtete im Kongo eine Gruppe von Graupapageien am Boden des Waldes. Die 20 bis 30 Vögel wechselten öfters zwischen Boden und Bäumen. Im Jahre 1997 konnte sie zusammen mit Bentley Gruppen von 800 und mehr Exemplaren sichten.

Afrikanische Graupapageien bilden stets nur artgleiche Gruppierungen und Schwärme. Innerhalb größerer Schwärme finden sich dann oft deutlich erkennbar zusammengehörige Gruppen von fünf oder sechs Exemplaren (HALLANDER, 2001). DE NAUROIS (1981) beschreibt das Vorkommen kleinerer Gruppen des Timneh-Graupapagei (*Psittacus erithacus timneh*) auf der Insel Principe. Er benennt Gruppenstärken von 30 bis 40 Exemplaren.

Gattungen *Calyptorhynchus, Callocephalon, Probosciger, Eolophus, Cacatua* (Kakadus): Allgemein schreibt DIEFENBACH (1992): „Gewöhnlich kann man Kakadus paarweise oder in kleinen Schwärmen [...] beobachten. [...] Größere Schwärme treffen besonders während der Wanderungen zusammen." Zum Bankskakadu (*Calyptorhynchus magnificus*) beschreibt er das Auftreten in kleinen Gruppen von 15 bis 20 Exemplaren. Zur Gruppenstärke des Helmkakadu (*Callocephalon fimbriatum*) beschreibt ROBILLER (1991) ein Auftreten in Paaren und Familienverbänden sowie außerhalb der Brutzeit in Gruppen bis zu etwa 60 Tieren. Über die Vorkommensstärke des Palm- oder Ararakakadu (*Probosciger aterrimus*) berichtet ROBILLER: „Der Palmkakadu lebt paarweise, seltener in kleinen Gruppen von allgemein 5–6 Vögeln." Ingrid BUNSE (pers.) beschreibt ihre Beobachtungen zum Inkakakadu (*Cacatua leadbeateri*) so: „Man trifft sie allgemein als Einzelgänger oder paarweise an, sehr selten in kleinen Gruppen, daher ist die Chance welche zu entdecken sehr gering. In der Gegend gab es einige Büsche mit Samen, an denen die überraschend große Gruppe von 12 Inkakakadus intensiv knabberte." Über den Rosakakadu schreibt ROBILLER (1991): „Rosakakadus werden paarweise, meistens aber in kleinen Gruppen oder Schwärmen, die manchmal aus Hunderten von Vögeln bestehen, angetroffen." Der Gelbhaubenkakadu ist während der Brutzeit nach ROBILLER häufiger paarweise und in Familienverbänden gruppiert.

Blaustirnamazonen auf der Estancia Amistad, 80 Kilometer westlich von Filadelfia im Gran Chaco, Paraguay.

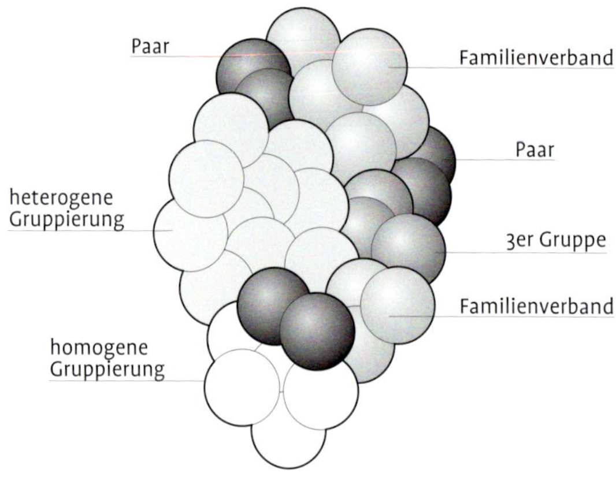

Schematische Darstellung der sozialen Organisation von Papageien.

Außerhalb der Brutzeit fänden sich Gruppen von 100 und mehr Vögeln zusammen. Westhoff (pers.) beobachtete in der Nähe von Adelaide im Jahr 1995 eine Ansammlung von ungefähr 20 Rabenkakadus (*Calyptorhynchus funereus*) in einer Baumgruppe.

Fazit

Die Gruppenstärken reichen bei je gleichen Arten von paarweisen Sichtungen, über die Sichtung von Familienverbänden und kleineren Gruppierungen bis hin zu Schwärmen mit mehreren hundert Exemplaren. Schwärme setzen sich in der Regel aus Paaren, Familienverbänden und Kleingruppen zusammen, die sich zeitweise zu bestimmten Zwecken zusammenfinden. Dabei handelt es sich vorwiegend um das Aufsuchen von Futterquellen und Schlafplätzen und um Teilzüge. Während langer Tagesabschnitte sind die betrachteten Arten in überschaubaren Gruppen organisiert. Die Gruppenstärken lassen ein gegenseitiges individuelles Erkennen zu. Die aktuellen Forschungsergebnisse (siehe Kapitel 3 „Körperliche Fähigkeiten") zur Gehirnanatomie und Leistungsfähigkeit von Papageien belegen, dass ihnen eine Individualisierung von Artgenossen grundsätzlich möglich ist. Wie viele Artgenossen erkannt werden können, ist derzeit nicht bekannt. Zu anderen Arten, so zum Beispiel zum kognitiv weniger gut ausgestatten Haushuhn, vorliegende Arbeiten legen die Annahme nahe, dass sich die Anzahl individuell erkennbarer Artgenossen zwischen 20 bis 70 Exemplaren bewegen dürfte (Mench und van Tienhoven, 1986).

Wechsel der Gruppenstärken im Tagesverlauf

Williams (2003) hat die Tagesaktivitäten der Gelbschulteramazone (*Amazona barbadensis*) beobachtet. Ein Resultat dieser Beobachtungen war, dass die großen Schwärme an den Ruheplätzen sich aus kleineren Gruppierungen zusammensetzen. Chapman und seine Mitarbeiter (1989) haben die im Tagesverlauf wechselnden Gruppenstärken zusammenfassend für die vier in gemischten Gruppen vorkommenden Arten Weißstirnamazone (*Amazona albifrons*), Gelbnackenamazone (*Amazona ochrocephala*), Elfenbeinsittich (*Aratinga canicularis*) und Goldkinnsittich (*Brotogeris jugularis*) im Beobachtungsgebiet des Santa Rosa Nationalparks in Costa-Rica dargestellt. Ihr Fazit: „Die Papageien, die am frühen Morgen die Schlafplätze verließen, flogen in kleinen Gruppen und, so schien es, in streuender Weise ab." Gleiches lässt sich auch für verschiedene Ara- und Kakaduarten sagen (Hoppe, 1992, Diefenbach,1982).

Rangordnungen

Gruppenhierarchien sind ein wirksames Instrument zur Vermeidung andauernder, sich ständig wiederholender, Auseinandersetzungen. Die im Rahmen von Rangordnungskämpfen festgelegten Positionen bleiben meist nicht starr. Sie erlauben rangniedrigeren Tieren oder heranwachsenden Jungtieren den sozialen Aufstieg. Beschädigungskämpfe treten dabei ganz selten auf, weil sie die Fitness einzelner Vögel reduzieren könnten. Die eigentliche Kampfhandlung wird meist durch Andeutungen aus dem Bereich des Droh- und Imponierverhaltens ersetzt. Gelegentlich wird geäußert, dass der Aufbau von Rangordnungen eine Anpassung an Gefangenschaftsbedingungen darstelle. Derartige Spezialanpassungen würden jedoch den Rahmen der adaptiven Möglichkeiten von Papageien bei weitem übersteigen. Hierzu Wanker (pers.) : „Meiner Meinung nach könnten sich in menschlicher Obhut keine „Spezialanpassungen" von solch komplexer Struktur entwickeln, wenn die Tiere nicht die genetischen Anlagen dafür haben und somit dieses Verhalten in freier Wildbahn zu beobachten wäre."

Droh- und Imponierverhalten bei zwei Salomonen-Kakadus.

Rangordnungen unter Haltungsbedingungen

Wie sieht die Haltungspraxis aus? Wie kann der Halter dem in der Natur von Papageien verankerten Rangordnungsverhalten gerecht werden?

Die von Privathaltern vorwiegend praktizierte Form ist die Haltung eines einzelnen Vogels oder eines Paares. Eine aktuelle Arbeit von Rachel Schmid zeigt als Nebenergebnis, dass von 105 den Gegenstand ihrer Untersuchungen bildenden Graupapageien nur 29 Exemplare (30,9 %) in den aufgesuchten Privathaushalten nicht einzeln gehalten wurden (Schmid, 2004). Schmid berichtet in einer persönlichen Mitteilung, dass sich nach ihren Erfahrungen die Mehrzahl aller in der Schweiz gehaltenen Großpapageien in Einzelhaltung befinden. Der Bundesverband praktischer Tierärzte (BPT, 2005) teilt mit: „Mehr als neun Millionen Ziervögel werden in Deutschland als Heimtiere gehalten – leider oft fernab ihrer biologischen Bedürfnisse. [...] Nach wie vor werden Stubenvögel überwiegend einzeln gehalten und müssen auf einen artentsprechenden Sozialpartner verzichten.“ Die Haltung in Gruppen stellt immer noch die Ausnah-

Konsequenzen für eine artgerechte Haltung

Es ist notwendig,

a) den Erfordernissen der aus dem Freileben bekannten sozialen Organisation durch Haltung in interaktionsfähigen Gruppen Rechnung zu tragen,

b) an tiergartenbiologischen Gesichtspunkten orientierte Voraussetzungen zu schaffen, die hinsichtlich Raumbemessung und Strukturierung den Ansprüchen an Bewegung, Erkundung, Rückzug, territoriales Verhalten, Separation zu Balz- und Brutzeiten, genügen,

c) die Zusammenstellung so zu wählen, dass möglichst Tiere der gleichen Art mit einer ausgewogenen Alters- und Geschlechtsverteilung unter Beachtung der Vorgeschichte (Stichworte: Herkunft, bisherige Haltung, Auffälligkeiten) in die Gruppe eingebracht werden (Schrooten et al., 2005),

d) bei einer neugeplanten Gruppenzusammenstellung eine hohe Wahrscheinlichkeit dafür in Betracht zu ziehen, dass einer oder mehrere der „eingeplanten“ Papageien später eventuell wieder von der Gruppe getrennt werden müssen.

Besonders der unter d) angeführte Punkt setzt zunächst eine höhere Anzahl von Tieren voraus, als in vielen Fällen letztlich in einer funktionierenden Gruppe verbleiben können.

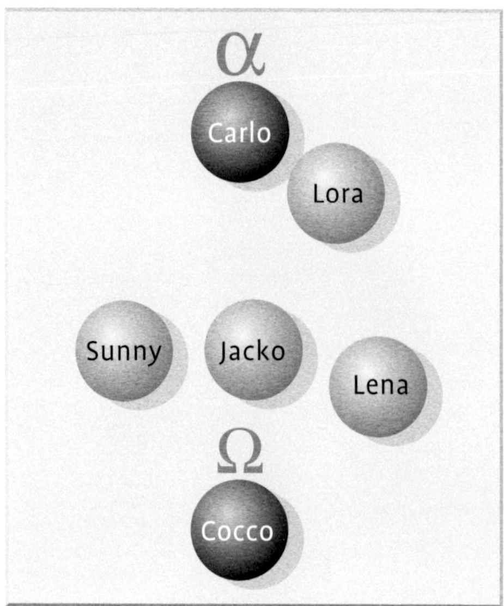

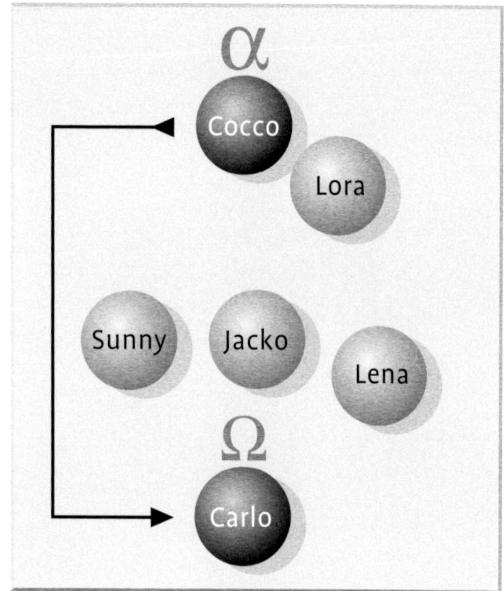

Schematische Darstellung der Um1kehr der Rangordnung in einer Amazonengruppe.

me dar und bleibt weitestgehend zoologischen Facheinrichtungen oder Einrichtungen im Rahmen von Arterhaltungs- und Zuchtprogrammen vorbehalten. WÜRBEL (Universität Gießen, 2005): „Die artspezifischen Anpassungen an bestimmte Formen sozialer Vergesellschaftung führen zu spezifischen Anforderungen an eine tiergerechte Haltung. Werden diese nicht erfüllt, kann dies zu schweren Belastungen und erheblichen Verhaltensstörungen führen."

Zahlreiche Studien und Halterbeobachtungen belegen Rangordnungssysteme bei Papageien in menschlicher Obhut. Dazu einige Beispiele:

Graupapageien-Gruppe in Volierenhaltung: WOPPEL (2003) untersuchte die Sozialstruktur einer Gruppe von 13 in Voliere gehaltenen Graupapageien. Sie stellte eine Gruppenordnung fest, bei der die Ränge wechselten. Die männlichen Graupapageien waren aggressiver als die weiblichen Tiere und nahmen höhere Positionen ein. Es war weder ein absolut bestimmendes noch ein von allen Gruppenmitgliedern unterdrücktes Tier erkennbar: „Jeder Vogel konnte in Konflikten einige seiner Artgenossen besiegen und war aber auch einigen anderen unterlegen." Sie konnte beobachten, dass „ein vermehrter Austausch von Freundlichkeiten mit anderen Gruppenmitgliedern" sich positiv auf den Rang auswirkte. Stress und Aggressionen seien in der hierarchisch organisierten Gruppe niedrig gewesen.

Grünflügelaras im Tierpark Hagenbeck: Der Tierpark Hagenbeck beherbergt die weltweit größte Gruppe von Grünflügelaras. Sie leben in einer 4300 Kubikmeter umfassenden Naturraumvoliere. HERING-HAGENBECK (2002) zum Gruppenverhalten: „Die Aras bilden eine stabile Gruppe mit strenger Hierarchie. Wenn ein Tier für mehr als zwei Tage entfernt werden muß, kann es nicht wieder integriert werden. Die Einführung genetisch fremder Vögel ist nur über Eiertausch möglich." WANKER von der Universität Hamburg nutzt die Hagenbeck-Gruppe zu Studienzwecken. WANKER (pers.): „Wir konnten eindeutig eine lineare Rangordnung nachweisen, die sich im Laufe der Jahre insofern ändern konnte, als dass sogar das alpha-Paar nach starken Kämpfen um eine Bruthöhle auf die omega-Position absinken konnte."

Blaustirn- und Venezuela-Amazonen in Gruppenhaltung: WEINHOLD (1998) hat über drei Jahre hinweg das Verhalten von 13 Blaustirnamazonen in der Volierenanlage des Institutes für Papageienforschung (IPF, Oberhausen/Testerberge) beobachtet. Es gab Untergruppen mit gruppeninternen Rangordnungen. Der Gruppenrang spielte innerhalb der gesamten Gemeinschaft eine übergeordnete Rolle. Dabei waren die weiblichen Tiere in der Regel rangniedriger. Sie schreibt: „Alte Männchen standen an der Spitze der Hierarchie. Junge Männchen kämpften mehr als ältere." Unsere langfristigen Beobachtungen zum Gruppenverhalten einer

Amazonengruppe aus fünf Venezuelaamazonen und einer Blaustirnamazone, jeweils drei männliche sowie drei weibliche Exemplare, ließen eine von oben nach unten durchstrukturierte Rangordnung erkennen. Nachdem eine dominante männliche Amazone für etwa einen Monat wegen der Behandlung einer Beinverletzung von der Gruppe getrennt werden musste, nahm eine andere männliche Amazone die Stellung der ausgesonderten Amazone ein. Mehrere Wiedereingliederungsversuche der Amazone in die Gruppe scheiterten an der Heftigkeit der Attacken des jetzt ranghöchsten Vogels.

Wehe (pers.) berichtet ebenfalls von der Ausbildung einer relativen Rangordnung innerhalb ihrer Venezuela-Amazonen-Gruppe. Die 16 Amazonen fanden sich zu drei Dreiergruppen, zwei Zweiergruppen, zwei Jungtieren und einem fehlsozialisierten Einzeltier zusammen. Sowohl innerhalb der einzelnen Gruppierungen als auch im Verhältnis der Gruppierungen untereinander sei eine strukturierte Rangordnung erkennbar. Die Ränge wechselten stets dann, wenn es zu Paarungs- und Brutaktivitäten komme. So stiegen die Brutpaare während dieser Zeiten erkennbar in der Rangfolge auf.

Kakadus in menschlicher Obhut: Auch für die verschiedenen Kakaduarten sind hinreichend Rangordnungen unter Haltungsbedingungen dokumentiert. Die von Saunders (1979) vertretene Annahme, dass Rangordnungen bei Carnabys Kakadus wohl in Gefangenschaft, nicht aber im Freileben zu beobachten seien, ist durch Arbeiten von Pepper (1996) widerlegt worden.

Rangordnungen bei freilebenden Papageien

Pepper (1996) beobachtete in den Jahren 1991,1992 und 1993 das Sozialverhalten von freilebenden Braunkopfkakadus (*Calyptorhynchus lathami*). Diese Arbeit stellt eine der wenigen zum Rangordnungsverhalten von Papageien im Freiland dar. Alle Tiere der beobachteten Gruppe bildeten erkennbar eine geschlossene Formation. Sämtliche Gruppenmitglieder standen untereinander in Beziehungen. Die größte Gruppe bestand aus 34 Vögeln. Innerhalb der Beobachtungsgruppen waren stabile Dominanzbeziehungen erkennbar und erwachsene Kakadus hatten einen höheren Rang als junge oder halbwüchsige Vögel. Verpaarte Kakadus standen im Rang über allen unverpaarten Exemplaren. Weibliche Braunkopfkakadus nahmen generell höhere Ränge ein als männliche. Matuzak und Dear (2003) berichten von einer über längere Zeiträume vorgenommenen Beobachtung von neun Hellroten Aras (*Ara macao*). Die Beobachtungen ergaben eine deutlich erkennbare Rangordnungsstruktur. Es existierte ein in der Rangordnung ganz oben stehendes männliches Tier („Emilio"). Emilio konnte unbehelligt immer zuerst die Futterangebote nutzen. Andere Gruppenmitglieder nahmen erst dann Futter auf, wenn Emilio damit fertig war. Ein weiterer weiblicher Ara stand im Rang direkt unter Emilio. Er versuchte zuweilen, Emilio die Spitzenposition streitig zu machen. Ein Ara-Weibchen namens „Jemina" stand etwa in der Mitte der Hierarchie und „Ringo" an letzter Position. Madison (2005) beobachtete die Gruppensoziologie in Gefangenschaft aufgezogener und später in die Freiheit entlassener Hellroter Aras. Auch bei ihnen war eine klar durchstrukturierte Hierarchie präsent. Bei der Weißstirnamazone lassen sich nach Levinson (1980) deutliche Dominanzunterschiede zwischen einzelnen Vögeln in der Gruppe feststellen. So sei erkennbar, dass verpaarte Vögel gegenüber allen unverpaarten Vögeln ein dominierendes Verhalten zeigen.

Kooperatives Verhalten

Für viele Tierarten sind kooperative Beziehungen dokumentiert. Meist handelt es sich um funktionsgebundenes Zusammenwirken wie z. B. Wächtersysteme zur Feindabwehr oder um gemeinsame Strategien des Nahrungserwerbs. Viele Vögel sind in Gruppen und, außerhalb der Fortpflanzungs- und Aufzuchtzeiten, in Schwärmen organisiert. Das gilt auch für die meisten Papageien. Schon die Organisation in größeren Gruppen weist auf kooperatives Verhalten hin. Diese Form des Zusammenhalts ist für jede Gruppe ein Gewinn. Gleiches gilt für das bei vielen Papageienarten zu beobachtende gemeinsame Übernachten auf Schlafbäumen, das neben thermoregulatorischen Vorteilen eine höhere Sicherheit vor Feinden bietet.

Brightsmith (2000) stuft den permanenten Feinddruck auf freilebende Papageien-Populationen als Hauptursache für die Entwicklung sozialer Strukturen und sozialer Organisationsformen in Gruppen und Schwärmen als Gegenstrategie zu den täglichen Bedrohungen und als „Überlebensmotor" ein. Zitat: „Die Ursachen für Gruppenbildung und soziale Lebensformen sind vielfältiger und komplexer Natur, aber die Prädationsgefahr ist zweifellos einer der bedeutendsten Ursachen. Nicht nur für Papageien, sondern für viele Vogelarten, bietet die Schwarmbildung eine Reihe von Vorteilen."

Ein Sinn kooperativen Verhaltens ist darin zu sehen, dass alle beteiligten Individuen einen Nutzen erlangen, ohne dass einer Seite Kosten entstehen. Der Nutzen kooperativer Strategien bemisst sich in erster Linie am Nutzen für die Art als solche. Die Tatsache, dass einige kooperative Verhaltensweisen für einzelne Tiere ein erhöhtes Risiko bergen (wie beispielsweise die sich gegenüber Feinden exponierenden Kakadus mit Wächterfunktion) ändert nichts daran, dass der Nutzen in Form eines Überlebensvorteils für die Gruppe und die Art überwiegt. Man könnte bei solchen, das Überleben einzelner Exemplare zu Gunsten einer Mehrzahl von Exemplaren vernachlässigenden Strategie von kooperierendem und altruistischem Verhalten reden.

Gemeinsame Sicherung

Wächtersysteme bei Kakadus: Ein Musterbeispiel für kooperatives Verhalten stellt das bei einigen Kakaduarten vorhandene Wächtersystem dar (Diefenbach, 1982; Forshaw, 1981). Gehen die Großen Gelbhaubenkakadus im Schwarm auf Nahrungssuche, so sind stets einige Exemplare als Wachposten an übersichtlichen Stellen platziert. Von dort aus beobachten sie aufmerksam die Umgebung und warnen ihre fressenden Artgenossen mit durchdringenden Alarmrufen, sobald sich ein Beutegreifer nähert. Das gleiche Verhalten zeigen Bankskakadus (*Cacatua magnificus*).

Die Rosakakadus, die nicht über ein solches Warnsystem verfügen, profitieren auf indirekte Weise vom Wächtersystem der Gelbhaubenkakadus, indem sie sich oft in gemeinsamen Schwärmen mit diesen auf Nahrungssuche begeben. Interessant ist die Beobachtung von Forshaw (1981, 1982), dass die geschilderte Wachpostenstrategie in den Waldgebieten Nordaustraliens nicht angewendet wird, weil sich dies dort auf Grund der Vegetationsstruktur erübrigt. Die im australischen Offenland beheimateten Nacktaugenkakadus (*Cacatua sanguine*) haben in Ermangelung erhöhter Wachpositionen eine spezielle Strategie der kooperativen Feindprävention entwickelt. Während der gemeinschaftlichen Nahrungsaufnahme fliegen immer einige Vögel kurzfristig auf, um sich so einen besseren Überblick über die Umgebung zu verschaffen und bei bemerkter Gefahr die Artgenossen zu warnen.

Alarmrufe bei erkannter Gefahr sind ein Verhalten, das bei allen Papageienarten zu beobachten ist. Aber die geschilderte Art der arbeitsteilig kooperierenden Alarmierung ist eine Besonderheit des Verhaltens einiger Kakaduarten. Die Formkonstanz dieses artspezifischen Verhaltens gibt Hinweise darauf, dass es sich dabei um genetisch veranlagte Verhaltensweisen handelt, die schon bei jedem Jungvogel vorhanden sind, aber zur Auslösung weiterer Faktoren bedürfen.

Es fehlen verlässliche Angaben darüber, ob die Wächterfunktionen im Wechsel vorgenommen werden, sich auf männliche oder weibliche Tiere eingrenzen lassen, oder geschlechtsunabhängig wahrgenommen werden und welche zusätzlichen Eigenschaften bestimmte Exemplare für das Wächteramt qualifizieren.

Gemeinsame Sicherung bei Graupapageien: Lynn ist der interessanten Frage nachgegangen, ob auch Graupapageien zur Sicherung der ungestörten Nahrungsaufnahme kooperative Verhaltensweisen anwenden. Dazu beobachtete er freilebende Gruppen in Süd-Kamerun. Er konnte feststellen, dass immer nur eine bestimmte Anzahl Graupapageien den Boden zum Fressen aufsuchte, die Restgruppe währenddessen auf den erhöhten Baumpositionen blieb und erst dann zum Boden flog, wenn die Exemplare von dort unten in die Bäume zurückkehrten. Zitat: „Zu Beginn des Ablaufes fliegen einzelne Graupapageien zu Boden und kehren in stets sich wiederholender Weise in die Bäume zurück. 20 bis 30 Exemplare fliegen zu Boden und nehmen dort ihre Plätze ein. Andere kehren derweil wieder in die Bäume zurück und werden durch dortige Artgenossen abgelöst. Der Ablauf setzt sich fort. [...]" (in: Pepperberg und Lynn, 2000; May, 2001).

Auch dieses Verhalten hat grundsätzlich kooperierenden Charakter. Man könnte fast von einem der Absicherung dienenden Schichtwechsel bei der Nahrungsaufnahme sprechen.

Sicherungsverhalten bei Aras: Ein ähnliches Sicherungsverhalten wie das der Graupapageien wird von einigen Ara-Arten (unter anderen Hyazinthara, Lear's Ara, Rotohrara) beschrieben. Folgt man der Schilderung von SCHANZENBACH, dass eine Gruppe von Hyazintharas ihn bei Annäherung zunächst mit Kreischen und danach mit lautstarkem Umfliegen und Direktanflug gemeinschaftlich zu vertreiben suchte, so ist die Annahme zu rechtfertigen, dass Hyazintharas in ähnlicher Weise kooperierend gegen vermeintliche oder tatsächliche Feinde agieren (B. SCHANZENBACH, in: HOPPE, 1992). Als eine Art der Absicherung der Schlafplätze könnte folgendes Verhalten des Lear's Ara (*Anodorhynchus leari*) gedeutet werden: Bevor die gesamte Gruppe die Schlafplätze anflog, wurden diese nach Beobachtungen von YAMASHITA (1987) zunächst von zwei bis drei Exemplaren inspiziert. Erst nachdem die Späher zu rufen begannen, flog die gesamte Gruppe die Schlafplätze an.

Paarverhalten

Für alle hier beschriebenen Papageienarten werden in der Literatur ganz vorwiegend lebenslange Paarbindungen an nur einen Partner angenommen. Diese Annahme dürfte nicht zuletzt daraus resultieren, dass in vielen Fällen maximal zwei gegengeschlechtliche Exemplare gehalten werden und sich somit keine Möglichkeit der Neu- oder Umverpaarung bietet. LANTERMANN (1999) schreibt zutreffend: „[...] stellt sich grundsätzlich die Frage nach der Häufigkeit von lebenslangen Verbindungen von Papageien." Eine verlässliche Überprüfung der Annahme lebenslanger Einehen bei Papageien erfordert langfristig angelegte und nur unter Schwierigkeiten durchzuführende Freilandbeobachtungen. Umfassendere Daten zur Paarbindung im Freileben wurden u.W. bisher nur von ROWLEY (1990) in Bezug auf Rosakakadus erhoben. Die Ergebnisse: 57 von 107 dokumentierten Paarbindungen überdauerten lediglich ein Jahr. Sechs Paarbindungen hielten vier Jahre und nur eine einzige dauerte auch nach sechs Jahren noch an. Natürlich muss bei der Interpretation dieser Daten berücksichtigt werden, dass das Erfordernis einer Umverpaarung sich bei den beobachteten Rosakakadus teilweise daraus ergab, dass nur 48 Prozent der jeweiligen Paarpartner – bedingt durch Greifvögel oder menschliche Nachstellung – die nächste Brutsaison überlebten. In Amazonengruppen unter Haltungsbedingungen sind nach Beobachtungen der Verfasser, laut WEHE (pers., 2006) und weiteren Züchtermitteilungen gelegentlich Umorientierungen feststellbar. Die Verfasser tendieren zu der Ansicht, dass es neben langfristigen und festen Paarbindungen auch zu Auflösungen, Umorientierungen und Neuverpaarungen kommen kann, wobei Voraussetzungen, Umstände und Gründe weiterer Forschung bedürfen.

Unter Haltungsbedingungen kann meist nicht von einer dem Freileben vergleichbaren Paarfindung gesprochen werden, weil oftmals zunächst nur ein Einzelvogel vorhanden ist, dem ein vom Halter „ausgesuchter" Partner zugesellt wird. Gemeinschaftsvolieren mit mehreren Exemplaren, die eine wirkliche Partnerwahl ermöglichen könnten, sind eher die Ausnahme. Folglich ist der Zukauf eines Partnervogels stets ein „Vabanquespiel" mit ungewissem Ausgang. Gerade – jedoch nicht nur – über längere Zeiten einzeln gehaltene Papageien können hinsichtlich der Akzeptanz eines hinzugesellten Artpartners, von einer wirklichen Paarbindung ganz zu schweigen, sehr wählerisch sein.

Bei der Verpaarung zu beachten

Den Erfordernissen an die arteigenen Bedürfnisse von Papageien entsprechend, sollte – wie bereits mehrfach erwähnt – durch eine mindestens paarweise Haltung entsprochen werden. Soll einem Einzelvogel ein Partner hinzugesellt werden, ist darauf zu achten, dass dieser artgleich, gegengeschlechtlich und in etwa gleichaltrig ist. Unklarheiten über das Geschlecht sind heutzutage per Federanalyse unproblematisch und kostengünstig abzuklären (siehe Seite 136, Adressen).
Papageien, die schon mehrfach den Besitzer gewechselt haben, sollten nur von erfahrenen Haltern zu Verpaarungsversuchen übernommen werden. Bei schon geschlechtsreifen Papageien empfiehlt es sich, Verpaarungsversuche außerhalb der Balzzeiten vorzunehmen. Beim Kauf oder anderweitigen Erhalt eines zur Verpaarung vorgesehenen Vogels ist es zudem sinnvoll, sich für den Fall des Nichtfunktionierens der Verpaarung die Rückgabe vorzubehalten. Solche Vereinbarungen sollten in Schriftform getroffen werden.

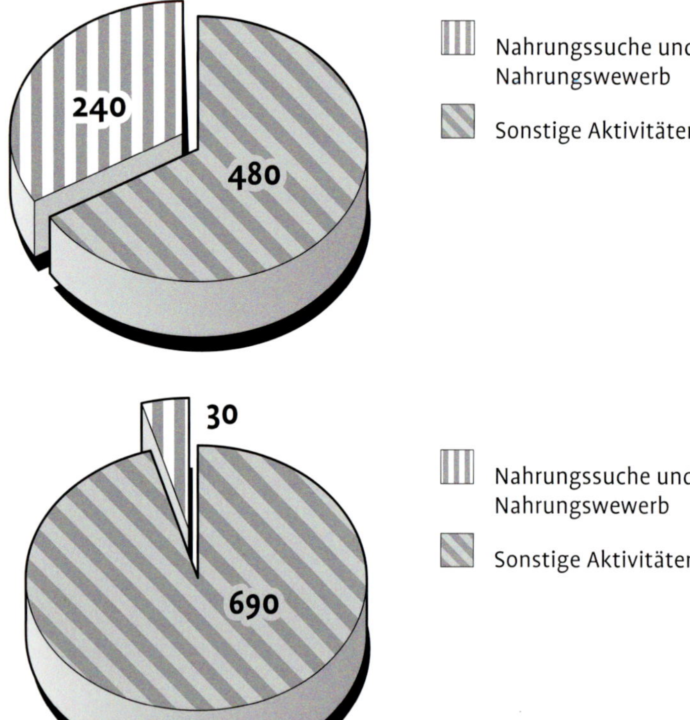

Vergleich der zeitlichen Anteile des Nahrungsverhaltens im Freileben mit denjenigen unter den Bedingungen der Käfighaltung.

Die gegenseitige Akzeptanz der Partnervögel ist zunächst daran zu erkennen, dass es nicht zu andauernden Auseinandersetzungen kommt und sich der Sitzabstand kontinuierlich verringert. Im Optimalfall „vertragen" sich die Vögel auf Anhieb. Eine wirkliche Paarbindung zeigt sich zum Beispiel in gegenseitiger intensiver Gefiederpflege, gegenseitigem Füttern, Kontaktsitzen und der Nutzung eines gemeinsamen Schlafplatzes. Intensiviert sind diese Verhaltensweisen dann zu Balz- und Paarungszeiten zu sehen.

Nahrungserwerb

Foraging stellt ein natürliches Verhalten von Wildvögeln und anderen Tieren dar. Foraging ist ganz einfach das Suchen und Finden von Nahrung. Auf der Grundlage von Feldstudien erscheint es so, dass viele Vogelarten den größten Teil des Tages (über 50%) nach Futter suchen und fressen. (Koutsos et al., 2001) Nahrungssuche, die Beschäftigung mit Nahrungskomponenten und die Aufnahme selbst nehmen im Zeitbudget freilebender Papageien eine derart große Spanne ein, dass ihnen anteilig am Gesamtverhalten eine immense Bedeutung zukommt. Als Beispiel kann das sehr gut dokumentierte Nahrungsverhalten der Puerto-Rico-Amazonen angeführt werden. Sie wenden im Freiland vier bis sechs Stunden täglich für die Suche nach Nahrung und die Beschäftigung damit auf (Snyder et al.,1987).

Diese langen Zeiten innerhalb des Tagesverlaufes freilebender Vögel stehen in krassem Kontrast zu denen innerhalb von Haltungssystemen. Eine Videoaufzeichnung des Nahrungsverhaltens von Venezuela-Amazonen in Käfighaltung ergab ein Maximum von 30 bis 72 Minuten am Tag, während derer sich die Amazonen dem Nahrungserwerb, also der an stets gleichen Stellen angebotenen Nahrung, widmeten. Auf Stunden heruntergerechnet verblieben somit ganze sechs Minuten/Stunde (Meehan et al., 2003).

Die langen Zeiten des Tages, die sich freilebende Papageien dem Nahrungserwerb widmen, bieten immer auch die Möglichkeit sozialer Interaktionen mit Artgenossen, weil Papageien gemeinschaftlich Nahrung suchen. Meehan und Mitarbeiter weisen daher zu Recht darauf hin, dass dies gleichzeitig Garant für notwendige Sozialkontakte ist und soziale Verhaltensweisen wie gegenseitige Gefiederpflege, gemeinsame Spiele oder anderes fördert. Quasi-Sozialverhalten, wie Neugier und Flüge im Rahmen der Nahrungssuche bringt viele Individuen einer Art in Kontakt zueinander und regt „echtes" Sozialverhalten an (Johnsgard, 1990). Vereinfachend gesagt: Ein Verhaltenselement zieht weitere Verhaltenselemente nach sich. Die Hauptzeiten der Nahrungssuche und Nahrungsaufnahme sind bei allen Papageienarten in etwa gleich. Kurz nach Sonnenaufgang werden die Nahrungsstellen angeflogen. Am Nachmittag sind dann längere Zeiten nochmals der Nahrungsaufnahme vorbehalten.

Bei der Berücksichtigung dieser Freilanddaten kommt dem Nahrungsverhalten eine essenzielle Bedeutung hinsichtlich der Bereicherung und Verbesserung der Bedingungen unter Haltungsumständen zu. Dies bietet eine Chance, weitere Verhaltensweisen unserer gefiederten Freunde unter Haltungsbedingungen zu ermöglichen und zu fördern. Wie die Umsetzung konkret aussehen kann, wird im Kapitel 7 („Tiergartenbiologische Gesichtspunkte") beschrieben.

Tabelle 3: Kleine Auswahl von Freiland-Nahrungspflanzen der Kubaamazone.
Quellen: Galvez Agilera (1996), Kappeler (1993), Lantermann (1999) und Snyder et al. (1982).

Pflanzenspezies	Familie
Acacia chloriophylla	Leguminosae
Büffelkopfpalme (*Thrinax morissii*)	Palmae/Arecaceae
Burropfeffer (*Xylopia aromatica*)	Annonaceae
Cassyta phyliformes = filiformis, syn: *Rhipsalis baccifera*	Cactaceae
Cupania cubensis	Sapindaceae
Durantestrauch/Taubenbeere (*Duranta repens*)	Verbenaceae
Flaschenpalme (*Colpothrinax wrightii*)	Palmae/Arecaceae
Fünf-Finger-Baum (*Tabebuia bahamensis*)	Bignoniaceae
Grapefruit (*Citrus paradisi*)	Rutaceae
Guarea trichiloides	Meliaceae
Karibikkiefer (*Pinus caribaea*)	Pinaceae
Leucaena leucocephala	Mimosaceae
Lyonia vaccinioides	Ericaceae
Mangobaum (Mangifera indica)	Anacardiaceae
Manikara bahamensis	Sapotaceae
Matayba oppositifolia	Sapindaceae
Meer-Maulbeere (*Conocarpus erectus*)	Combretaceae
Miconia androsaemifolia	Melastomataceae
Myricanthes fragans	Myrtaceae
Palme (*Thrinax morissii*)	Palmae/Arecaceae
Papaya (*Carica papaya*)	Caricaceae
Schwarzer Giftbaum (*Metocinus toxifera*, auch: *Metopium toxiferum*)	Anacardiaceae
See- oder Meertraube (*Coccoloba uvifera*)	Polygonaceae
Tamarinde (*Pithecelobium* spec.)	Ingeae
Terpentinbaum (*Bursera simaruba*)	Anakardiaceae
Trompetenbaum (*Cecropia pelata*)	Moraceae/Urticaceae
Wildguave (*Tetrazygia bicolor*)	Myrtaceae

Die im Freiland für die Suche und die Beschäftigung mit der Nahrung aufgewendete Zeit ist natürlich auch im Zusammenhang mit der Vielfalt der möglichen Nahrungspflanzen zu sehen.

So nutzen Puerto-Rico-Amazonen mehr als 60 und davon wiederum die verschiedensten Bestandteile, von der Rinde über Samen, Blüten bis zu den Früchten (Snyder et al.,1987; US Fish und Wildlife Service, 1999). Einen kleinen Einblick in die Vielfalt im Freileben genutzter Nahrungspflanzen bietet die Liste der von Kuba-Amazonen (*Amazona leucocephala leucocephala* und *Amazona leucocephala bahamensis*) genutzten Pflanzen und Pflanzenteile (siehe vorstehende Tabelle).

Anpassungen an die Nahrungsaufnahme

Allen Arten ist gemeinsam, dass größere Früchte oder Nahrungskomponenten in einen Fuß genommen, festgehalten und dann zum Schnabel geführt werden. Umgekehrt wird der Schnabel auch zu der mit den Krallen festgehaltenen Frucht geführt. Von größeren Früchten beißen die Vögel „fußgerechte" Stücke ab. Meist werden vor dem Verzehr Schalenteile von den Früchten entfernt. Zuweilen transportieren die Vögel Früchte oder Beeren im Schnabel auf einen Ast, um sie dort in Ruhe verspeisen zu können. Kleinere Samen oder Saaten werden direkt mit dem Schnabel aufgenommen und ohne Vorverarbeitung gefressen.

Um Samen gut festhalten zu können, verfügt der Papageienschnabel über Feilkerben und den sogenannten Quervorsprung. Homberger (1980) vermutet, alle Papageien seien ursprünglich Samenfresser gewesen und sieht in den Feilkerben und dem Quervorsprung Relikte dieses gemeinsamen Samenfressererbes.

Werkzeuggebrauch

Werkzeuggebrauch ist bei Vögeln weiter verbreitet, als bis in die jüngste Zeit hinein angenommen. Seit den frühen Beobachtungen von Thomson (1964) wurden in den letzten Jahrzehnten über 120 Fälle bei 104 Arten dokumentiert; davon 39 Fälle echten Werkzeuggebrauchs (Lefebvre et al., 2002). Echte Werkzeugnutzung ist nach Meinung von van Lawick Goodall (1970), Beck (1980) und McFarland (1982) zum Beispiel das Aufklopfen eines Eies *mit* einem Stein, während das Aufklopfen eines Eies *an* einem Stein keine echte Werkzeugnutzung darstelle. Diese differenzierende Sichtweise wird allerdings heftig kritisiert (Hansell, 1987; Shettleworth, 1998). Eine weitergehende Auseinandersetzung mit Definitionsfragen würde jedoch den Rahmen dieses Buches überschreiten. Ein höheres Maß an Werkzeuggebrauch als bei Papageien ist lediglich bei Rabenvögeln (*Corviden*) zu verzeichnen (Lefebvre et al., 1998, 2001, 2002).

Orangehaubenkakadu mit Strohhalm als Kratzwerkzeug.

Hohenstein (1987) konnte Werkzeuggebrauch in Zusammenhang mit dem Öffnen von Nüssen der Schopfpalmen (*Acrocomia*) bei Hyazintharas (*Anodorhynchus hyacinthinus*) in Volierenhaltung nachweisen. Er berichtet: „Bei dieser Gelegenheit konnte ich bei verschiedenen Tieren gleichzeitig beobachten, wie sie, um die Nuß besser festhalten zu können, sich aus dem Sitzast einen flachen Holzspan herausschälten, der zwischen 4 und 8 cm lang war. Diesen Span haben sämtliche Tiere oberhalb der Nuß zwischen Nuß und Oberschnabel gelegt, um die Nuß dort besser fixieren zu können." Ähnliches Verhalten wurde durch weitere Beobachtungen und Arbeiten bestätigt (Borsari und Ottoni, 2005). Für den Graupapagei (*Psittacus erithacus*) ist Werkzeuggebrauch im Freileben dokumentiert. Es wurde häufig beobachtet, dass Holzstückchen zum Kratzen und zur Gefiederpflege genutzt werden (Janzen et al., 1976). Ebenso liegen Haltungsbeobachtungen zum Werkzeuggebrauch vor. So berichtet Smith von einem Graupapagei (*Psittacus erithacus*) der mit einer Pfeife Wasser schöpfte (Smith, 1971). Lantermann (1999) konnte beobachten, dass drei männliche Kakadus (Großer Gelbhauben-, Orangehauben- und Gelbwangenkakadu) unter Haltungsbedingungen mit dem Schnabel Holzspäne von Kletterästen abschälten, diese in den Fuß nahmen und sich im Hinterkopf- und Rückenbereich damit kratzten. Longthorp (in: Boswall, 1983) beschreibt die Nutzung eines Flaschendeckels zum Futterschöpfen durch einen Gelbhaubenkakadu (*Cacatua galerita*).

Boswall (1977, 1978, 1983, 1984) schildert die häufige Nutzung von Hohlkörpern beim Trinken und bei der Nahrungsaufnahme besonders bei verschiedenen Kakaduarten und Graupapageien. Flaschendeckel, umgedrehte Glöckchen, Nussschalen und andere Gegenstände kamen hierbei zum Einsatz. Große Gelbhaubenkakadus in Volierenhaltung nutzten flache Steine, um Erde vom Volierenboden wegzuscharren. Der Sinn dieses Verhaltens blieb unklar (BOSWALL, 1978). Palmkakadus (*Probosciger aterrimus*) – auch Ara-Kakadus genannt – öffnen eine bestimmte Nussart, indem sie diese „ansägen" und zum Aufbrechen mit einem Blatt im Schnabel festhalten, ganz so wie wir es mit einem Geschirrtuch bei festsitzenden Schraubglasdeckeln tun. Die Erstbeschreibung dieser Art von Werkzeugnutzung bei freilebenden Palmkakadus stammt bereits aus dem Jahr 1869 und wurde in Neu-Guinea getätigt (WALLACE, 2000). Hierzu liegen weitere bestätigende Beschreibungen vor (unter anderen BERTAGNIOLIO, 1994). Eine Gelbnackenamazone (*Amazona ochrocephala*) benutzte ein umgedrehtes Glöckchen zum Schöpfen von Futter (Sämereien) aus dem Napf (MURPHY in: BOSWALL, 1983).

Giftige Nahrung

Betrachtet man die Nahrungspflanzen näher fällt auf, dass viele davon mehr oder minder toxische Substanzen enthalten. Zum Beispiel gehören zum Nahrungsspektrum der Blaustirnamazone die Beeren des Zedarach-Baumes (*Melia azedarach*). Sie enthalten Tetranortriterpene, biologisch aktive Bitterstoffe aus der Gruppe der Terpenoide, zu der auch viele ätherische Öle gehören. Extrakte aus der Frucht finden als Insektizide Verwendung. Bereits sechs Beeren sollen für verschiedene Vögel lähmend oder tödlich sein, während sie von Arten wie der Blaustirnamazone offenbar gut vertragen werden. Andererseits sollen die Beeren auch eine antivirale Wirkung besitzen. Rinden- und Fruchtextrakte des Zedarach-Baumes werden in China zur Abtötung von Spulwürmern angewendet. Wirkungen gegen *Aspergillus flavus*, *Fusarium moniliforme* und *Candida albicans*, allesamt Auslöser von Pilzerkrankungen, die unter Haltungsbedingungen bei Papageien gehäuft auftreten, sind ebenfalls bekannt.

Die Doppelgelbkopfamazone (*Amazona ochrocephala oratrix*) ernährt sich unter anderem von Samen und Früchten der zu den *Leguminosae* (Leguminosen oder Hülsenfrüchtler) zählenden *Acacia farnesiana*. Diese enthalten ein bisher nicht spezifiziertes Alkaloid, das in Brasilien zur Vergiftung verwilderter Hunde eingesetzt wird (MORTON,1981). Von der Jamaikaamazone (*Amazona collaria*) ist bekannt, dass sie die Früchte der zu den *Sapindaceae* gehörigen Ackee-Pflanze (*Blighia sapida*) frisst, deren Anbau aufgrund der toxischen Bestandteile (u. a. Hypoglycin) in den USA verboten ist.

Spezifische Entgiftungsmechanismen

Zur Erklärung der Toleranz von Papageien gegenüber giftigen Substanzen in der Nahrung reicht die beispielsweise Annahme von Lantermann (1999) „da Generalisten wohl ab und zu leicht toxische oder zumindest schwer verdaubare Nahrung fressen, muß ihr Verdauungssystem robust sein" nicht aus. Einige Nahrungspflanzen sind nicht nur leicht toxisch, sondern durchaus stark giftig.

Dient den Papageien die Aufnahme von Erden als zusätzliches Instrument zur Neutralisierung oder zum Abbau von Giftstoffen? Viele Papageienarten, so auch die Amazonen, suchen regelmäßig meist lehmhaltige Orte am Boden, im einheimischen Sprachgebrauch Barreiros, Colpas, oder in den Klippen der Flussufer (Clay Licks, Lehmlecken) auf, um mineralhaltige Erde aufzunehmen. Oft sind hunderte von Papageien verschiedener Arten an solchen Stellen zu beobachten.

MUNN (1990) berichtet zur Frequentierung dieser Lehmlecken im Manu-Nationalpark (Peru), dass die Verweildauer pro Vogel bis zu vierzig Minuten betragen könne. Die von MUNN und VALQUI (1992) geäußerte Vermutung, die Aufnahme von Tonerde könne den Papageien dabei helfen, Giftstoffe aus dem Verdauungstrakt zu filtern, wird durch aktuelle Arbeiten bestätigt. GILARDI et al. (1999) konnten in entsprechenden Versuchsreihen nachweisen, dass die Aufnahme von Erden, man nennt dieses Verhalten „Geophagie", bei Papageien eindeutig zum Abbau von mit der Nahrung aufgenommenen Giftstoffen beiträgt. Ihre entsprechenden Versuche mit Amazonen ergaben nach Verabreichung mineralhaltiger Erden eine Reduktion von Alkaloiden um bis zu 60 %.

Tanja und Frank Burkhard beobachteten zeitweise recht intensiv die in bestimmten Bereichen Stuttgarts (Bad Cannstatt, Rosensteinpark, Nähe Zoologischer und Botanischer Garten Wilhelma) freilebende Population von Doppelgelbkopfamazonen, welche sich wohl ursprünglich aus entflogenen oder „freigelassenen"

Eine Gelbkopfamazone aus der in Stuttgart freilebenden Population bei der Futteraufnahme in einer Eibe.

Amazonen aufgebaut hat. Sie konnten zum Beispiel feststellen, dass die Amazonen auch von Pflanzenteilen und Beeren des als giftig geltenden heimischen Efeus fraßen und offensichtlich keine Schäden davontrugen.

Gleichzeitig machten sie die Beobachtung, dass die Vögel in den nahe gelegenen Weinbergen ein deutlich erkennbares geophages Verhalten zeigten – also Erde aufnahmen.

Auch bei den Stuttgarter Amazonen deutet vieles darauf hin, dass das geophage Verhalten einen gewissen Schutz vor den Wirkungen mit der Nahrung aufgenommener toxischer Substanzen bietet.

Ebenso legen die Untersuchungsergebnisse einiger in Stuttgart tot aufgefundener Amazonen diese Vermutung nahe. Die Amazonen waren sehr gut genährt, weil sie sich wohl in den Herbstmonaten eine ziemliche Reserve angefressen hatten und diese in den Wintermonaten auf Grund der sehr reduzierten Aktivitäten kaum abzubauen in der Lage waren. Häufig hielten sie sich in der Nähe wärmender Abluftschlote der Lüftungsanlagen einer Fabrik am Rosensteinpark auf, wobei sie sich über lange Zeiträume kaum bewegten.

Keine der obduzierten Amazonen wies auf toxische Einflüsse oder aus mangelnder Bewegung resultierende Schäden der Leber auf und dies, obwohl gerade Amazonen eine starke Disposition zu Erkrankungen der Leber zeigen (Burkhard, 2006).

Nahrungsverhalten verschiedener Papageienarten

Die Ernährung der Papageien in ihrem natürlichen Lebensraum differiert je nach Art erheblich. Es gibt weder die Amazonen-, noch die Ara-Nahrung und so fort. Künne (2000): „So weichen zum Beispiel die Ernährungsgewohnheiten verschiedener Amazonenarten, die sympatrisch (im gleichen Lebensraum) leben voneinander ab. Sie ernähren sich also von verschiedenen Früchten oder anderen Futtermitteln.“ Deshalb kann es eigentlich auch keine für alle Papageien geeignete Standardnahrung geben. Die von der Heimtierindustrie gerne für Papageien verschiedener Kontinente und Größen angebotenen Futtermittel sind bestenfalls ein Kompromiss.

Amazonen

Amazonen nutzen im Freiland ein breites Nahrungsspektrum. Der Schwerpunkt liegt in der pflanzlichen Ernährung, wobei bestimmte Pflanzenteile, die vielzitierten Beeren, Früchte, Nüsse und Samen, bevorzugt werden. Insofern kann man Amazonen zu den Teilspezialisten zählen. Roth (1982) rechnet lediglich die Gelbscheitel- und Mülleramazonen zu den Generalisten. Die sogenannten Generalisten sind kaum wählerisch und weichen je nach jahreszeitlicher Verfügbarkeit auf fast alle für sie halbwegs genießbaren Nahrungskomponenten aus. Allerdings sind nach Meinung der Verfasser auch weitere, wenn nicht sogar die meisten, Amazonenarten in der Lage, sich bei Bedarf von ihrem ursprünglichen Teilspezialistentum auf generalistisches Nahrungsverhalten umzustellen. Berücksichtigt man die Nahrungsflüge vieler Amazonenarten zu landwirtschaftlichen Plantagen mit Pflanzenarten, die bis vor einigen Jahrzehnten nicht zu ihrer herkömmlichen Nahrungspalette zählten (unter anderen Mais, Orangen), wird dies deutlich. So schreibt Hoppe (1981) beispielsweise zum Nahrungsverhalten der auf Haiti, der Dominikanischen Republik und vorgelagerten Inseln vorkommenden Blaukronen-Amazone (*Amazona ventralis*): „Gerne suchen die Amazonen Maisanbaugebiete und Obstplantagen auf und tun sich an den Samenständen gütlich. In landwirtschaftlichen Anbaugebieten stellt man den Vögeln wegen des Schadens, den sie anrichten, nach.“ Zu den sogenannten „spezialisierten Generalisten“ zählt

Roth die Gelbscheitelamazonen. Diese legen auf Nahrungssuche längere Strecken zurück als echte Generalisten. Wenn sie dann jedoch einen weiter entfernten Nahrungsbaum aufsuchen, so muss die Ausbeute entsprechend hoch sein. Unter den Amazonen gilt nur eine einzige Art als echter Nahrungsspezialist: die Tucumanamazone (*Amazona pretrei tucumana*). Man findet sie tatsächlich nur dort, wo es Alnuswälder (*Alnus jorullensis*) gibt und sie die Möglichkeit hat, die Samen zu sich zu nehmen. Der Alnusbaum entspricht in etwa unserer heimischen Erle. Neben den reifenden Samenständen der Alnusbäume werden noch die Samenstände der Araukarien (*Araucaria excelsa*) als Nahrung genutzt. Allerdings ist eine Umstellung auf andere Nahrungskomponenten bei der Haltung in menschlicher Obhut durchaus möglich.

Interessant ist die Feststellung von Lack (1976), dass zwei von Größe und Schnabellänge fast identische und in den gleichen Gebieten Jamaikas vorkommende Amazonenarten (*Amazona collaria, Amazona agilis*) von 32 nachgewiesenen Futterpflanzen nur zwölf gemeinsam nutzen. Die beiden dominikanischen Amazonenarten (*Amazona arausiaca, Amazona imperalis*) nutzen von 26 dokumentierten Futterpflanzen ebenfalls nur acht gemeinsam (Evans, 1988).

Vereinzelte Hinweise darauf, dass Amazonen auch tierische Nahrung zu sich nehmen, liegen vor. Exakte Dokumentationen fehlen. Eine Puerto-Rico-Amazone (*Amazona vittata*) wurde dabei beobachtet, wie sie mit einer kleinen Eidechse, vermutlich einer Anolis-Art, im Schnabel von einem Baum aufflog. Ob sie letztlich gefressen wurde entzog sich dem Blick des Betrachters (Snyder et al., 1987). Gefangenschaftsbeobachtungen der Verfasser an Venezuelaamazonen legen nahe, dass von diesen auch Insekten und Spinnen als Zusatznahrung gerne angenommen werden. So ist eine Amazone des Verfassers geradezu versessen darauf, Spinnen die sich in ihrem Blickfeld befinden mit dem Schnabel zu erhaschen und anschließend genüsslich zu verzehren.

Aras

Auch die Aras ernähren sich vorwiegend von Früchten, Beeren, Samen und Blattknospen aller Art. Allerdings liegt ein Schwerpunkt bei den größeren Arten in der Nutzung von harten Palmnüssen, für deren Aufbrechen ein sehr kräftiger und entsprechend großer Schnabel nötig ist. Das bietet zudem den Vorteil einer exklusiven Nutzung dieser Früchte.

Obst wird zwar auch gelegentlich gefressen, aber nach Hoppe (1992) fallen Aras „nur ganz selten in Plantagen" ein. Er ist der Ansicht, dass für Aras „Obst nur ein zusätzliches Futter von sekundärer Bedeutung" sei. Zumindest beim Rotbugara (*Ara severa*) verhält es sich etwas anders. Rotbugaras werden, weil sie gerne in Obstplantagen einfallen, als landwirtschaftliche Schädlinge von den Landwirten mit Schrotflinten bejagt. Rotbugaras fressen auch Früchte, die im Nahrungsspektrum von Amazonen, verschiedenen Pionus- und Aratingaarten enthalten sind. Palmfrüchte und Feigen gelten als Hauptbestandteile der Ernährung des Goldnackenara (*Ara auricollis* / nach der neuen Taxonomie: *Prophyrrhura auricollis*). Der Rotbauchara (*Ara manilata*) ist meist dort zu finden, wo es viele Mauritia-Palmen (*Mauritia flexuosa*) oder Buriti-Palmen gibt. Von der Buriti-Palme sind zu jeder Jahreszeit genügend Früchte zu „ernten", weil diese Palme keine festen Fruchtzeiten besitzt. Rotohraras (*Ara rubrogenys*) sind bei vielen Erdnussfarmern recht unbeliebt, weil sie sehr oft deren Anbauflächen aufsuchen (Boussekey et al., 1994). Der Grünflügelara (*Ara chloropterus*) bevorzugt die relativ großen Früchte von *Endopleura uchi, Hymenaea* spp. und *Bertholletia excelsa*. Palmfrüchte, Feigen und Mangos bilden das Nahrungsspektrum des Arakanga (*Ara macao*). Der Anteil der im Freileben aufgenommenen Palmfrüchte (Palmnüsse) an der Gesamtfuttermenge beträgt bei den großen Araarten etwa 80 %. Die Vögel suchen auch kurzzeitig den Boden auf, um Palmüsse aufzusammeln. Sehr gerne nutzen die Aras die Früchte der Buriti-Palme in kultivierten Anlagen (den sogenannten „Buritisals") als Nahrung, wobei sie sich beim Fressen insgesamt sehr ruhig verhalten.

Im Prinzip bevorzugen alle größeren Aras harte Palmnüsse. Trotzdem kann von einem echten Spezialistentum noch nicht die Rede sein. Roth (1982) sieht lediglich beim Gelbbrustara (*Ara ararauna*) Ansätze einer Spezialisierung, weil seine Ernährung ganz überwiegend aus Palmfrüchten der Inaja-Palme (*Maximilliana regia*), der Tucuma-Palme (*Astrocaryum* spp.) und auch der Buriti-Palme (*Mauritia* spp.) besteht. Er schreibt zur Nutzung der Palmfrüchte: „Von der Tucuma-Palme wird sowohl die ölige Flüssigkeit im Kern unreifer Früchte als auch das Fruchtfleisch vollreifer Früchte gefressen."

Eine fast schon als symbiotisch zu bezeichnende Form der Nahrungsbeschaffung ist für die Hyazintharas (*Anodorhynchus hyacinthinus*) dokumentiert. Sie beißen die Frucht mit den Palmnüssen noch in der Schale ab und lassen sie zunächst zu Boden fallen. In den Verbreitungsräumen des Hyazinthara vorkommende Agutis, eine in den gleichen Verbreitungsräumen vorkommende Nagetierart, fressen die Schale ab und später sammeln dann die Hyazintharas die Nüsse ein (Lücker, 1995).

Für verschiedene Araarten liegen konkrete Beobachtungen vor, dass sie gelegentlich auch tierische Nahrung aufnehmen. So konnte Roth (in: Hoppe, 1992) im September 1979 im Pantanal vier Hyazintharas dabei beobachten, wie sie aus einem stehenden Gewässer Schnecken aufsammelten und fraßen. Es handelte sich dabei um eine Schneckenart, die auch von der Riesenralle (*Aranus guarauna*) gefressen wird. Auch Arakangas (*Ara macao*) nehmen laut Roth wahrscheinlich animalische Nahrung auf. Er beobachtete, wie ein Arakanga-Paar mehrmals eine Baumhöhle ohne Brutabsichten aufsuchte. Eine Kontrolle ergab, dass sich im Mulm der Höhlung viele etwa 10 cm große Käferlarven aus der Familie der *Lamellicornia* befanden (Roth, 1982). Lücker (1995) verweist in Zusammenhang mit einer artgemäßen Ernährung des Hyazinthara zu Recht darauf, dass die meisten der von Papageien genutzten Früchte ab einem bestimmten Reifegrad eine hohe Anzahl an Insekten und deren Larven enthalten, die natürlich beim Verzehr der Früchte nicht etwa „aussortiert", sondern mit aufgenommen werden.

Kakadus

Einige Kakaduarten sind eindeutig den Nahrungsspezialisten zuzurechnen. In extremer Ausprägung sehen wir dies beim Helmkakadu (*Cacatua fimbriatum*). Er ernährt sich fast ausschließlich von den kleinen Samen des Pfefferminzeukalyptus (*Eucalyptus nicholii*). Diese Samen sind sehr hartschalig. Deshalb sind die Helmkakadus regelrecht gezwungen, lange Zeiten mit der Nahrungsaufnahme zu verbringen. Auch Weißdorn wird sehr gerne angenommen. Dies dürfte bei Pflege in menschlicher Obhut einen guten Ansatz zur Ernährung bieten, weil er in unseren Breiten verfügbar ist. Unter Haltungsbedingungen wollen die Vertreter dieser Art entsprechende „Nahrungsbeschäftigung", die ihnen meist nicht geboten werden kann. Diefenbach (1985) schreibt: „Dies erklärt, warum gerade diese Art in unseren Volieren besonders zum Federrupfen neigt. Neben Mangelerscheinungen spielt hier die Langeweile sicherlich eine große Rolle." Palmkakadus (*Probosciger atterimus*) ernähren sich von Samen, Nüssen, Früchten und Beeren. Die extrem hartschalige Frucht der Pandanuspalme (*Pandanus* spec.) wird gerne genommen. Rabenkakadus (*Calyptorhynchus funereus*) fressen hauptsächlich Samen von Eukalyptus, Akazien und Banksien (*Banksia* spp.). Die Weißohr-Rabenkakadus (*Calyptorhynchus funereus latirostris*) ernähren sich zu einem großen Teil von Kiefernsamen, den Früchten von *Banksia grandis* und Samen des Grasbaumes *Xanthorrhoea* spp. Zur Zeit der Reife der Kiefernsamen unternehmen sie recht weite Nahrungsflüge zu Kieferwaldungen (Robiller, 1993). Braunkopfkakadus (*Calyptorhynchus lathami*) haben eine Vorliebe für Casuarinensamen und ihre Verfügbarkeit ist für diese Vögel von immenser Bedeutung. Sie gelten als ausgesprochene Nahrungsspezialisten. Robiller (1993) schreibt: „Nur mit Kasuarinensamen können sie auf Dauer überleben. Zudem werden Samen von Akazien, Angophora- und Eukalyptusbäumen gefressen. Die häufigen und oft in großen Schwärmen anzutreffenden Rosakakadus (*Eolophus roseicapillus*) sind wenig wählerisch und suchen nicht selten ausgedehnte Getreidefelder auf, um von den Saaten zu fressen. Auch Grassamen gehören zu ihrer Grundnahrung. Rosakakadus sind typische „Bodenfresser". Bei der Nahrungsaufnahme in Bäumen sieht man sie selten. Robiller (1993): „Selbst auf Rasen und Sportplätzen finden sich Schwärme zum Fressen ein." Inkakakadus (*Cacatua leadbeateri*) ernähren sich von Samen, Beeren, Früchten und Nüssen. Beliebt sind die Samen der Wildmelone (*Citrullus lanatus*). Rowley und Chapman (1991) haben die bevorzugten Nahrungspflanzen der Inkakakadus dokumentiert. Da Nacktaugenkakadus (*Cacatua sanguine*) ein in Nord-West-Australien häufiges, und nur schwer ausrottbares, Unkraut (*Emex australis*) verzehren, sind sie in einigen Gebieten sehr beliebt und auch geschützt (Ro-

Tabelle 4: Übersicht über Freiland-Nahrungspflanzen des Inkakakadu.

Pflanzenfamile	Spezies	Blüten	Früchte	Wurzel	Holz
Boryaceae	*Borya constricta*			+	
Brassicaceae	*Brassica tournefortii*			+	
Casuarinaceae	*Casuarina cristata*		+		
Chenopodiaceae	*Atriplex nummularia*	+			
Chenopodiaceae	*Maireana* spp.		+		
Cucurbitaceae	*Citrullus lanatus*		+		
Cucurbitaceae	*Cucumis myriocarpus*		+		
Cupressaceae	*Callitris glaucophylla*		+		
Fabaceae/Leguminosae	*Acacia acuminata*		+		
Fabaceae/Leguminosae	*Acacia terragonophylla*		+		
Gyrostemonaceae	*Codonocarpus cotinifolius*		+		
Myoporaceae	*Eremophila oppositifolia*	+	+		
Pittosporaceae	*Pittosporum pyllinaeoides*		+		
Poaceae/Gramineae	*Bromus* spp.	+			
Poaceae/Gramineae	Gerste (*Hordeum* spp.)	+			
Poaceae/Gramineae	Hafer (*Avena sativa*)		+		
Poaceae/Gramineae	Weizen (*Triticum aestivum*)		+		
Polygonaceae	*Emex australis*	+	+	+	
Proteaceae	*Grevillea eriobotrya*		+		
Proteaceae	*Grevillea paniculata*		+		
Proteaceae	*Grevillea* spp.		+		
Proteaceae	*Hakea francisiana*		+		
Proteaceae	*Hakea preissii*		+		
Santalaceae	*Exocarpus aphyllus*		+		
Santalaceae	*Santalum acuminatum*		+		
Santalaceae	*Santalum spicatum*		+		+
Sterculiaceae	*Brachychiton diversifolius*	?	?	?	?

BILLER,1993). Nasenkakadus (*Cacatua tenuirostris*) graben häufig aktiv nach Wurzeln und Knollen.

Auch von Gelbhaubenkakadus (Cacatua galerita) werden Wurzeln gerne gefressen. Die großen Molukkenkakadus (*Cacatua molucensis*) suchen ihre Nahrung vorwiegend auf Bäumen. Kokosplantagen und Maisfelder werden zur Nahrungsaufnahme frequentiert.

Bei vielen Kakaduarten stehen Insekten auf dem Speiseplan. Palmkakadus (*Probosciger aterimus*) suchen in vermoderndem Holz gezielt nach Käferlarven. Weißohr-Rabenkakadus (*Calyptorhynchus funereus latirostris*) suchen Bäume gezielt nach Käferlarven ab, wohingegen man Banks-Rabenkakadus (*Calyptorhynchus magnificus*) weit seltener beim Aufnehmen von Insekten beobachten kann (DIEFENBACH, 1985).

Braunkopfkakadus (*Calyptorhynchus lathami*) und Rosakakadus (*Eolophus roseicapillus*) nehmen ebenfalls Insekten und deren Larven auf (Robiller, 1993). Bei den Gelbhaubenkakadus (*Cacatua galerita*) ist als Besonderheit anzumerken, dass sie nach Heuschreckeneiern graben, um ihren Bedarf an tierischem Protein zu decken. Insgesamt gesehen ist bei den Kakadus die Aufnahme von tierischem Protein von allen Papageienarten am augenfälligsten. Smith und Moore (1991) untersuchten die Kröpfe überfahrener Nacktaugenkakadus (Cacatua sanguine) und fanden darin beachtliche Mengen an Insekten.

Graupapageien

Graupapageien nehmen häufig ihr Futter am Boden auf und sind von daher stärker durch Beutegreifer gefährdet als Papageien, die ihr Futter vorwiegend in belaubten Bäumen suchen. In vielen Verbreitungsgebieten wird die Frucht der Ölpalme (*Elaeis guineensis*) bevorzugt, auch stehen die Samen von Akazie und Tamarinde sowie Früchte der Mango auf dem Speiseplan. *Oldenlandia laniflora* (*Rubiaceae*) zählt in kamerunischen Verbreitungsgebieten nach den Beobachtungen von Anastasia Ngenyi (2002) ebenfalls zu den beliebten Nahrungspflanzen der Graupapageien. Allgemein nutzen die Graupapageien fast das gesamte Spektrum der in den Verbreitungsgebieten heimischen Pflanzen (Chapman et al., 1991). Sie fressen sowohl Knospen als auch Beeren, Früchte und Samen. Vom gelegentlichen Einfallen größerer Ansammlungen von Graupapageien in kultivierte Maisanpflanzungen wird ebenfalls berichtet. Diana L. May (2001), eine der wenigen mit Freilandstudien zu Graupapageien befassten Wissenschaftler, konnte im Kongo eine interessante Beobachtung machen. Etwa zwanzig Graupapageien (*Psittacus erithacus*) lösten Rindenstücke von Ästen mit dem Schnabel ab und kauten jeweils einige Minuten lang darauf herum, ohne sie zu fressen. Danach ließen die Vögel die Rindenstücke zu Boden fallen. Anscheinend lösten sie nur die faserigen Teile heraus oder nahmen den Saft der Rinde auf.

Sowohl bei den Timneh- als auch bei den Kongograupapageien ist Geophagie weit verbreitet und oft zu beobachten.

Bisher sind unseres Wissens keine Freilandarbeiten bekannt, die eine Aufnahme tierischer Nahrung bei Graupapageien dokumentieren. Insgesamt bestehen hinsichtlich des Freilandverhaltens von Graupapageien erhebliche Wissenslücken – und dies, obwohl gerade Graupapageien sehr oft gehalten werden. Bei Haltung in menschlicher Obhut wird tierisches Eiweiß zuweilen gerne verzehrt und die Verabreichung zu Zeiten erhöhter Beanspruchung wie Mauser und Brut ist ernährungsphysiologisch bei allen Papageienarten sinnvoll.

Spielverhalten

Spielverhalten ist für die Entwicklung und Überlebenstauglichkeit der Jungvögel, wie bei anderen Tierarten auch, sehr bedeutsam. Es hat bei jungen und halbwüchsigen Papageien die Funktion, Fähigkeiten, die im Erwachsenenleben benötigt werden, zu erlernen, zu üben und zu verfeinern. Spiel fordert und fördert außerdem die geistige Entwicklung und das Einfinden in soziale Strukturen.

Spiele können nur in entspannter Atmosphäre stattfinden und Spielverhalten ist kein Luxus. Die Einschätzung von Meyer-Holzapfel (1956), dass Spiele keinen Ernstbezug hätten, ist nur bedingt richtig, denn die direkten Spielsituationen stehen zwar in keinem direkten Bezug beispielsweise zu einer äußeren Bedrohung, dienen aber der Vorbereitung auf spätere Herausforderungen des Papageienlebens und besitzen somit einen ernsten Hintergrund. Feddersen-Petersen (2004) fordert daher, dass das Spielverhalten dem Ernstverhalten nicht länger gegenübergestellt werden sollte.

Spielverhalten finden wir nicht nur bei Jungtieren, auch erwachsene Vögel spielen.

Wer den Gesichtsausdruck und die Mimik von Papageien zu deuten gelernt hat, wird erkennen, dass die beim Spiel mit Gegenständen abgebildeten Amazonen Vergnügen am Spiel haben.

Dies ist durch Beobachtungen im Freiland und unter Haltungsbedingungen abgesichert. Ernst Arendt und Hans Schweiger (1996) hielten in einem Filmdokument die ausgelassenen Spiele erwachsener Little Corellas (*Cacatua pastinator*), die sich mit sichtlichem Vergnügen auf die Flügel von Windmühlen schwangen und sich im Kreis drehen ließen, fest.

Solche Beobachtungen, nicht nur bei Papageien, zeigen, dass neben den aus biologischen Notwendigkeiten vollzogenen Spielen im Jugendalter auch der Vergnügungsaspekt eine Rolle spielt. So meint Gattermann (1993): „Das Spielverhalten ist eigenmotiviert und scheint Vergnügen oder Spaß zu bereiten.“ Der kanadische Verhaltensforscher Jonathan Balcombe (2005) schreibt: „Das Spiel erfüllt viele Funktionen, die einem Tier helfen können, zu überleben und erfolgreich zu sein im Leben. So werden sie stärker, lernen Sozialverhalten, trainieren notwendige Talente. Deswegen ist es in der Evolution wahrscheinlich entstanden.“ Er merkt aber an, dass Jungtiere nicht spielten „um gute Erwachsene“ zu werden und schreibt: „Tiere spielen aus Spaß [...].“ Auch Lorenz (1978) betonte die engen Beziehungen des Spiels mit dem Neugierverhalten, ja sogar mit „Tanz und Spaß“.

Das Spielgesicht

Während wir bei vielen Säugetieren bestimmte Verhaltensweisen, ja bereits die Absicht zur Ausführung bestimmter Verhaltensweisen, am Gesichtsausdruck erkennen können, ist dies bei Papageien nicht so einfach. Eine Ursache dafür ist, dass die Züge von Säugetiergesichtern mehr Ähnlichkeiten mit dem menschlichen Gesicht aufweisen, als die der Papageien. So lassen sich Stimmungen, Launen und Absichten eines Hundes selbst für unerfahrene Halter bereits an der Mimik erkennen. Hund und Katze besitzen eine annähernd dem menschlichen Gesicht ähnliche Anordnung sowie eine Gesichtsmuskulatur und Feinmotorik, die differenziertes Ausdrucksverhalten ermöglichen.

Dies begünstigt, dass bei den meisten Säugern Verhaltensabsichten und -weisen beschrieben und entsprechenden mimischen Signalen zugeordnet werden können. Ein Beispiel ist der in der Verhaltensbiologie genutzte Begriff Spielgesicht (englisch: play-face). Das Spielgesicht wird unter anderen von Fox (1970) für Hunde und von van Hooff (1962, 1967) für Menschenaffen ausführlich beschrieben. In der Papageienliteratur sucht man vergeblich danach. Und doch werden Papageienhalter aus tiefster Überzeugung erklären, dass sie am Gesicht ihrer Schützlinge erkennen, ob diese zum Spielen aufgelegt sind und welche spielerische Beschäftigung ihnen besonderes Vergnügen bereitet. Also verfügen Papageien doch über ein Spielgesicht? Oder handelt es sich bei solchen Aussagen nur um subjektive Eindrücke?

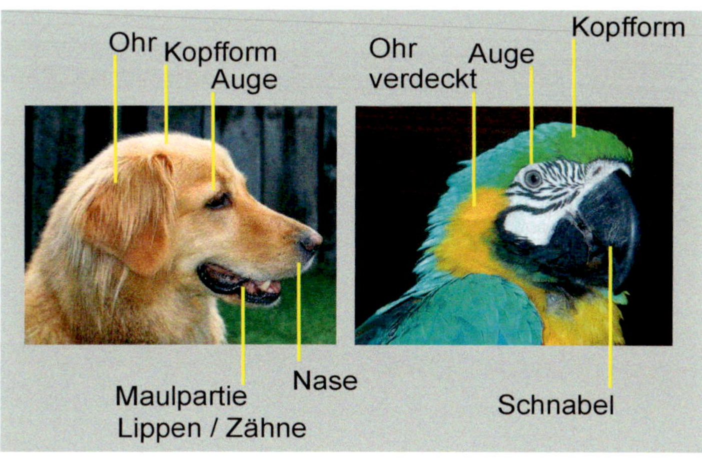

Unterschiede zwischen Hund und Papagei in der Wahrnehmung und Deutung des Gesichtsausdrucks.

Zweifellos können die bei Papageien gegenüber Säugern vergleichsweise eingeschränkten mimischen Ausdrucksmöglichkeiten nur durch gute Beobachtung, Erfahrung und Einfühlungsvermögen treffend eingeordnet werden. Hinzu kommt, dass der Halter oft unbewusst andere Verhaltensmerkmale registriert und daraus den Schluss zieht, die beobachtete Stimmungslage lasse sich ausschließlich am Ausdrucksverhalten des Gesichts ablesen.

Beschäftigen wir uns etwas näher mit dem Gesichtsausdruck eines Orangehaubenkakadu in Spiellaune.

Wir sehen eng anliegendes Kopfgefieder, weiter, was wir eine aufmerksame Haltung und einen erwartungsvoll neugierigen Ausdruck des Auges nennen. Die Pupille ist geweitet, die umliegenden Hautbereiche sind straff. Nicht ganz so eindeutig lässt sich der Gesichtsausdruck beim Spielen der Verhaltenssituation zuordnen, wie dies beim gegenseitigen Kraulen oder bestimmten aggressiven Verhaltensweisen der Fall ist. Der aufmerksame Halter wird aber neben dem Gesichtsausdruck das gesamte

Kakadus bei der gegenseitigen Gefiederpflege.

Orangehaubenkakadu in Spiellaune.

Bewegungsverhalten und die dazu gehörigen Lautäußerungen beachten. Die Kunst des richtigen Erkennens papageiischer Verhaltensweisen verlangt ein Gespür dafür, sich in die Befindlichkeit der gefiederten Freunde hineinzuversetzen und Verhaltensweisen, Übergänge und Umschwünge im Verhalten zu erahnen. Voraussetzung dafür ist es, sich mit der Bedeutung papageiischer Ausdrucksweisen intensiv zu befassen, die sich von der des Menschen, von Säugern und auch anderer Vertreter der Familie der Vögel in Teilen erheblich unterscheidet. Selbst von Papageienart zu Papageienart kann ein gleiches Körpersignal andere Funktionen und Bedeutungen haben. Gleiche Ausdrucksformen können von Tierart zu Tierart völlig entgegengesetzte Funktionen erfüllen.

Spielverhalten wissenschaftlich gesehen

Hediger schrieb im Jahr 1984: „Objektive Verhaltensforschung, d.h. Ethologie, ist heute Trumpf. Alles andere wird als veraltet hingestellt – ist es aber keineswegs. Die moderne Verhaltensforschung will die Tiere und ihr Verhalten im Grunde gar nicht verstehen, so merkwürdig das klingen mag, sondern sie will nur Verhaltensmechanismen kausal analysieren, als ob Tiere Menschen wären." So wichtig die ursächliche Betrachtung von einzelnen Mechanismen für das Verstehen tierischen Verhaltens ist, für die mit wissenschaftlichen Methoden und oft unter sterilen Laborbedingungen gewonnen Erkenntnisse ist immer die Ergänzung durch Beobachtungen in natürlichen Lebensbezügen nötig. Gerade beim Spiel wird das Individuelle, Persönliche, die Stimmung und der Charakter von Papageien über das dem kontrollierten Experiment Zugängliche hinaus sichtbar. Eibl-Eibesfeld (1967) hebt hervor, „dass nur die höchststehenden Lerntiere wirklich spielen." Dies wird jeder Papageienhalter mit Freude akzeptieren.

Voraussetzungen für das Spielen

Spielverhalten braucht grundsätzlich eine von Feinddruck und sonstigen Widrigkeiten freie Atmosphäre. Ein solches Umfeld ist in der Zeit des Aufwachsens der Jungvögel unter der wachsamen Obhut der Eltern gewährleistet. Es verwundert daher nicht, dass Spielverhalten besonders in der Jugendzeit zu beobachten ist. Der Ernst des Freilebens gönnt erwachsenen Papageien selten ein ausgelassenes und andauerndes Spiel. So sind intensive und zeitlich ausgedehnte Spiele zwischen erwachsenen Papageien über die Kindheit hinaus in erster Linie unter sicheren Haltungsbedingungen, vereinzelt aber auch im Freiland zu beobachten.

Erwachsene Tiere werden oft in das Spiel von Jungvögeln einbezogen. Bradbury et al. (2002) haben im Rahmen der Beobachtung typischer Tagesaktivitäten von Gelbnacken- (*A. ochrocephala auropalliata*) und Weißstirnamazonen (*A. albifrons*) dokumentiert, dass Sozialspiele verbreitet während der frühen Morgenstunden stattfinden. Gegenseitiges spielerisches Fußbeißen, Kopfunter-Hängen und spielerische Auseinandersetzungen waren während dieser Zeiten oft zu sehen. Von September 1991 bis März 1992 beobachteten Pitter und Bohn-Christiansen (1997) das nachmittägliche Verhalten von Rotohrara-Gruppen (*Ara rubrogenys*) in zwei Gebieten Süd-Zentral-Boliviens. Den Ara-Gruppen gehörten auch Jungvögel und halbwüchsige Tiere an. Gemeinsame Spiele nahmen 6% der nachmittäglichen Beschäftigung ein.

Arten des Spielverhaltens

Spielverhalten weist enge Bezüge zum Neugier- und Erkundungsverhalten auf. Das Spielverhalten ist nach Buchholtz et al. (1998) eine Notwendigkeit zur Vermeidung sozialer Störungen. Die meisten Formen des Spielverhaltens bei Vögeln werden in der Literatur als Solitärspiele, Bewegungs- und Objektspiele, erst dann gefolgt von Sozialspielen im eigentlichen Sinn, beschrieben. Eine Ausnahmestellung nehmen Papageien- und Rabenvögel ein, weil Angehörige dieser Gattungen Sozialspiele häufiger und intensiver ausführen, als Vertreter anderer Gattungen.

Hassenstein (1980) hat die variantenreiche Funktionalität des Spielverhaltens so formuliert: „Spielen umschließt angeborenes und erlerntes Verhalten. Es umfasst so viele Handlungsvariationen wie sonst keine Verhaltensweise, und es kann Elemente aus allen übrigen Verhaltensbereichen enthalten."

Sozialspiele

Diese Spiele erfordern die Verfügbarkeit eines oder mehrerer artgleicher Spielpartner, denn nur so können sie der Einübung sozialer Verhaltensweisen dienen. Sie haben den Charakter von Gruppenspielen und sind an Interaktionen zwischen zwei oder mehr Exemplaren gebunden. Bei 17 Papageienarten sind Sozialspiele dokumentiert. Die Entwicklungsdauer von Jungvögeln scheint einen direkten Einfluss auf Vorhandensein und Ausprägung von Sozialspielen zu haben. Arten mit zeitlich langer Jugendentwicklung und entsprechend gut ausgestatteten Hirnanteilen zeigen komplexere Sozialspiele, als Arten mit kurzer Entwicklungszeit und kleineren Hirnanteilen (Diamond und Bond, 2003).

Initialspiele

Sie sind eine Vorstufe des sozialen Spielverhaltens und zielen darauf ab, durch bestimmte Verhaltensweisen die Aufmerksamkeit von Artgenossen zu provozieren und eigentliches Spielverhalten in Austausch mit den Artgenossen anzuregen. Dies geschieht meist dadurch, dass ein Exemplar die Nähe eines oder mehrerer anderer Vögel sucht und diese durch Lautäußerungen oder aufforderndes Berühren mit dem Fuß oder Schnabel zum Spielen auffordert.

Haben Spiele eines Vogels einen reinen Objektbezug, das heißt, sie spielen mit einem Gegenstand, können sie trotzdem weitere Exemplare anregen, sich mit dem Gegenstand spielerisch zu beschäftigen. Insoweit sind Initialspiele nicht ausschließlich den Sozialspielen zuzuordnen. Der Begriff Initialspiel wird meist indirekt mit der beabsichtigten Aufforderung an einen artgleichen Sozialpartner verknüpft. Jedoch können auch Elemente des Solitärspiels und ohne ausdrücklich an Partnervögel gerichtete

Aufforderung zum Spiel.

Aufforderungen für gemeinschaftliche Spiele auslösend sein.

Papageien erfinden manchmal regelrecht neue Varianten des Spieles, sie experimentieren. Dies kann auf Spielgenossen sehr anregend wirken und zum Mitmachen und Nachahmen einladen. Solch erfinderisches und animierendes Spielverhalten wird schon von den kognitiv weit weniger gut ausgestatteten Gartengrasmücken (*Sylvia borin*) beschrieben. Eine junge Gartengrasmücke ließ zufällig und von Artgenossen beobachtet ein Steinchen in eine Glasschale fallen. Ab diesem Zeitpunkt wurden immer häufiger auch Steinchen von den Artgenossen nach oben getragen und fallen gelassen. Die Grasmücken lauschten ganz verzückt dem hellen Aufprallgeräusch. Erst nach dem klirrenden Aufprall wurde das Spiel regelmäßig wiederholt (Franck, 1997). Teitler (1979) beschreibt ähnliches Verhalten bei einem Hyazinthara. Der Ara ließ immer wieder verschiedenste Gegenstände zu Boden fallen. Anschließend nahm er sie mit auf einen erhöhten Sitzast und das Spiel begann von neuem. Ähnlich anregenden Charakter hat das von uns mehrfach beobachtete, spielerische Aushebeln und Zu-Boden-Werfen von Futternäpfen und sonstigen Gegenständen der Voliereneinrichtung durch zunächst ein Exemplar unserer Venezuela- und Blaustirn-Amazonengruppe und das Nachahmen durch weitere Vögel.

Sexuell motivierte Spiele

Alle der Paarfindung, Balz und Fortpflanzung dienenden Verhaltensweisen gehören zum Funktionskreis des sexuellen Verhaltens. Imponierverhalten, Verbesserung und Festigung eines Ranges erhöhen die Chance, einen passenden Geschlechtspartner zu erobern. Auch das Balzverhalten will spielerisch erlernt und eingeübt sein. So konnte Hoppe (1992) Balzspiele bei noch sehr jungen Gelbbrustaras (*Ara ararauna*) weit vor der Geschlechtsreife beobachten. Zielgerichtetes sexuelles Verhalten und dessen spielerische Einübung ist bei Papageien meist erst in Übergangsphasen zwischen halbwüchsigem und erwachsenem Alter zu beobachten. Die zunehmenden Sozialkontakte zwischen noch nicht geschlechtsreifen Papageien sind als Vorstufe anzusehen. Solche Kontaktaufnahmen in Junggesellengruppen als Vorbereitung für die Paarfindung und -bindung sind auch dann zunächst nicht auf gegengeschlechtliche Partner fixiert, wenn genügend davon vorhanden sind. So sind unter den Junggesellengruppen sowohl gleich- als auch gegengeschlechtliche „Kontaktsitzer“ anzutreffen. Rowley (1990) hat dieses Verhalten beim Rosakakadu (*Eolophus roseicapillus*) dokumentiert.

Dieses geschlechtsneutrale Verhalten sollte aber nicht weiter erstaunen. Lorenz hat die Ursachen dafür in seinem Aufsatz „Das angeborene Schema des Geschlechtskumpans“ 1965 in wenigen Sätzen beschrieben: „Aus Angeborenem und Geprägtem entsteht zunächst ein sozusagen geschlechtsloses Schema eines „Artgenossen“, wodurch festgelegt wird, gegen welche Art sich späterhin die geschlechtlichen Reaktionen des Vogels richten werden. Erst viel später, nach Erreichen der Geschlechtsreife, also lange nach dem Aufhören jeglicher Prägbarkeit, beginnt der Vogel auf jene Auslöser zu reagieren, die den angeborenen Auslöseschemata geschlechtlicher Triebhandlungen entsprechen.“ Insoweit sind sexuell motivierte Spiele darauf einzugrenzen, dass bestimmte, nur dem erwachsenen Vogel mögliche und vorbehaltene Elemente des Sexualverhaltens, unabhängig von Geschlecht, Zusammenhängen und späterer Zweckbestimmung nur in unvollständigen Abläufen spielerisch angewendet werden. Spielerische Versuche zur Einübung des Paarungsgeschehens im Erwachsenenalter sind bei jungen Papageien nicht bekannt. Das im Erwachsenenleben unter anderem der Paarfindung und -bindung dienende Droh- und Imponierverhalten und Verhaltensweisen zur Festigung des Paarzusammenhalts wie die gegenseitige Gefiederpflege, werden aber schon während der frühen Jugendentwicklung spielerisch eingeübt. Ebenso sind spielerische Versuche des Partnerfütterns bei halbwüchsigen Papageien keine Seltenheit.

Der Vollständigkeit halber sind noch die manchmal bei Papageien im Übergangsstadium zwischen halbwüchsig und erwachsen unter Haltungsbedingungen beobachtbaren Paarungsversuche an Objekten wie Aststücken oder am menschlichen Finger zu erwähnen. Diese Verhaltensweisen können auch bei erwachsenen Papageien beobachtet werden. Sie stellen in der Regel keine spielerische Komponente des Verhaltens dar, sondern resultieren meist aus dem Fehlen eines artgleichen Sexualpartners oder einer starken Fixierung auf den Menschen.

Droh- und Kampfspiele

Wie in allen sozialen Strukturen, so sind auch bei Papageien in ihren Familienverbänden, Gruppen und Schwärmen Auseinandersetzungen an der Tagesordnung. Vor allem die größeren Papageienarten verfügen über eine körperliche Ausstattung, die bei Ernstkämpfen das Überleben einer Population auf Dauer gefährden könnte. Daher sind in langen Entwicklungszeiträumen Mechanismen zur Begrenzung des aggressiven Potenzials entstanden. An Stelle verbissener Beschädigungskämpfe setzten sich ritualisierte Abläufe durch, welche die aggressive Absicht zwar erkennen lassen, Verletzungen aber auf ein Mindestmaß reduzieren. LUFT (1994) beschreibt dies in Bezug auf das aggressive Verhalten von Graupapageien so: „Das agonistische Verhalten der Graupapageien beinhaltet daher eine Vielzahl von ritualisierten Elementen und Mechanismen, die ernsthafte Beschädigungskämpfe auf ein Minimum reduzieren und somit eine übermäßige Schwächung der Populationen durch risikoreiche Verhaltensweisen verhindern."

Die Beschreibung von LUFT gilt für alle Großpapageien, doch kämpferische Auseinandersetzungen mit ernsthaft verletzenden oder tödlichen Folgen sind im Freiland die Ausnahme. Verletzungskämpfe, die bei Haltung in menschlicher Obhut gelegentlich zu verzeichnen sind, manchmal sogar mit tödlichem Ausgang, lassen sich meist auf unzulängliche Haltungsbedingungen – wie falsche Zusammenstellung von Gruppierungen oder ein beengtes Raumangebot oder andere – zurückführen.

Das spielerische Einüben konfliktbegrenzender Mechanismen ist für die Jungvögel äußerst wichtig, weil die Wechselwirkungen zwischen Drohen – Angriff – Beschwichtigung – Flucht, das Gefühl für das Verletzungspotenzial des eigenen Schnabels und der eigenen Krallen nicht seit Geburt vorhanden ist, sondern durch Übung erspürt und begriffen werden muss.

Spielerisches Kämpfen bei Weißstirnamazonen (*A. albifrons*) unterscheidet sich deutlich vom Kampfverhalten, das im Rahmen ernsthafterer Auseinandersetzungen von erwachsenen Exemplaren gezeigt wird. Bisse spielender Jungvögel richten sich vorwiegend gegen Beine und Füße des Spielpartners, während sie zwischen Alttieren meist gegen die Kopfpartien gerichtet werden (SKEATE, 1985). Diese Beobachtungen lassen sich für Venezuela- und Blaustirnamazonen (*A. amazonica* und *A. aestiva*) bestätigen.

Spielerisches Kämpfen bei Blaustirnamazonen.

Spielerisches Kämpfen ist bei freilebenden Papageien überwiegend zwischen Jungtieren zu beobachten, in Haltungssystemen dagegen wird es vermehrt auch von halbwüchsigen oder erwachsenen Exemplaren gezeigt. DECKERT und DECKERT (1982) berichten von mehr als eine halbe Stunde dauernden spielerischen Kämpfen erwachsener Aras (*Ara chloropterus*) in Volierenhaltung.

Eine spezielle Körperhaltung und Bewegungsweise, die von vielen Papageien bei spielerischen Kämpfen gezeigt wird, ist das Kopf-unter-Hängen (englisch: hang-upside-down). Dabei krallt sich der Vogel mit einem Fuß an einem Gegenstand oder Ast fest und lässt den Körper baumeln. Mit dem freien Fuß und mit dem Schnabel führen die Vögel Spielgefechte aus. Häufig wird dieses Verhalten von inter-

Perfekte Greifwerkzeuge.

Kräftige Greifmuskulatur und Krallen sind Anpassungen an die Lebensweise in Bäumen und begünstigen auch das Kopfunter-Hängen an Ästen. Auf dem Detailfoto (*A. aestiva*) sieht man die hervorragende Eignung des Papageienfußes zum Greifen und Halten in fast jeder beliebigen Position.

vallartigem Flügelschlagen begleitet und es ist im Rahmen von Einzel- wie auch Kampfspielen mit einem oder mehreren Artgenossen zu beobachten. Die Kopfunter-Haltung bei spielerischen Auseinandersetzungen wurde vielfach bei Papageien im Freiland beschrieben. FOSTER (2005) und HALLANDER konnten Rosakakadus (*Eolophus roseicapillus*) kopfunter hängend an Überlandleitungen der Telefongesellschaften unter Flügelschlagen und lautem Kreischen bei Kampfspielen beobachten. Ähnliche Beobachtungen sind bei vielen Amazonenarten, Graupapageien und Aras bekannt. Als recht häufig beschrieben werden Spielaktivitäten in kopfunter hängender Position von WEINHOLD (1998) bei Langzeitbeobachtungen einer Gruppe von Blaustirnamazonen (*A. aestiva*) in der Volierenanlage des Institutes für Papageienforschung (IPF) in Oberhausen/Testerberge.

Solitärspiele

Solitärspiele in jeder Variante sind bei jungen und erwachsenen Papageien häufig. Unter Solitärspielen versteht man die Beschäftigung eines einzelnen Papageien mit beweglichen Objekten, festen Einrichtungen oder Bewegungs- und Ausdrucksspiele ohne direkten Objektbezug.

Objektspiele

Spiele mit Objekten sind bei freilebenden Papageien und solchen in Haltungssystemen oft zu sehen. BITTNER (2004) hat die selbstverliebten Spiele freilebender Aratingas (*Aratinga erythrogenys*) an Telefonleitungen und Ästen in der Region von San Franzisko beschrieben und gefilmt.

Der Charakter des Einzelspiels bei Objektspielen wird nicht selten dadurch aufgehoben, dass weitere Vögel sich durch das Spiel eines Artgenossen animiert fühlen und ihre Aufmerksamkeit ebenfalls dem betreffenden Objekt zuwenden. Objektspiele, wie die Aufnahme von Spielaktivitäten überhaupt, scheinen bei Papageien an ein bestimmtes Alter nach dem Flüggewerden gebunden zu sein. MYERS und VAUGHAN (2003) unterzogen die Aktivitäten junger Aras (*Ara macao*) nach dem Flüggewerden eingehenden Beobachtungen und konnten Spielverhalten erst ab der achten Woche nach dem Ausfliegen feststellen. MCELROY (2005) beschreibt Spielverhalten bei einem erst sechs Wochen alten Molukkenkakadu (*Cacatua moluc-*

Objektspiel im Rahmen einer Papageienshow im zoologischen Garten von Fuerteventura.

censis), der deutlich erkennbar in der Nisthöhle mit einer Feder spielte.

Objektspielen könnte bei Graupapageien eine erweiterte Bedeutung zukommen, weil sie nach den Arbeiten von Irene Pepperberg mit dem Graupapagei Alex bei entsprechender Vorbereitung offenkundig dazu in der Lage sind, eine große Anzahl verschiedenster Objekte zu unterscheiden und die Gegenstände nach Material, Farbe und Zahl richtig zuzuordnen (Pepperberg und Kozak, 1986). Schon 1949 hatte Koehler nachgewiesen, dass Graupapageien sieben Gruppen verschiedener Gegenstände nach der Anzahl ihrer Elemente erkennen konnten. Dohlen und Tauben brachten es auf fünf Gruppen. Bei Vergleichsversuchen war es den meisten menschlichen Versuchspersonen nur gelungen, die Ergebnisse der Dohlen und Tauben zu erreichen.

Den oft fließenden Übergang zwischen Initial-, Solitär-, Objektspielen und Spielen unter Einbezug mehrer Exemplare einer Art hat Grotheer (2006) für Rosakakadus im Gebiet des Watarrka National Park sehr schön beschrieben: „Ich hatte das Glück, wildlebende australische Kakadus verschiedener Arten in ihrer natürlichen Umgebung beobachten zu dürfen. Diese hatten sich als Tagesaufenthaltsort unseren Campingplatz ausgesucht – ca. 3 m von uns entfernt. Die Vögel fingen am späten Nachmittag an zu spielen. Sie neckten sich mit einem Stöckchen, zogen es hin und her und ließen sich auf den Rücken fallen, quietschten vor Vergnügen – wie Kinder. Der (vermeintlich) ältere Kakadu

Links: Spielgegenstände sind leicht herzustellen und bieten eine willkommene Abwechslung für die gefiederten Schützlinge.

Oben: Typisches Objektspiel einer Blaustirnamazone

Spielsachen für Papageien selbst anfertigen

Um Papageien in menschlicher Obhut das Spielen zu ermöglichen und sie dazu anzuregen, müssen die Möglichkeiten dazu und Spielobjekte zur Verfügung gestellt werden. Dabei ist grundsätzlich von allen möglichen und unmöglichen, oft reichlich überteuerten, käuflichen Fertigspielzeugen aus Kunststoff und ähnlichen Materialien abzuraten.

Die Natur bietet eine große Palette an tauglichem Papageienspielzeug zum Nulltarif, dessen Beschaffung gleichzeitig mit einem schönen Spaziergang verbunden werden kann. Von Tannenzapfen, Weißdornästen mit Beeren, auf ein Seil aufgereihten Holzklötzchen bis zum Grasbüschel – der Phantasie sind kaum Grenzen gesetzt. Darauf zu achten ist lediglich, dass keine giftigen Gehölze verwendet werden. Auch sollten potenzielle Spielmaterialien nicht in der Nähe stark befahrener Straßen gesammelt werden.

Ist das Wetter gar zu wenig einladend zum Sammeln in freier Natur, tut es auch eine Toiletten- oder Küchenpapierrolle, die an ein Seil gehängt, zum Spielen einlädt. Beliebt sind mit leckeren Beeren befüllte Küchenpapierrollen, die von den Vögeln nach der Leerung meist mit Genuss zerpflückt werden. Gleiches gilt für aus unbehandeltem Leder hergestellte Riemchen mit mehreren Knoten, die die Papageien zum Entknoten animieren. Unsere Amazonen haben darin ein beachtliches Geschick entwickelt.

Spielerisches Erkunden der „Tauglichkeit“ von Weißdornblüten durch eine Blaustirnamazone.

hielt sich am Rand auf. Ein spielender Kakadu kam zu ihm und neckte auch ihn. Er wehrte ab. Der andere gab nicht nach. Da kamen zwei andere Kakadus aus der Gruppe und traten dem „aufdringlichen“ Vogel recht bestimmt entgegen (stellten sich dazwischen, ich dachte schon „jetzt wird‘s ernst“) [...] und er trollte sich und gesellte sich wieder zu den anderen. Die beiden „Aufpasser“ spielten auch dann mit der Gruppe.“ (GROTHEER, 2006)

Eine eher fragwürdige Art des Objektspiels stellen die in Papageienshows gezeigten Spiele verschiedener Papageienarten mit beweglichen Objekten wie beispielsweise beräderten Wägelchen dar. Sie werden ihnen unter Nutzung des vorhandenen Spieltriebs antrainiert, wobei bewegliche Objekte eine gewisse Anziehungskraft auszuüben scheinen. So beschrieb TEITLER (1979) die Spiele von Hyazinth-Aras mit kleinen Karren und Dreirädern, die von den Tieren hin und her gezogen wurden.

Spiele mit Nahrung

Fast alle Bestandteile der papageiischen Ernährung sind auch erkund- und manipulierbare Objekte. Gerade bei den neugierigen, jungen Papageien wecken Nahrungskomponenten das Interesse am spielerischen Erkunden und Bearbeiten.

Das Erkennen der Nahrungstauglichkeit einer bisher unbekannten Pflanze ist oft im Wortsinn an das Begreifen gebunden. Dazu stehen den Papageien sensible Körperteile zur Verfügung: ihre Füße, Krallen und Schnäbel. Bietet man Amazonen bisher unbekannte Nahrungskomponenten an, so ist nach einer abwartenden bis ängstlichen Phase des Misstrauens zu beobachten, dass zunächst im spielerischen Umgang mit dem neuen Nahrungsmittel dieses mit den Füßen gedreht, hochgehalten, beäugt und mit dem Schnabel manipuliert wird, bevor Teile davon abgebissen, zu Boden geworfen und je nach Gusto gefressen werden.

Spiele des Nahrungserwerbs können die eines einzelnen Vogels, aber auch mehrerer Exemplare sein – wobei es oft zu Interaktionen wie dem spielerischen Verteidigen und Beanspruchen einer Nahrungskomponente oder gemeinsamem erkundendem Bearbeiten durch alle beteiligten Vögel kommt. Eine neue Nuss ist für junge Papageienvögel stets mehr als nur eine neue Nuss. Sie ist immer ein neues Spielobjekt mit neuer Form, Oberfläche, Eigenschaften und Beschäftigungswert. Nahrungsspiele junger Papageien sind im biologischen Sinn keineswegs zweckfrei. Sie dienen dem Erkennen tauglicher Nahrung, der Einübung des Umganges mit Pflanzenteilen, deren genießbare Bestandteile erst durch Beseitigung von Hüllblättern, Schalen, Spelzen erschließbar werden und letztlich auch dem Verteidigen und Sichern.

Nicht nur im Zoologischen Garten von Colchester (England) wird den Großpapageien das Futter in einer Art und Darreichungsform angeboten, die das Spielverhalten anregt (Colchester-Zoo, 2006). Für junge Papageien ist dabei das Verhalten der Elternvögel als Vorbild wichtig. Deren Verhaltensweisen bei der Nahrungsaufnahme werden nachgeahmt und spielerisch eingeübt.

Der spielerische und oft verschwenderisch anmutende Umgang von Papageien mit Nahrung mag in biologischer Hinsicht auf den ersten Blick wenig sinnvoll erscheinen. Erklärbar wird er jedoch, wenn man den Lebensraum der Arten näher betrachtet. In den Ursprungsgebieten der meisten Arten stehen saisonal und in ständiger Fruchtfolge mehr als genügend Nahrungspflanzen zur Verfügung. Im verschwenderischen Umgang der Hauspapageien mit Nahrung zeigt sich immer noch das Wildtier mit seinem, über lange Zeiträume bewährten und schadlosen, sogar in der Natur nützlichen, Verhalten.

Badeverhalten

Wie, wo und wie häufig Papageien ein Bad nehmen, hängt im Freileben vom Lebensraum der Arten ab. In trockenen Gebieten mit seltenen Regenfällen und karger Vegetation müssen die Vögel oft längere Flugstrecken bewältigen, um an Wasserstellen zu gelangen. Diese dienen ihnen dazu, einen Teil des Flüssigkeitsbedarfs zu decken, sie nutzen sie aber auch zum Baden. Die Verfügbarkeit verschiedener Arten von Bademöglichkeiten führt zu verschiedenen Badegewohnheiten bei den Vögeln. De Grahl (1990) schreibt: „Die Papageien, welche in den Baumwipfeln leben und kaum auf den Boden kommen, lassen sich von tropischen Regengüssen abregnen, um dann ihr Gefieder zu putzen."

Im Gegensatz zu den Papageien der Regenwaldgebiete, in denen oft tägliche Regengüsse und anhaltende Regenperioden bei hoher Luftfeuchte das Klima bestimmen, haben die Papageien der trockenen Zonen diese Möglichkeit nicht und sie sind darauf angewiesen, nach Bademöglichkeiten am Boden zu suchen. Das offene Gelände der Trockensavannen bietet Rosakakadus kaum andere Möglichkeiten. Im Mungo-Nationalpark, wo das nebenstehnde Foto entstand, findet jede größere Pfütze im Bereich des vor tausenden von Jahren ausgetrockneten Lake Mungo als Trink- und Badeplatz bei Kakadus und anderen Vertretern der australischen Fauna großen Anklang.

Wenn aber Rosakakadus, die mittlerweile vermehrt in der Nähe bewohnter Bereiche und sogar in Innenstädten anzutreffen sind, einen richtigen Regen genießen oder die Sprinkleranlagen von Plantagen zu einem Bad nutzen können, tun sie dies mit größtem Vergnügen. Sie führen dabei regelrechte Tänze auf. Rowley umschrieb dieses Badeverhalten mit Regentanz (englisch: raindance). Einen Eindruck davon, was Rowley mit „Raindance" meinte, zeigen die Fotos duschender Amazonen (Seite 68).

Das Vordringen der Rosakakadus und anderer Kakaduarten in landwirtschaftlich intensiv genutzte Gebiete hat in Australien zur Einstufung der Vögel als Ernteschädlinge und vom Gesetzgeber legalisierten Bekämpfungsmaßnahmen geführt.

So mag ein Bad in den Pfützen des Mungo-Nationalparks für die Rosakakadus weniger vergnüglich sein als Duschen in der Plantagenberegnung, risikoärmer ist es allemal.

Freilebende Rosakakadus beim Baden.

Rowley und Chapman (1991) konnten Inka-Kakadus (*C. leadbeateri*) beim Trinken an Wasserflächen beobachten, sahen sie jedoch nie darin baden. Gab es leichte Regenfälle, duschten sie aber ebenso ausgelassen wie die Rosakakadus, wobei sie oft kopfunter mit abgespreizten Flügeln und aufgestellten Hauben an Ästen hingen.

Die Badegewohnheiten der Papageien sind bis auf wenige Ausnahmen so variabel, dass sie den jeweiligen Gelegenheiten angepasst werden können. De Grahl (1990) zum Badeverhalten von Kakadus in Freivolieren: „Oft hängen sie sich an die Decke, breiten die Flügel aus und lassen sich völlig nassregnen."

Der Lebensraum der Amazonen ist grundlegend feuchter als der der Kakadus, obwohl einige Arten auch in trockeneren Regionen anzutreffen sind. Amazonen wurden im Freiland dabei beobachtet, wie sie ihr Gefieder durch Reiben an der regennassen Belaubung von Bäumen befeuchteten. Entsprechende Beobachtungen liegen zum Beispiel für die Blaukappenamazone (*A. finschi*) vor (World Parrot Trust, 2004). Robiller (1983) schreibt: „Kakadus [...] fliegen auch mit Freude durch das regennasse Blätterdach." Als häufig wird diese Art des Badens für kleinere Arten wie die Loris beschrieben. Die permanenten Regenfäl-

Das feuchte Laub der Regenwälder bietet gute Gelegenheiten zur Durchfeuchtung des Gefieders.

le in den Ursprungsgebieten nutzen Amazonen gerne zum ausgiebigen Duschen. Dabei stellen sie die Flügel weit ab, damit jede Körperregion benetzt wird. Wie ausgelassen sie sich dabei verhalten, hat jeder Halter wahrscheinlich bei seinen Vögeln schon beobachtet. WEINHOLD (1998) zum lebhaften Badeverhalten von Blaustirnamazonen in Freivolieren-Haltung: „Während stärkeren Regens dreht und wendet sich der Vogel, turnt an der Decke und Ästen. Dabei ist das gesamte Körpergefieder abgestellt. Flügel und Steuerfedern werden gespreizt – meist bis zur völligen Durchnässung.“

BLANCHARD (2005) konnte in Costa Rica eine kleine Gruppe von Gelbnackenamazonen beim Baden in einem Becken unterhalb eines Wasserfalls beobachten. Die Amazonen tauchten den Kopf ins Wasser, schlugen mit den Flügeln und ließen sich vom Sprühnebel des Wasserfalls beregnen.

Amazonen in Volierenhaltung beim Duschbad.

Das gleiche Verhalten ist auch für viele Aras dokumentiert. So schreibt HOPPE (1992) zum Badeverhalten des Rotbauchara (*Ara manilata*) im Freiland: „Ein kleiner Regenschauer ist oft der Anlass zu einem ausführlichen Duschbad.“ Nach allen bisherigen Arbeiten dürfte es wohl so sein, dass Aras nur äußerst ungern den Boden aufsuchen. Sie tun es meist nur, um an den Steilufern der Flüsse mineralische Erden aufzunehmen. Beim Baden im Wasser von Flussbuchten wurden sie bisher nicht beobachtet. Generalisierend dazu schreibt LANTERMANN (1984): „Regenbaden wird jedoch eindeutig bevorzugt.“

Allerdings kann bei den genannten Großpapageien nicht von einem, je nach Art einmaligen und spezialisierten Badeverhalten die Rede sein. Doch überwiegend baumbewohnende Arten nehmen eher Regenduschen und benetzen das Gefieder im feuchten Laubwerk, Offenlandbewohner nutzen Pfützen und stehende Gewässer, aber auch gelegentliche Niederschläge zum Baden.

Die verbreitete Ansicht, Amazonenpapageien bewohnten stets feuchte Regenwaldgebiete mit ständigen Niederschlägen, während Kakadus und Graupapageien in trockenen Gefilden beheimatet seien, ist zu pauschal. Der bevorzugte Lebensraum der Kuba-Amazonen (*A. leucocephala bahamensis*) entspricht ziemlich genau der Vorstellung von den Verbreitungsgebieten im Amazonasgebiet. Kuba-Amazonen leben in den Wäldern des kubanischen Tieflandes und vorgelagerter Inseln, wo ständig eine sehr hohe Luftfeuchtigkeit herrscht. Die in Mexiko beheimatete Weißstirnamazone (*A. albifrons*) ist dagegen nach HOPPE (1981) „ein Vogel der trockenen Busch und Laubwälder. Die feuchttropischen Tiefländer sowie Regenwälder werden gemieden bzw. nur gelegentlich aufgesucht“. Man sehe oft Exemplare „in den trockenen, mit Kakteen bewachsenen Landschaftsteilen“. Die Blaustirnamazone (*A. aestiva*) lebt sowohl in feuchten Urwäldern als auch in Übergangszonen und bewachsenen Savannengebieten. Graupapageien bewohnen afrikanische Regenwaldgebiete und Sekundärwaldungen, aber auch Savannengebiete mit wesentlich geringeren Niederschlagsmengen.

Gefiederpflege

Das Baden ist für die Papageien zur Erhaltung eines intakten, gepflegten und dichten Federkleides lebenswichtig. Wer Papageien sieht, die durch welche Umstände auch immer, über längere Zeit kein Wasserbad nehmen konnten, kann leicht feststellen, wie anhaftender Schmutz jeden Gefiederglanz verblassen lässt und ein vormals glattes, schimmerndes Federkleid dunkel und stumpf werden kann. Die Befiederung dient bei Vögeln nicht nur dem Fliegen, sondern auch dem Schutz der darunter liegenden Hautpartien vor Verletzungen, klimatischen Einflüssen und Parasiten, der Regulation der Körpertemperatur und dem Ausdrucksverhalten.

Das Federkleid ist sehr komplex aufgebaut. Nach Forshaw (1989) werden sechs verschiedene Federtypen unterschieden. Die weiß oder grau gefärbten Pelzdunen sitzen direkt auf der Haut und werden vom sichtbaren Außengefieder (Großgefieder, Konturfedern) überdeckt. Das Dunengefieder könnte man als die wärmende Unterwäsche, die Konturfedern als die Oberbekleidung bezeichnen.

Papageien verfügen zudem über eine ganz spezielle Federart – die Puderdunen. Diese sondern eine staubähnliche Substanz ab, wachsen immer wieder nach und lösen sich an den Enden zu feinem, aus Keratingranula bestehendem Pulver auf. Dieses wird beim Putzen und Ordnen über das ganze Gefieder verteilt, besitzt Wasser abweisende Eigenschaften und dient wahrscheinlich der Erhaltung von Spannkraft und Geschmeidigkeit der Konturfedern. Bei den Puderdunen handelt es sich mit einiger Sicherheit um spezialisierte Konturfedern, die vor allem bei Reihern und Papageien gut ausgebildet sind.

Dass zur vollen Funktionstüchtigkeit dieses gesamten Gefiedersystems neben der trockenen Gefiederpflege, die miteinander vertraute Papageien gerne gegenseitig betreiben, auch eine nasse Pflege nötig ist, erscheint nur verständlich. „Normale Federn sind weich, gleichmäßig, sauber [...]“ (Pees et al., 2004). Die Möglichkeit des Badens hatte – so das Ergebnis einer Arbeit von Juppien (1998) an 149 Großpapageien in menschlicher Obhut – „einen bedeutenden Einfluss auf das Eigenrupfen. Vögel, die regelmäßig oder gelegentlich baden konnten, waren signifikant seltener betroffen als Tiere, die niemals baden durften“.

Badende Graupapageien in der Duschwanne.

Gefiederpflege

Jeder Halter sollte seinen Papageien ausreichende Bademöglichkeiten bieten. Da nur wenige Arten wassergefüllte Schalen oder Ähnliches zum Baden nutzen, empfiehlt sich ein „aktives“ Baden durch Besprühen.
Sehr gut eignen sich dazu handelsübliche, für das Besprühen von Pflanzen gedachte, Wasservernebler mit Pumpfunktion. Sie werden mit Fassungsvermögen von ein bis fünf Liter und einer verstellbaren Düse zur Regulierung des Sprühstrahls angeboten. Das Volumen der Vernebler sollte sich sinnvoller Weise nach der Zahl der gehaltenen Papageien richten.
Mindestens einmal wöchentlich sollten die Papageien geduscht werden, jedoch nicht zu späten Tageszeiten, damit das Gefieder durchtrocknen kann, bevor die Vögel ihre Schlafplätze einnehmen. Zudem sollte das Gefieder nicht so durchnässt werden, dass die Flugtauglichkeit nicht mehr gegeben ist.

Luftfeuchteregulierung in der Bruthöhle

Wie das Baden der Luftfeuchtigkeit in der Nisthöhle dienen kann, beschreibt Meier (1980) an einer Gefangenschaftsnachzucht von Goldzügel-Amazonen (*A. xantholora*). Die konstant hohe Luftfeuchtigkeit in der Nisthöhle resultierte daraus, dass sich die Henne am täglichen Regenbad beteiligte und mit durchnässtem Gefieder in den Brutblock zurückkehrte. Ähnliches Verhalten notierten wir bei unseren Venezuelaamazonen (*Amazona amazonica*): „Interessant erscheint uns die Tatsache, dass das Weibchen einen Tag vor dem Schlupf des ersten Jungvogels ausgiebig in einer Bodenpfütze badete […]. Das Befeuchten des Gefieders und des Geleges kurz vor dem Schlupf trägt mit Sicherheit zu einem leichteren Schlüpfen bei." (Wehe und Munkes, 2004). Lantermann (1999) schreibt: „Brütende Papageienweibchen nehmen häufig Wasserbäder in Schalen, befeuchten auf diese Weise ihr Brustgefieder und erhöhen dadurch die Luftfeuchtigkeit (und die Schlupfwahrscheinlichkeit für die Jungvögel) in der Nisthöhle." Zu Befeuchtungsbädern bei Aras während der Brutzeiten merkt er an: „Das Baden in Badegefäßen (oder Regenpfützen) wird häufig bei weiblichen Tieren während der Brutzeit beobachtet und dient offensichtlich der Regulierung der Luftfeuchtigkeit innerhalb der Bruthöhle." (Lantermann, 1984).

Wo es dem Weibchen durch die klimatischen Gegebenheiten nicht oder nur schlecht möglich ist, die Bruthöhle durch ein Bad zu befeuchten, geschieht dies, wie bei in trockeneren Gebieten Australiens brütenden Rosakakadus, ersatzweise durch den Eintrag grüner Blätter und Zweige in die Bruthöhle. Die Pflanzen geben durch Verdunstung Feuchtigkeit ab. Die Bruthöhlen der Inkakakadus (*Cacatua leadbeateri*) befinden sich meist in unmittelbarer Wassernähe (Robiller, 1993). Das dürfte einerseits daran liegen, dass sich die Elterntiere so zum Trinken nicht zu weit vom Brutbaum entfernen müssen und andererseits jederzeit Gelegenheit haben, durch ein Wasserbad Feuchtigkeit in die Bruthöhle zu bringen.

Auf diesen Zusammenhang deuten auch die bei Inkakakadu-Nachzuchten in menschlicher Obhut von Robiller (1993) gemachten Beobachtungen hin: „Tagsüber brütet vor allem das Männchen, nachts das Weibchen. Nicht selten sucht es am Abend die flache, wassergefüllte Tränke auf, lässt das Gefieder durchnässen und löst so das Männchen in der Bruthöhle ab. Möglicherweise wird die Nässe für das Mikroklima in der Höhle benötigt."

Nach Angaben von Diefenbach (1982) sollte die relative Luftfeuchte in der Nisthöhle oder im Brutkasten bei der Aufzucht von Kakadus 70 bis 80 % nicht unterschreiten und „mit näher rückendem Schlupftermin noch gesteigert werden". Die Wichtigkeit der richtigen Luftfeuchte kurz vor dem Schlupf und die Schwierigkeit bei Kunstbrut optimale Feuchtigkeitsbedingungen zu schaffen, beschreibt Künne (1996) so: „Da zum Schlupf unbedingt eine höhere Feuchtigkeit vorhanden sein muss, kann man also auch nicht Eier, die zu unterschiedlichen Zeiten gelegt worden sind, in einem Brüter belassen, sondern benötigt zumindest ein getrenntes Schlupfabteil, in dem die angepickten Eier bei einer Luftfeuchte von mindestens 80 % untergebracht werden."

Gemeinschaftsfördernde Aspekte

Bei den regelmäßigen Duschbädern unserer Amazonengruppen ist schön zu beobachten, dass zuerst meist ein Vogel die Beregnungsstelle aufsucht und sich dann alle weiteren nach und nach auf den beregneten Ästen einfinden und mit sichtlichem Vergnügen, teilweise dicht an dicht, oft auch kopfunter hängend, mit den Flügeln schlagend und miteinander spielend, das Bad genießen. Im Anschluss daran pflegen die Amazonen sich gemeinschaftlich gegenseitig intensiv das Gefieder.

Schlaf- und Ruheverhalten

Generell ist bei Papageien zwischen Ruhe- und echten Schlafphasen zu unterscheiden und beide sind durch typische Merkmale der Körperhaltung gekennzeichnet. Mit Ausnahme junger oder erkrankter Vögel ruhen und schlafen Papageien immer auf einem Bein, wobei das nicht belastete ins Gefieder gezogen wird. Für die echte Schlafhaltung sind der über die Schulter zurückgedrehte Kopf und die fest geschlossenen Augen charakteristisch. Im Gegensatz dazu ist das Ruheverhalten dadurch gekennzeichnet, dass die Augen gelegentlich geöffnet werden und die Körperstellung, zum Beispiel durch Drehen des Kopfes, zuweilen geändert wird. Pitter und Christiansen (1997) beschreiben das Verhalten einer über mehrere Stunden hinweg dösenden und schlafenden Gruppe von Rotohraras (*Ara rubrogenys*) in zwei Gebieten im Süden Zentral-Boliviens so: „[…] sie drehen den Kopf rückwärts über die Schulter, stecken den Schnabel ins Rückengefieder und plustern oft das Gefieder auf."

Ruheverhalten ist im Freileben meist in den Mittags- und frühen Nachmittagsstunden zu beobachten. Ruhen und Schlafen dient der Re-

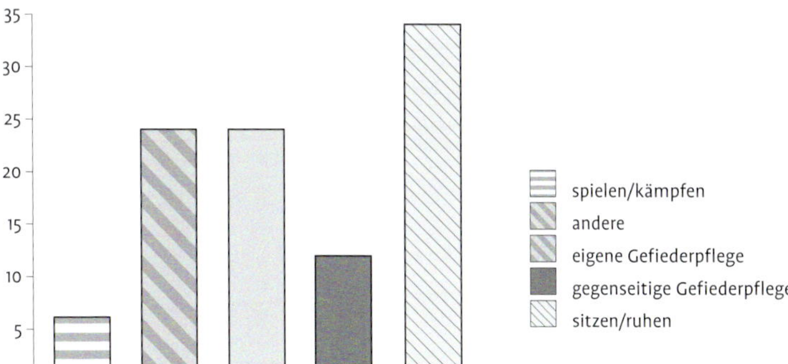

Oben: Die Grafik zeigt, dass die von Pitter und Christiansen beobachteten Rotohraras mehr als 30% des Nachmittags mit Ruhen verbrachten.

Links: Ruhende Blaustirnamazone.

generation und ist im Freileben dem Tagesverlauf angepasst. Es folgt den wiederkehrenden periodischen Prozessen und Rhythmen, die im Organismus selbst verankert sind.

In seiner Grundstruktur wird der eigentliche Schlaf-Wach-Rhythmus auch dann aufrechterhalten, wenn dem Vogel die Einflüsse der Umweltperiodik entzogen werden und es zu Abweichungen vom exakten 24-Stunden-Rhythmus kommt. Wie wesentlich für das Wohlbefinden von in menschlicher Obhut gehaltenen Papageien die Konstanz der an ihrem natürlichen Tagesverlauf ausgerichteten und zeitlich abgestimmten Lichtverhältnisse ist, belegen ausführliche Studien von Aschoff und Weaver (1965). Die Forscher analysierten umfassend die Wirkungen äußerer Einflüsse auf das innere System von Vögeln. Konstanter Beleuchtung ausgesetzte Versuchsvögel reagierten mit erheblichen Störungen und Verschiebungen der Schlaf-Wach-Zeiten (siehe auch Seite 39, Tagesperiodik bei der Papageienhaltung). Bei tagaktiven Vögeln verliefen die Verschiebungen genau umgekehrt zu denjenigen nachtaktiver Vögel.

Papageien orientieren ihr Verhalten in natürlicher Umgebung an den Sonnenaufgangs- und Sonnenuntergangszeiten.

Levinson (1981) dokumentierte die Abhängigkeit der Aktivitäten freilebender Weißstirnamazonen (*A. albifrons*) von der Tagesperiodik.

Ebenso liegt dazu eine Freilandarbeit für Blaustirnamazonen (*A. aestiva*) vor (Mosa et al., 1992) vor.

Welchen Einfluss die Belichtungsverhältnisse auf die Verhaltensweisen von Papageien nehmen, ist den Beobachtungen von Weinhold (1998) an in Freivolieren gehaltenen Blaustirnamazonen und ihren Folgerungen zu entnehmen: „Auffällig war, dass sie bei plötzlicher Verdunklung des Himmels aufgeregt reagierten und ein starker Anstieg der lokomotorischen Aktivität erfolgte. Vor allem für die in Äquatornähe heimischen Populationen bzw. Arten sind die Dämmerungszeiten relativ kurz, so dass ein Aufbruch von den Nahrungsgebieten zu den gewohnten Übernachtungsplätzen rechtzeitig erfolgen muss."

Im Freiland ist bei fast allen Papageienarten zu beobachten, dass sich eine größere Anzahl, je nach Art bis zu mehreren Hundert Exemplaren, zum gemeinsamen Schlafen auf Bäumen einfindet. Diese Schlafgemeinschaften dienen neben der Thermoregulation dem besseren Schutz vor Feinden.

Neiva (1993) beobachtete 1992 einen Schlafbaum mit über hundert Hyazintharas. Über einen Zeitraum von einer Stunde seien die Aras aus allen Richtungen eingeflogen.

Vom Gelbbrustara (*Ara ararauna*) berichtet Forshaw (1973), dass sich größere Schwärme stets an gemeinsamen Übernachtungsplätzen einfinden.

Robiller (1990) zum Schlafverhalten der

Konsequenzen für die Haltung

Nach Erfahrungen wirken sich optische Reize bei Nacht auf die Papageien weit störender aus als Geräusche. Deshalb sollte bei der Einrichtung und Anordnung von Haltungssystemen (Vogelzimmer, Volieren) darauf geachtet werden, dass nächtliche Störungen so weit wie möglich ausgeschlossen sind. Volieren sollten nicht an stark frequentierten Straßen und Plätzen oder im Sichtfeld von Leuchtreklamen angelegt werden. Gleiches gilt für Belichtungsflächen von Vogelzimmern, die nachts Reize einlassen.

Gelbscheitelamazone: „Außerhalb der Brutzeit werden Schwärme bis 1.000 Vögel gebildet, die Abend für Abend die gleichen Schlafbäume aufsuchen, von denen sie morgens paarweise und in kleinen Flügen zur Nahrungssuche abstreichen."

Paare oder Kleingruppen der Weißstirnamazone finden sich am Abend in großen Ansammlungen auf Schlafplätzen ein (Forshaw, 1973).

Über die Gruppengefüge des Rotsteißkakadu (*Cacatua haematuropygia*) schreibt Robiller (1991): „Allgemein werden die Kakadus paarweise, in Familienverbänden und in kleinen Gruppen angetroffen. Zu größeren Gesellschaften kommt es an Nahrungsplätzen und in Schlafbäumen." Nach Curry-Lindahl (1960) versammeln sich Graupapageien vor Sonnenuntergang zu größeren Schwärmen, um gemeinsame Schlafplätze aufzusuchen.

Diese Auswahl an Literaturdaten dokumentiert das Verhalten des gemeinsamen Übernachtens für alle in diesem Buch beschriebenen Arten hinreichend. Doch eine Haltungsbeobachtung des Schlafverhaltens eines Familienverbandes von Venezuelaamazonen (*A. amazonica*) scheint noch der Rede wert. Kurz vor Einbruch der Dunkelheit wird die Gruppe regelmäßig von einem bestimmten Weibchen per Lautäußerung und Schrittbewegungen in Richtung des hochgelegenen Schlafastes aufgefordert, sich zur Ruhe zu begeben. Stets wird dieser Aufforderung von den Artgenossen entsprochen, indem sie auffliegen und den Ast ansteuern.

Kämpferische Verhaltensweisen

Unter dem Sammelbegriff „agonistisches Verhalten" werden alle Verhaltensweisen zusammengefasst, die im engeren oder weiteren Sinne kämpferische Elemente zeigen. Der Begriff leitet sich vom griechischen Verb „agonistikos" (kämpfen) ab und bezeichnet in der gebräuchlichen ethologischen Begriffsregelung sowohl direktes Angriffsverhalten als auch defensive Verhaltensweisen wie etwa Flucht, Abwehr, Beschwichtigung und Unterwerfung. Auch die so genannten Übersprungshandlungen werden der Agonistik zugerechnet. Eine klare Abgrenzung der agonistischen von anderen Funktionskreisen des Verhaltens ist daher nicht selten schwierig und mit Unschärfen verbunden.

Die Entwicklung vom Fisch über das Reptil zu den Vögeln, die sich erstmals vor etwa 150 Millionen Jahren in die Lüfte erhoben haben, brachte unzählige Formen des Lebens hervor. Aus den Schuppen der Reptilien entwickelten sich Federn (Taylor, 1983), aus Flossen wurden Beine, aus Beinen Flügel.

Bei allen äußerlichen Unterschieden ist jedoch bei jedem belebten Organismus in mehr oder minder starker Ausprägung ein Verhaltensmerkmal augenfällig: die Aggression. Während Arten verschwanden, sich neue Arten bildeten und ständig neue Anpassungen stattfanden, hat das agonistische Verhalten die Jahrmillionen überdauert.

Wie auch immer wir es drehen und wenden mögen, und wie unbefriedigend der Gedanke daran sein mag, dass Tier- und Menschengesellschaften nicht ohne die Anwendung von Elementen aggressiven Verhaltens auskommen, müssen sich die aggressiven Verhaltens-

„Wozu kämpfen Lebewesen überhaupt miteinander? Kampf ist in der Natur ein allgegenwärtiger Vorgang, die Verhaltensweisen ebenso wie die Angriffs- und Verteidigungswaffen, die ihm dienen, sind so hoch entwickelt und so offensichtlich unter dem Selektionsdruck ihrer jeweiligen arterhaltenden Leistung entstanden, daß es uns zweifellos zur Pflicht gemacht wird, diese Frage Darwins zu stellen."
Konrad Lorenz, 1983

weisen im Verlauf der Geschichte der belebten Erde derart bewährt haben, dass ein angemessener Ersatz nicht in Sicht ist. Aggressive Verhaltensweisen haben sich bewährt bei der Optimierung des Nahrungserwerbs, Ausgestaltung von Räuber-Beute-Systemen, Aufbau sozialer Ordnungen, Mechanismen der sexuellen Auslese, Fortpflanzung und Überlebenssicherung von Populationen.

Innerartliche Aggression zur Arterhaltung

Die in der Evolutions- und Allgemeinbiologie in Bezug auf freilebende Populationen geläufige Phrase „the fittest survive" („die Bestangepassten überleben") ist so banal wie zutreffend. Das gilt für jedes einzelne Individuum, aber auch für das Überleben der Populationen und Arten. Nur wenn es robusten, körperlich und genetisch einwandfreien und mit allen Vorteilsmerkmalen einer Art ausgestatteten Exemplaren gelingt, ihre Gene durch Fortpflanzung und mit einer höchstmöglichen Vermehrungsrate in die nächste Generation zu „retten", ist es gewährleistet, dass Populationen und Arten sich auf lange Sicht behaupten.

In vielen Tiergesellschaften sind aggressive Verhaltensweisen, direkt oder ritualisiert, ein bewährter Anzeiger für und ein Mittel zur Durchsetzung von Paarungsansprüchen. Die Dominanz der jeweiligen Partner steht in enger Relation zu den Paarungsmöglichkeiten und damit der Reproduktionsrate.

Das ist bei Papageien nicht anders. Ranghohe und dominante Vögel haben bessere und mehr Paarungsmöglichkeiten, ihre Reproduktionsrate ist höher als die rangniedriger Tiere.

Gehen wir davon aus, dass weibliche Papageien ihre Kriterien der Partnerwahl, männliche Papageien ihre Wahlmöglichkeiten, unter den genannten Aspekten selektieren müssen, um einen Vorteil für die Population und letztlich die Art zu erlangen, so kommen wir nicht an der Erkenntnis vorbei, dass die Tiere ihre Fitness am besten durch Dominanz und agonistische Verhaltenselemente demonstrieren. Jedes Individuum besitzt den arterhaltenden Trieb, sich zu vermehren, auch schwache Exemplare. Das Zeigen von Stärke und Fitness durch direktes oder ritualisiertes, agonistisches Verhalten als Auslesemechanismus im Vorfeld paarungsrelevanter Verhaltensweisen wird mit tatsächlicher Fortpflanzung belohnt. Es ist die wohl einfachste und wirkungsvollste Art des Einsatzes von Aggression zur Arterhaltung. Innerartliche Aggression hat sich also als reproduktionsdienlich bewährt. Doch dies bedeutet nicht zugleich, dass sich Aggression in ihrer reinsten Ausprägung, in finalen Verletzungskämpfen mit möglicherweise tödlichen Folgen zeigen muss. Vielmehr ist auch bei Papageien in der Mehrzahl eine gelenkte und regulierte Aggression in umgewandelten und ritualisierten Formen die Regel. Das bedeutet, je mehr Gegenwehr, umso vorteilhafter wird der Verzicht auf Aggression (MAYNARD SMITH, 1974).

Brut und Aufzucht werden bei vielen Papageienarten zwar arbeitsteilig, jedoch mit Schwerpunkt durch das Weibchen, ausgeführt. Bei den meisten Arten bebrütet es allein das Gelege. Dabei sind die Zufütterung der Weibchen und später der Jungvögel sowie erhöhte Wachsamkeitsleistungen durch die Männchen für viele Papageienarten dokumentiert. Trotzdem sind weibliche Papageien im Vergleich zu Männchen stärker in die Aufzuchtbemühungen einbezogen. Ihre Investitionen in die Brutpflege sind höher. Ihr Reproduktionspotenzial aufgrund der geringen Anzahl befruchtbarer Eier ist im Vergleich zu Männchen geringer. Zwar bisher nicht für Papageien, doch für viele Vertreter der Familie der Vögel liegen hierzu verlässliche Arbeiten vor (unter anderen TRIVERS,1972). Die Zahl rezeptiver Weibchen ist geringer als die Nachfrage. Dies führt zu einem intrasexuellen Wettbewerb bei den Männchen

Die entwicklungsgeschichtliche Verwandtschaft dieser beiden Tiere ist nur noch ansatzweise zu erkennen.

und folglich ist der Wettbewerb zwischen ihnen in der Regel größer als der zwischen Weibchen (DALY und WILSON,1983).

Männchen sind bei den meisten Papageienarten mehr auf konkurrierende Auseinandersetzungen angewiesen, als weibliche Tiere. Bei einigen Kakaduarten jedoch werden konkurrierende Auseinandersetzungen um das knappe Angebot an Nisthöhlen von den Weibchen ausgetragen. WEINHOLD (1998) konnte bei ihren Langzeitbeobachtungen einer Blaustirnamazonen-Gruppe feststellen, „dass die männlichen Vögel aggressiver waren." Drohverhalten und Imponiergehabe stehen bei ihnen immer wieder auf der Tagesordnung. Auf vermeintliche oder tatsächliche Provokationen durch halbwüchsige oder rangniedere Exemplare reagieren sie entsprechend.

Gerade im Zusammenhang mit der Reproduktion wird deutlich, dass aggressive Verhaltensweisen dabei wesentlich sind. LANTERMANN (1999) schreibt zutreffend: „Die Balzzeit ist zwangsläufig von häufigen innerartlichen Auseinandersetzungen geprägt, bei denen entschieden wird, welche Tiere in der bevorstehenden Brutzeit zur Fortpflanzung kommen. Hier spielen aggressive Verhaltensweisen und ein ausgeprägtes Imponierverhalten eine wichtige Rolle." Männliche Tiere müssen bestrebt sein, hohe Positionen innerhalb der Papageiengesellschaft einzunehmen und zu behaupten, die ihnen später hinreichend feste Paarbindungen gewährleisten. So nehmen fast durchgängig männliche Tiere in freilebenden Sozietäten (unter anderen MATUZAK und DEAR, 2003; MADISON, 2005), aber auch in Haltungssystemen (unter anderen FRITSCHE, 1976; MUNKES, 2004; WEINHOLD, 1998), die Alpha-Position ein. Weibliche Partner profitieren von der Position des männlichen Alpha-Vogels, was sich letztlich auch festigend auf die Paarbindung auswirkt. Allerdings stellen einige Kakaduarten und Edelpapageien im Hinblick auf die Verteilung der Dominanz und der damit verbundenen Auseinandersetzungen eine Ausnahme dar. Bei einigen dieser Arten spielen die Weibchen eine aggressivere Rolle (FERGENBAUER-KIMMEL, 1992).

Beschädigende Aggression

„Die Um- und Neuorientierung des Angriffs ist wohl das genialste Ausdrucksmittel, das der Artenwandel erfunden hat, um die Aggression in unschädliche Bahnen zu lenken."
KONRAD LORENZ, 1983

Papageien verfügen mit ihren kräftigen Schnäbeln und wehrhaften Krallen über außerordentlich wirkungsvolle Verletzungsinstrumente, deren unkontrollierter Einsatz bei aggressiven Auseinandersetzungen hohes Gefährdungspotenzial mit sich bringt, bis hin zu tödlichen Folgen. Mittelgroße bis große Arten sind ohne Weiteres in der Lage, beim Kontrahenten Knochenbrüche, tiefe Wunden und sogar Abtrennungen von Gliedmaßen zu verursachen. Ein Beispiel aus einer Tierarztpraxis: Ein Weißhaubenkakadu trennte dem Halter, der ihn im Vorfeld der Behandlung fixieren wollte, ein vorderes Fingerglied komplett ab (MANDERSCHEID, 2006).

Es dürfte klar sein, dass die Überlebenschancen massiv verletzter Papageienvögel im Freiland drastisch reduziert sind, denn nur unter Haltungsbedingungen sind Wundversorgung und antibiotische Behandlung möglich. Ein weiteres Beispiel aus der Haltungspraxis: „Während einer zweitägigen Abwesenheit der weiblichen Bezugsperson wurde eine Doppelgelbkopfamazone vom Ehemann versorgt. Nach Rückkehr der Halterin hatte sich die Situation dahingehend geändert, dass der Vogel seine Zahmheit abgelegt hatte und nunmehr heftige Attacken gegen seine Besitzerin flog. Nachdem die Angriffe häufiger vorkamen und sich die Gefahr für anwesende Personen steigerte (zwei Wunden mussten bereits genäht werden und nach einem Biss in den Mittelfinger blieb dieser dauerhaft steif) wurde der Rat eines ansässigen Tierarztes eingeholt." (WESTHOFF, 2005).

Eskalierende innerartliche, aggressive Auseinandersetzungen bringen neben der Gefahr körperlicher Schwächungen, Verletzungen oder sogar tödlicher Folgen zusätzliche Nachteile mit sich:

a) hoher energetischer Aufwand,
b) Kampfstress: Stress führt, unabhängig von den Ursachen, zu hormonellen Reaktionen,

Amazone mit abgebissenem Oberschnabel als Folge einer eskalierenden Auseinandersetzung.

Links: Die Bisswunde der Blaustirnamazone war Resultat einer eskalierenden Auseinandersetzung mit einer menschenfixierten und fehlsozialisierten Amazone aus Handaufzucht innerhalb eines Volierensystems.

wobei die der im Kampf unterlegenen Exemplare bei fast allen Tierarten heftiger sind als die der Sieger. Die Corticosteroide, Hormone der Nebennierenrinde, gelten als guter Indikator für Stressbelastung. Millesi (2001) von der Universität Wien konnte eine starke Erhöhung der Corticosteroidwerte bei gestressten Graupapageien nachweisen. Zudem zeigten die gestressten Exemplare einen erhöhten Anteil krankmachender Bakterien im Blut.

c) Erhöhtes Feindrisiko: Kämpfende Tiere richten ihre Aufmerksamkeit in erster Linie auf die jeweiligen Kontrahenten und die Beobachtung der Umgebung wird vernachlässigt. Durch die reduzierte Wachsamkeit nehmen die Vögel Gefahren durch in der Nähe befindliche Prädatoren nicht wahr.
d) Schwächung der Population: Sich ständig wiederholende rivalisierende Ernstkämpfe mit der potenziellen Gefahr von Verletzungen oder Todesfolgen würden zwangsläufig zu einer Reduktion der Populationsstärken führen, was je nach Individuenzahl einer Population zu einer schrittweisen Erlöschung derselben führen könnte.

Um das Aggressionsverhalten von art- und individuengefährdenden Elementen weitgehend zu „befreien", haben sich im Lauf der stammesgeschichtlichen Entwicklung Mechanismen herausgebildet, die zwar eine Beibehaltung der bewährten Grundelemente aggressiven Verhaltens gewährleisten, jedoch direkte Beschädigungen und deren Folgen begrenzen. Die von Lorenz erwähnten Schemata bestehen aus einer vereinfachten und Ernsthandlungen ersetzenden Signalsprache, die innerhalb der jeweiligen Art von jedem Individuum verstanden wird, respektive verstanden werden muss, soll sie zu einer Vermeidung von schädigenden Eskalationen bei einer Auseinandersetzung führen. Im Rahmen des Komplexes agonistischer Verhaltensweisen müssen die Hemm-Mechanismen zusätzlich betrachtet werden. Beobachtungen zu ernsthaften und beschädigenden Auseinandersetzungen zwischen Papageien im Freiland sind nicht dokumentiert, doch bei Haltung von Papageien in menschlicher Obhut werden eskalierende Auseinandersetzungen häufiger beschrieben.

„Es gibt kein einziges wehrhaftes Lebewesen [...] das nicht über ganz bestimmte Systeme von Hemmungen, angeborenen Schemata und Auslösern verfügte, die ein Töten von Artgenossen so weitgehend erschweren, daß es keine die Arterhaltung ernstlich in Frage stellende Häufigkeit erlangen kann."
Konrad Lorenz, 1965

Eine Ursache dürfte in den oft beengten und unzureichenden Bedingungen der Gefangenschaftshaltung zu sehen sein. Untypische Aggressionsmuster und nicht dem normalen

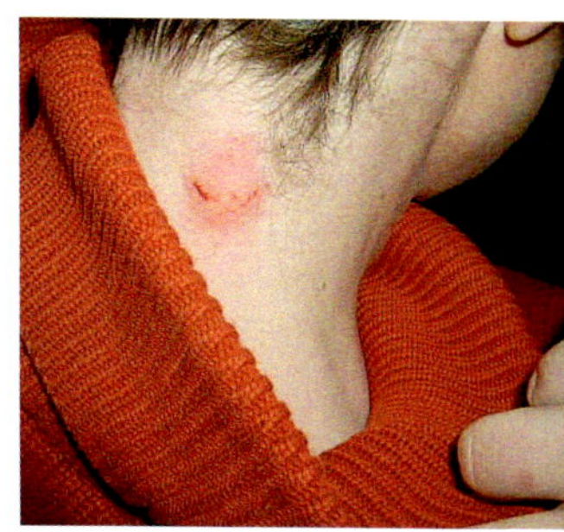

Durch einen Orangehaubenkakadu verursachte Bisswunde.

Verhalten entsprechende Häufigkeiten aggressiver Auseinandersetzungen können unter Haltungsbedingungen auch dadurch entstehen, dass in bestehende Gruppen Vögel eingegliedert werden, die Sozialisationsdefizite und Beeinträchtigungen oder Störungen des Normverhaltens aufweisen. Solche „aggressiven Außenseiterreaktionen" werden von NEUMANN (1987) beschrieben.

Signalsprache

Wer das Verhalten „seiner" Gefiederten richtig einordnen und Missverständnisse vermeiden möchte, kommt nicht umhin, sich etwas eingehender mit ihren arteigenen Ausdrucksmöglichkeiten zu befassen.

Drohen

Bei allen Papageienarten gibt es grundlegende Gemeinsamkeiten in den Ausdrucksformen des Drohverhaltens, allerdings sind auch artspezifische Eigenheiten vorhanden, die sich aus unterschiedlichen Lebensweisen und unterschiedlichen Körpermerkmalen erklären. Dabei kommt bestimmten physischen Merkmalen bestimmter Papageienarten, wie zum Beispiel den Kopfhauben der Kakadus eine, vielleicht sogar ausschließliche, Bedeutung im agonistischen Ausdrucksverhalten zu.

Eine klare Abgrenzung des Droh- vom Imponierverhalten kann nur im situationsbezogenen Zusammenhang und bei Kenntnis der oft geringen Variationen der Ausdrucksformen vorgenommen werden. Beide Verhaltensweisen sind durch ähnliche oder gleiche Elemente des Ausdrucks gekennzeichnet und ihre Nutzung innerhalb verschiedener Funktionskreise des Verhaltens und in teilweise entgegen gesetzter Absicht lässt eine von Situationszusammenhängen losgelöste Beschreibung nicht zu. Zu betrachten sind neben der im Mittelpunkt der Beobachtung stehenden Verhaltensweise immer auch weitere Verhaltenselemente, die oft erst in bestimmten Kombinationen und Abfolgen klare Zuordnungen ermöglichen. So ist, um ein anschauliches Beispiel zu nennen, das Sträuben des Kopfgefieders bei Amazonen nicht exklusiver Bestandteil des Drohverhaltens, sondern kann auch Ausdruck freudiger Erregung sowie Aufforderung zur gegenseitigen Gefiederpflege sein. Teile des beim Drohen gezeigten Ausdrucksverhaltens treten durchaus auch bei Zuständen positiver und freudiger Erregung auf. BENSEL (2003) hat die Notwendigkeit der genauen Beobachtung zur Analyse nicht-stimmlicher Ausdrucksformen des Verhaltens treffend verdeutlicht: „Körpersprache lässt sich nur analysieren, wenn man ausreichende Kenntnisse über den Sender, seine Eigenheiten und über den Kontext der Situation besitzt. Aussagekräftiger wird die nonverbale Botschaft, wenn man auf den Gesamteindruck achtet, beispielsweise die Häufigkeit der Bewegungen oder nach anderen Mustern im Verhalten sucht."

Am Beispiel des Aufsträubens von Kopf- und Nackengefieder bei Amazonen ist die Multifunktionalität dieser Ausdrucksform anschaulich zu beschreiben. Soll ein Artgenosse zur Gefiederpflege animiert werden, so wird das Aufsträuben meist mit einer leichten Schräghaltung des Kopfes und Dehnung der Kopfpartie nach unten kombiniert. Wird das Verhaltenselement in agonistischer Funktion des Drohens oder Imponierens eingesetzt, kommt ein Auffächern des Schwanzgefieders und ein Zusammenziehen und Erweitern der Pupillen in rascher Abfolge hinzu.

Drohen setzt per se ein Ziel voraus: es muss zumindest ein Empfänger vorhanden sein, an den sich die Drohsignale richten. Das Zusammenwirken von Sender, Adressat und Signal verleiht dem Ausdrucksverhalten erst einen Sinn, wenn im Anschluss eine Reaktion folgt und damit ein Austausch von Aktion und Reaktion.

Drohen, das in gestischen oder akustischen Elementen in schablonenartig reduzierter, also ritualisierter Weise gezeigt wird, ist eine typische Form der Signalsprache, die dazu dient, direkte und mit Kosten (englisch „costs") verbundene Aktivitäten zu vermeiden. Es zielt darauf ab, das Verhalten des Adressaten beispielsweise durch Unterwerfung oder Flucht zu ändern.

Signalhandlungen stellen in der Definition von MAYNARD SMITH und HARPER (2003) eine eigenständige Art des Verhaltens dar, sofern sie das Adressatenverhalten ändern („[...] which alters the behaviour of other organisms [...]"), sich aufgrund dieser Auswirkung entwickelt haben („[...] which evolved because of that effect [...]") und effektiv sind, weil sich die Erwiderung des Empfängers ebenfalls entwickelt hat („[...] which is effective because the receiver's response has also evolved [...]").

Das richtige Einordnen papageiischer Verhaltensweisen, die in verschiedenen Kontexten, Variationen und Intensitäten gezeigt werden, setzt gute Kenntnisse des Normverhaltens und exakte Beobachtung voraus. So ist auch ein umfassendes Wissen um die Signalsprache der jeweiligen Art der Schlüssel zum Begreifen und Einordnen der Körpersignale von Papageien innerhalb des agonistischen Verhaltens. STAUDACHER (2005) schreibt treffend: „[...] wenn das Inventar des Signalisierens einer Tierart bekannt ist, dann sind auch die Ensembles, in denen es vorkommt, bekannt. Einem Feldforscher stehen damit hilfreiche Heuristiken zur Verfügung, um im Einzelfall ein Signalisieren festzustellen, denn außer dem Inventar des Signalisierens verfügt er über „ausgezeichnete Verhaltensweisen“. Der Begriff zeichnet zwei Verhaltensweisen aus – das Senderverhalten und das Adressatenverhalten – die er mit empirischen Methoden beobachten kann.“

Inkakakadus mit aufgestellter Haube.

Das Drohverhalten der einzelnen Arten

Kakadus: Die Angriffsbereitschaft und damit auch das Drohverhalten nehmen proportional zum Fortpflanzungstrieb zu. Drohverhalten mit geringer Intensität zeigt sich durch leichtes Abstellen des Flügelbugs, Auffächern des Schwanzgefieders und schwankende bis pendelnde Körperbewegungen. Die pendelnden Bewegungen sind laut DIEFENBACH (1982) als „ritualisiertes Angriffs- bzw. Fluchtverhalten zu deuten“. Bei gesteigertem Drohverhalten kommt es zu stärkeren Pendelbewegungen und Körperdrehungen als Präsentation der Überlegenheit. Auch hier zeigt sich die Andeutung von Angriff und Flucht durch das Hin- und Wegdrehen des Körpers zum oder vom Kontrahenten.

Eine Besonderheit des Drohverhaltens von Kakadus ist das „Schnabelklappern“. Die Geräusche werden durch das Schlagen des Oberschnabels gegen den Unterschnabel erzeugt. Bei den sehr großen Palm- oder Arakakadus (*Probosciger aterrimus*) wird sowohl von männlichen als auch von weiblichen Tieren das gleiche Droh- und Imponierverhalten gezeigt und schon noch nicht geschlechtsreife Jungvögel dieser Art bedienen sich dieses Signals. Die Funktion dieses Verhaltens im Rahmen agonistischer Verhaltensweisen wird von Kakaduhaltern jedoch sehr kontrovers diskutiert (Kakadu-Info, 2006). Des Weiteren ist das im Englischen als „Heraldic Display“ bezeichnete Signal zu nennen. Dabei handelt es sich um eine Ausdrucksform des Drohens, die nach ROWLEY (1990) beim Rosakakadu am besten mit einem mehrfach wiederholten „Verbeugen“ zu beschreiben wäre.

DIEFENBACH (1982) beschreibt die Eigenheiten des Drohverhaltens beim Palmkakadu: „Die Tiere bringen den Kopf dabei in Höhe des Sitzastes und verdrehen ihn so, dass die Federhaube nach unten zeigt. Knurrende Laute werden dabei ausgestoßen; die stark rot gefärbte Wangenhaut zeigt dabei den Erregungszustand der Tiere an.“ Weiter schreibt er von einem Absträuben des Körpergefieders und rhythmisch stampfenden Fußbewegungen. Die Präsentation der leuchtend roten Wangenflecken des Palmkakadu im Rahmen des Droh- und auch des Balzverhaltens wird ebenso von MURPHY und MURPHY et al. (2003) beschrieben.

Eine weitere Besonderheit des Drohverhaltens beim Palmkakadu stellt das Trommeln mit eigens präparierten Holzstücken dar (STEPNELL und DALBY, 1989). Bemerkenswert ist hierbei auch die Werkzeugnutzung.

Von Inkakakadus (*Cacatua leadbeateri*) wird berichtet, dass sie allgemein innerhalb der Art

Links: Imponierverhalten beim Molukkenkakadu.

Rechts: Gelbbrustara mit leicht gesträubtem Kopfgefieder.

streitlustig sind. IMMELMANN (1983) nahm bereits sehr früh an, dass innerhalb der Inkakakadu-Gruppen eine Rangordnung präsent sei. Die Vögel drohen durch Aufstellen ihrer überaus imposanten Kopfhaube und Abspreizen der Flügel, wobei die lachsrote Unterseite sichtbar wird.

Vom kleinen Gelbhaubenkakadu (*C. sulphurea*) ist bekannt, dass er zur Drohung fauchende Laute von sich gibt und dabei die Haube aufstellt. Beim großen Gelbhaubenkakadu wird zusätzlich ruckhaftes Hin- und Herpendeln des Kopfes als Drohsignal beschrieben (DIEFENBACH,1982). Extremes Abspreizen des Kopfgefieders bei gleichzeitigem Aufstellen der Haube ist beim Weißhaubenkakadu (*C. alba*) zu beobachten (DIEFENBACH, 1982).

Das von anderen Papageienarten bekannte Erweitern und Verengen der Pupillen (Blitzen) scheint bei Kakadus als Ausdruck des Drohens nicht vorzukommen. Eine Ursache könnte sein, dass die meisten Kakaduarten über eine dunkle Iris verfügen und somit Pupillenverengungen vom Gegenüber nicht wahrgenommen würden.

Aras: Für Aras ist in erster Linie das sogenannte Frontaldrohen beschrieben. Hierbei wird das seitliche Kopf- und das Stirngefieder abgespreizt. Die Flügel werden abgewinkelt und dem Kontrahenten wird der gesenkte Kopf entgegengehalten. In dieser Stellung verharren die Vögel dann längere Zeit unter Fixierung des Gegners (POWER, 1966). Das Anblicken des Gegners gilt beim Großen Soldatenara (*Ara ambigua*) als Ausdruck des Drohverhaltens. Hyazintharas (*Anodorhynchus hyacinthinus*) und der wenig bekannte Lear's Ara (*Anodorhynchus leari*) verfügen über auffällige gelbe Zungenstreifen. KÜNNE (1993) vermutet eine Funktion dieser Färbung im Rahmen des Drohverhaltens, weil beide Arten gerne mit geöffnetem Schnabel drohen. Die Drohwirkung könnte durch die Signalfärbung verstärkt werden. Sonst zeigt der Hyazinthara ein für alle Aras typisches Drohverhalten, das auch schon von Jungtieren in spielerischer Form praktiziert wird. So schreibt LEPPERHOFF (2006): „Der junge Hyazinthara knurrt leise, sträubt besonders die Nacken- und Kopffedern."

Beim Gelbbrustara scheinen die Hautpartien der nackten unteren Wangenregion auch als Anzeiger für erhöhte Erregung zu dienen. Im Normalzustand sind diese Partien weißlich, beim Drohen tritt eine rötliche Färbung ein. Für den Blaulatzara (*Ara glaucogularis*) gilt das Gleiche (HOPPE, 1992).

Amazonen: Bei allen Amazonen sind Zustände der Erregung, die oft dem Drohverhalten voraus- und dann mit diesem einhergehen, an der Kontraktion der Pupillen zu erkennen. Die Pu-

Verschiedene Stufen des Drohverhaltens bei Blaustirnamazonen.

pillen werden im Wechsel verengt und erweitert. Dieses „Augenspiel" ist zwar bei fast allen Papageienarten zu beobachten, bei Amazonen jedoch besonders ausgeprägt. HOPPE (1981): „Sehr extrem ist bei der Grünwangen-Amazone die Verengung der Pupille bis auf Stecknadelgröße, wobei die orangefarbene Iris leuchtend hervortritt." Extreme Verengungen und Erweiterungen der Pupille als begleitende Ausdrucksformen des Drohens gibt es nach eigenen Beobachtungen aber ebenso bei anderen Amazonenarten.

Weißstirnamazonen (*A. albifrons*) führen nach DE GRAHL (1990) wiegende Körperbewegungen aus und geben dabei „zischende Geräusche von sich" (DE GRAHL,1990). Das Abspreizen (Aufrichten) des Kopf- Nacken- und Wangengefieders ist bei allen Amazonen ein Ausdruck des Drohens. Ein fächerartiges Aufstellen des Nackengefieders wird von HOPPE (1981) für die Grünwangenamazone geschildert. Auch bei der Taubenhalsamazone gehört ein sehr ausgeprägtes Abspreizen der Nackenfedern zum Inventar der Drohgebärden (PINTER, 1979).

ARMSTRONG (1947) betonte die Bedeutung von Drohrufen zur Aufrechterhaltung dominanter Positionen. FERNANDEZ-JURICIC et al. (1998) zeichneten Lautäußerungen von Blaustirnamazonen in Droh- und Kampfsituationen sonografisch auf. Die Droh- und Kampfrufe bewegen sich in Frequenzen zwischen 2500 und 3800 Hz und werden mit „Waah»-Lauten umschrieben.

WEINHOLD (1998) konnte in einer Volierengruppe von Blaustirnamazonen (*A. aestiva*) beobachten, dass das Unterbauch- und Beingefieder als Drohsignal und Dominanzindikator stark abgestellt wurde. Aufstellen des Gefieders im Scheitel-, Nacken- und Wangenbereich sowie Auffächern der Schwanzfedern bei meist gleichzeitiger Lautgebung sind innerhalb aller Amazonenarten Ausdrucksformen des Drohens. Die Lautäußerung wird bei vielen Amazonenarten mit Schnabelhacken in Richtung Gegner verbunden, wobei es zu keiner Berührung kommt. WEINHOLD (1998): „Befreundete Individuen fallen in der Regel mit in das Gezeter ein." Diese Verhaltenskomponente könnte man mit „Drohzetern" umschreiben. WEINHOLD schreibt, dass dieses als Form „kooperativer Aggression" oft „durch das Drohputzen (Putzen im Übersprung) kurzzeitig unterbrochen bzw. beendet" werde.

Graupapageien: Auch bei den Graupapageien zeigt sich Drohverhalten und damit einhergehende Erregung im Verengen und Erweitern der Pupillen. De Grahl (1990) merkt an: „Auch das Sträuben der Nackenfedern zeigt nichts Gutes an, und man sollte dann keinen Finger riskieren." Weiter wird für Graupapageien ein ähnliches Verhalten wie beim Frontaldrohen der Aras und Amazonen beschrieben.

Eine Besonderheit des Drohverhaltens von Graupapageien ist, dass sie ihr gesamtes Körpergefieder, vor allem die Rückenpartien, derart aufplustern, dass sie fast wie ein runder Federball aussehen. Das Abspreizen des Gefieders „im Bauch-, Rücken- und Kopfbereich" beim Graupapagei wird von Luft (1994) „als schwaches innerartliches Signal" gewertet, „das dem Artgenossen den erhöhten Erregungszustand des betreffenden Tieres deutlich macht".

Übergänge zwischen Droh- und Angriffsverhalten

Der tatsächliche Angriff im Rahmen innerartlicher Auseinandersetzungen ist bei Papageien, wie bei fast allen Tierarten, stets die ultima ratio, das letzte Mittel. Als ebenso bedeutsame und gleichberechtigt zu wertende Motivation zum Drohen muss die Einschüchterung des Kontrahenten gelten, als Strategie, direkte und mit Beschädigungsrisiken verbundene Angriffe zu vermeiden. Drohen als zwangsläufiger und einziger Weg zum Angriff wäre funktionslos und entbehrlich. Es dient immer auch dazu, direktes Angriffsverhalten zu umgehen.

Es ist bei Papageien häufig zu beobachten, dass sie durch beispielsweise Flucht oder Aufgabe des Gegendrohens Konflikte vermeiden. Erst wenn Drohverhalten auf einem niedrigen Level nicht zum Erfolg führt, steigern sie die Ausdrucksformen des Drohens, was zuweilen in direktes Attackieren der Kontrahenten mündet. Die Abstufungen des Drohverhaltens orientieren sich immer an der Reaktion des Gegenspielers.

Versucht man die Frage zu beantworten, wozu sich solch ein ausgeklügeltes und komplexes System ritualisierter Drohelemente entwickelt hat, das von jedem Artgenossen verstanden wird, kann die Antwort nur lauten: um ein soziales Gefüge aufrechtzuerhalten, ohne sich in ständig wiederholenden, ernsten Auseinandersetzungen zu erschöpfen. Die stammesgeschichtlich entwickelte Ritualisierung aggressiver Verhaltensweisen hat sich als nützlich erwiesen, mit dem klaren Ziel, Beschädigungen und Tod zu vermeiden. Lorenz (1983) spricht in diesen Zusammenhängen von „moralanalogen Verhaltensweisen".

Führt das ursprüngliche Drohen trotz mehrerer Wiederholungen nicht zum Erfolg, wird es ausgeweitet und intensiviert. Auch dafür stehen allen hier behandelten Papageienarten gemeinsame und je nach Art variierende Ausdrucksformen zur Verfügung. Eigentliches Angriffsverhalten, das sich durch eine Intensivierung des Drohverhaltens ankündigt, unterliegt bestimmten Spielregeln und Ausdrucksweisen.

Beim sogenannten aggressiven Schreiten steuert der Vogel in versetztem Gang, einen Fuß immer quer zum anderen setzend, meist auf den Kontrahenten zu. Es ist aber auch zu beobachten, dass dieser Angriffsgang auf oberhalb des Kontrahenten positionierten Ästen ausgeführt wird. Dabei kommt es meist gleichzeitig zur Auffächerung des Schwanzgefieders, zum Abspreizen der Flügel und Kontraktionen der Pupillen, zum Blitzen.

Führt dies nicht zum Erfolg, der sich darin zeigt, dass sich der Gegenspieler entweder wegbewegt, also flieht oder seine Unterlegenheit akzeptiert, indem er beispielsweise das Gegendrohen aufgibt oder, wie bei einigen Arten zu sehen, durch bestimmte Ausdrucksformen beschwichtigt oder einlenkt, können direkte Attacken, aber auch Übersprungshandlungen oder Umadressierungen des Verhaltens die Folge sein. In Bezug auf Kakadus schreibt Diefenbach (1982): „Häufig sind die Übergänge fließend, Aggressionstrieb und Fluchttrieb als Antagonisten führen zu einem inneren Konflikt, der sich im Verhalten der Kakadus widerspiegelt." Auch die direkte Attacke vollzieht sich in Abstufungen und ist an, je nach Art unterschiedliche, Spielregeln gebunden.

Angriff und Kampf bei Kakadus, Aras und Amazonen

Die Bereitschaft zu aggressiven Auseinandersetzungen ist von Art zu Art unterschiedlich hoch. Diefenbach beschreibt den Salomonen- und den Rotsteißkakadu als recht aggressive Arten (DIEFENBACH,1982). Sonst gelten Kakadus außerhalb der Balz- und Brutzeiten aber als recht tolerant. Direkte Kämpfe werden, wie bei anderen Papageienarten auch, mit Schnabel- und Krallen ausgetragen.

Schon die beachtliche Größe und Kraft des Araschnabels sowie der Krallen hat innerhalb der Art ein stark abgeschwächtes und hochritualisiertes Aggressionsverhalten gefordert, das darauf abzielen muss, den zwangsläufig mit Schädigungen einhergehenden Einsatz dieser Instrumente zu vermeiden. HOPPE (1992) schreibt zur Schnabelkraft des Hyazinthara: „Dem gewaltigen Schnabel in seiner unbändigen Kraft hält nichts stand." und führt weiter aus: „Als Fremder sollte man aber auf jeden Fall vorsichtig mit dem Vogel umgehen, niemals das Tier reizen oder in die Enge treiben, denn dann könnte der Vogel seinen gewaltigen Schnabel zur Verteidigung gebrauchen; ein Finger ist dann schnell abgebissen." PITTER und BOHN-CHRISTIANSEN (1997) beobachteten das Sozialverhalten freilebender Rotohraras (*Ara rubrogenys*). Aggressive Auseinandersetzungen waren nicht häufig und wechselten oft zu spielerischen oder sonstigen Aktivitäten. Gegenseitige Bisse in Beine oder Füße und auch in die Wangenpartien waren häufiges Mittel der Auseinandersetzung. Zu beschädigenden Kämpfen kam es nicht.

Bei Amazonen sind Angriffe durch direktes Anfliegen eines Kontrahenten oder gegenseitiges Anfliegen beider Kontrahenten zu beobachten, allerdings in der Regel nicht gegen Paarpartner. Auseinandersetzungen zwischen diesen werden meist als ritualisierte Schnabelgefechte ohne Verletzungsintention ausgeführt (WEINHOLD, 1998). Zur Häufigkeit des Anfliegens als Ausrucksform der Aggression innerhalb einer Sozietät von Blaustirnamazonen schreibt WEINHOLD (1998): „Unter partnerfremden Tieren war das Anfliegen nach dem Vertreiben die zweithäufigste Aggressionsform."

Beim Anfliegen als Ausdruck der Aggression nimmt der Vogel kurz vor dem Anflug meist eine geduckte Haltung ein und peilt den Gegner unter Kopfnicken an. Zum Gegner hin wird beim gegenseitigen Anfliegen mit den Flügeln geschlagen und versucht, den Kontrahenten mit den Krallen zu greifen. Nicht selten mündet gegenseitiges Anfliegen in Kollisionen und die Vögel fallen gemeinsam und unkoordiniert zu Boden.

Eine Blaustirnamazone peilt ihren Kontrahenten an.

Das Anfliegen eines Kontrahenten kann aber auch bei dessen Flucht zum „Hetzen" führen, welches, wenn es mehrfach wiederholt wird, dem Gehetzten mit Nachdruck deutlich macht, dass der andere Vogel überlegen ist. Angriffsverhalten wird oft durch Hacken, in milderer Form gegen die Schnabelpartien, oder aber als scheinbares Hacken ohne Körperberührung, ausgeführt. Bei eigentlichen Schnabelhieben führt der Papagei „seinen Schnabel mit einer gezielten und schnellen Bewegung an den Körper seines Kontrahenten" (WANKER, 1997). Beim Schnabelgefecht wird in schneller Folge gegenseitig nach dem Schnabel gehackt. Mit zunehmender Heftigkeit können die Schnabelhiebe in Beißhandlungen übergehen, die sich jedoch meist zunächst nicht unmittelbar gegen lebenswichtige Körperpartien richten. Gelegentlich werden dabei Federn oder ganze Federbüschel ausgerissen.

Als heftigste Variante des Angriffs ist der sogenannte Hahnenkampf zu werten, der oft in unkontrollierte und ausufernde Beschädigungskämpfe mündet. Unseres Wissens nach ist diese Form der Auseinandersetzung bei freilebenden Amazonen nicht dokumentiert. ULRICH et al. (1972) beschreiben den Hahnenkampf so: „[...]

Meist stürzen beide Vögel mit den Zehen ineinander verkrallt zu Boden und kämpfen dort in Seitenlage mit einem fahnenartig abgehobenen Flügel weiter. Alle Bewegungen werden mit größter Schnelligkeit ausgeführt und beliebig variiert. Diese Kampfhandlungen sind sicher zu einem großen Teil Beschädigungskampf, wobei meist bei beiden Partnern Spuren des Kampfes festgestellt werden.“ Es dürfte sich bei solcherart ausufernden Kämpfen, die wohl vorwiegend unter Haltungsbedingungen und hier besonders bei Amazonen dokumentiert sind, um eine Entgleisung des Normverhaltens handeln, die willkürlichen Gruppen- oder Paarzusammenstellung und den Haltungsbedingungen selbst zuzuschreiben ist und keinerlei Vorteil für Individuum und Art darstellt. TINBERGEN (1976) fragte mit großer Berechtigung: „[...] welcher Vorteil kann im Verlieren liegen?“ Er beantwortet die Frage sehr einfach und treffend so: „Die Antwort lautet, dass sich eine Aggression eben nur auszahlt, wenn man auch gewinnt, und falls man einem stärkeren Gegner gegenübersteht, ist es klüger, sich zurückzuziehen.“

Beschwichtigendes Verhalten

Alle Papageienarten verfügen über Beschwichtigungsrituale, die vor tatsächlichen Kampfhandlungen dem Kontrahenten signalisieren sollen, dass man einer ernsthaften Auseinandersetzung lieber aus dem Wege gehen möchte. Defensives und beschwichtigendes Fußheben ist ein verbreitetes Beschwichtigungssignal. Dabei werden oft zusätzlich die Zehen abgespreizt. Kakadus legen als beschwichtigende Geste die Federhauben und Scheitelfedern eng an. Das Abwenden von Kopf und Schnabel und das „Sich-Dünn-Machen“ hat bei bei den meisten beschriebenen Arten ebenfalls eine beschwichtigende Funktion. Gleiches gilt für Putzen im Übersprung und das Schließen der Augen. Streitigkeiten!!! zwischen verpaarten Papageien werden nicht selten abrupt durch gegenseitiges Kraulen und Gefiederpflege unterbrochen, bzw. beendet.

Territoriales Verhalten

> „Es ist oft schwer, einem einsamen „Stück“, sei es nun ein Adler, ein Kanarienvogel oder ein Tiger, einen Gefährten zuzugesellen. Gewöhnlich fühlt sich das alteingesessene Tier in seinem Besitzrechte des Käfigs oder Geheges bedroht und ist bestrebt, den Fremdling zu verjagen [...]“
> OSKAR HEINROTH, 1941

Eine Örtlichkeit, wo sich ein Paar oder eine homogene Gruppe befinden, wird gemeinhin als Revier bezeichnet. Zieht man die Besonderheiten des papageiischen Territorialverhaltens in Betracht, so wird plausibel, dass die herkömmlichen biologischen Begriffe für eine den Gegebenheiten entsprechende Einstufung des Territorialverhaltens von Papageien nur unzureichend geeignet sind.

HEDIGER (1984) hat die prinzipielle Notwendigkeit zu einer je nach Art sehr differenzierten Sichtweise des Begriffs Territorium so formuliert: „Der Begriff des Territoriums ist oft missverstanden worden, nämlich als ein streng umschriebenes Gebiet, das von anderen Artgenossen unter keinen Umständen betreten werden darf, es sei denn mit dem Risiko eines Kampfes auf Leben und Tod. Dieser Territoriums-Typ und das zugehörige Verhalten kommen tatsächlich vor; aber es sollte nicht vergessen werden, dass die Territorien der einzelnen Arten so verschieden sein können wie ihre Chromosomen oder ihre morphologische Erscheinung.“

Zu territorialem Verhalten außerhalb der Brut- und Aufzuchtzeiten und der Ausbildung von Revieren gibt es bei Papageien weder umfassende Betrachtungen noch verlässliche Arbeiten. LANTERMANN (1999) schreibt: „Nähere Kenntnisse zur genauen Größe von Papageienrevieren liegen bislang nicht vor [...].“ Während beispielsweise zu den Reviergrößen heimischer Rabenvögel und anderer Singvögel sehr genaue Daten verfügbar sind (DECKERT, 1968; ANDERSEN und HOERSCHELMANN, 1996), fehlen solche Angaben für Großpapageien völlig. Hier besteht erheblicher Forschungsbedarf. Im Gegensatz dazu spielen Revierbildung und territoriales Verhalten unter den Bedingungen räumlich begrenzter Haltungssysteme eine nicht unwesentliche Rolle und sind vielfach dokumentiert.

Hinsichtlich der räumlichen Bezüge des territorialen Verhaltens von Papagien, treffend auch als „raumbezogene Dominanz“ bezeichnet (FRANCK, 1997) unterscheidet man verschiedene Reviertypen.

Dauerreviere: Begrenzbare Areale, innerhalb derer sich sämtliche Lebensabläufe der jeweiligen Art vollziehen. Diese Areale werden kontinuierlich gegenüber Eindringlingen gesichert und verteidigt.

Zeitlich begrenzte Reviere: Ein Revier wird nur dann ausgebildet, wenn ein bestimmter Zweck es erfordert. Ein typisches Beispiel ist ein zu verteidigendes Areal im Umkreis der Brutstätte, wie es bei Paarrevieren von Papageien der Fall ist.

Einzelrevier: Abgrenzung von Territorien durch solitär lebende Arten, wobei lediglich ein Geschlechtspartner zur Fortpflanzungzeit und Jungenaufzucht geduldet wird.

Gruppenrevier: Ein dauerhaftes oder zeitlich begrenztes Revier einer geschlossenen, individualisierten Gesellschaft (Tiergemeinschaft/Gruppe/Verband).

Sonderformen der Revierbildung: Eine solche Sonderform stellt die Individualdistanz dar, der vom Tier beanspruchte Freiraum zwischen sich und weiteren artgleichen oder fremden Exemplaren. Die Individualdistanz oder „kritische Distanz“ ist von Art zu Art unterschiedlich und kann anlassbedingt wechseln. Eine Unterschreitung der Individualdistanz ist meist nur Geschlechtspartnern oder Gruppenmitgliedern möglich.

Erstaunlich tolerant und wenig territorial gegenüber anderen Kakaduarten und artfremden Papageien verhalten sich im Freiland brütende Inkakakadus (*Cacatua leadbeateri*). Sie brüten oft gemeinsam mit anderen Arten in einem einzigen Nistbaum.

ROWLEY und CHAPMAN (1991) fanden im gleichen Nistbaum brütende Vertreter von Rosakakadus (*Eolophus roseicapillus*), Nymphensittichen (*Nymphicus novaehollandicus*) und Kragensittichen (*Barnardius zonarius*) vor. Auffällig war aber, dass sich nie mehr als ein brütendes Paar des Inkakakadu im gleichen Baum befand. Die Brutbäume von je einem Paar der Inkakakadus waren zwischen einem und zwei Kilometer voneinander entfernt.

Von Rosakakadus ist bekannt, dass sie auch außerhalb der Brutsaison immer wieder ihre vorher genutzten Nistplätze inspizieren. Auch Braunkopfkakadus (*Calyptorhynchus lathami*) halten sich ganzjährig meist in der Nähe ihrer zuvor benutzten Nistbäume auf, ohne diese jedoch direkt anzufliegen (ROWLEY, 1990). Man könnte angesichts dieser Beobachtungen den Brutplatz als „Heim erster Ordnung“ (HEDIGER, 1942) bezeichnen, weil auch außerhalb der Brutzeiten eine konstante Bindung an einen bestimmten Ort vorhanden ist. Das Verhalten dieser Kakaduarten erinnert ein wenig an die ganzjährige Überwachung der Nester durch territoriale Brutpaare der heimischen Elster (*Pica pica*), wobei jedoch außerhalb der Brutzeiten bei den Kakadus die Intensität der Nistplatzverteidigung nicht mit derjenigen der Elster vergleichbar ist. So verteidigt die Elster auch außerhalb der Brutzeiten ihr Brutrevier zum Beispiel gegen die Aaskrähe (*Corvus corone*). Im Gegensatz zu obigen Ausführungen schreibt DIEFENBACH (1982) etwas zu pauschal und generalisierend in Bezug auf die Existenz von Territorial- und Revierverhalten bei Kakadus: „Im Schwarm ist der individuelle Freiraum der Einzeltiere klein, eine Revierbildung oder -abgrenzung ist unmöglich.“

Nacktaugenkakadus mit Jungtier im Brutbaum.

Lassen wir ganzjähriges Revierverhalten vorerst außer Betracht, so ist doch für fast alle Papageienarten während der Brut- und Aufzuchtzeiten ein recht ausgeprägtes territoriales Verhalten im Sinne der Verteidigung und des Schutzes der Nisthöhle als Zentrum des temporären Reviers, des Geleges und später der Jungvögel vorhanden.

Hoppe (1981) schreibt zur Sicherung der Niststätten durch Amazonenpapageien: „Die angenommenen Brutstätten werden gegenüber Artgenossen, die sich ebenfalls für diese Plätze interessieren, hartnäckigst verteidigt." Für die Puerto-Rico-Amazone (*Amazona vittata*), eine der am besten beforschten Arten, wird der Einsatz bestimmter Drohlaute zur Sicherung und Verteidigung der Brutplätze beschrieben. Ohne eine Konkretisierung vorzunehmen, wird in Bezug auf diese Amazonenart generell die Bedeutung bestimmter Lautmuster zur Verteidigung eines Territoriums erwähnt (Snyder et al., 1987).

Betrachtet man ganzjähriges Revierverhalten, so hängt die Ausdehnung eines Reviers maßgeblich auch davon ab, ob eine Art es sich leisten kann, standorttreu zu sein. Ist es zum Beispiel aus Gründen des gesicherten Nahrungserwerbs erforderlich, mit einer gewissen Kontinuität die Standorte zu wechseln, kann sich zwangsläufig keine Bindung an einen bestimmten Standort entwickeln. So durchqueren viele Ara-Arten auf ihren Nahrungsflügen innerhalb eines Tages Gebiete von circa 40 × 40 Kilometern. Sind die Futterbäume im Umfeld abgeerntet, verlagern sie ihren Standort in das angrenzende Gebiet. Allerdings werden auch nach sehr weiten Ausflügen gegen Abend möglichst angestammte Schlafplätze aufgesucht (Hoppe, 1992). Interessant hierbei ist, dass bei Gruppen von Lear's Aras (*Anodorhynchus leari*) vor Aufsuchen der Schlafplätze in den Canyons der Caatinga (Die Caatinga ist eine Landschaft im Nordosten Brasiliens mit etwa der doppelten Größe Deutschlands. Das Klima in dieser Region ist durch heiße und trockene Winter sowie ebenfalls heiße, allerdings regenreiche Sommermonate geprägt.) zunächst zwei bis drei Exemplare den Canyon inspizierten und der Rest außerhalb wartete, bis die Späher zu rufen begannen (Yamashita, 1987). Angestammte Schlafplätze, man könnte fast von „Schlafrevieren" reden, scheinen im Freilandverhalten eine permanente Rolle zu spielen.

Vorwiegend in den ausgedehnten Waldungen Südamerikas ansässige Ara-Arten, die nicht zu längeren Nahrungsflügen gezwungen sind, weil vor Ort während des ganzen Jahres nicht nur für Aras ein reiches Angebot an Früchten zur Verfügung steht, sind nicht zur Abgrenzung und Ausbildung von Revierverhalten zur Sicherung der Ressourcen gezwungen. Auf früchtetragenden Bäumen sammeln sich häufig Gruppen verschiedener Papageienarten. Keine der bisher vorliegenden Arbeiten zum Freilandverhalten der beschriebenen Arten lässt darauf schließen, dass Papageien ganzjährige, feste Reviere ausbilden, deren Grenzen durch Lautäußerung (analog zur Reviermarkierung vieler Singvogelarten), gestische Elemente, oder Elemente des agonistischen Verhaltens gegen artgleiche oder artfremde Eindringlinge gesichert werden.

Als sicher darf jedoch gelten, dass alle beschriebenen Papageienarten in je nach Art variierender Intensität zeitlich begrenzte Reviere ausbilden. Dies geschieht in der Regel zu Fortpflanzungs-, Brut- und Aufzuchtzeiten, wobei das Zentrum des temporären Reviers im Nistplatz zu sehen ist.

Bei Großpapageien handelt es sich beim Nistplatz je nach Art um Baumhöhlungen oder Höhlungen in Felswänden. Eine Ausnahme machen Bahama-Amazonen (*Amazona leucocephala bahamensis*) auf Abaco, die in Erdhöhlungen mit einer Tiefe von bis zu drei Metern nisten (Gnam, 1988). Welche konkrete räumliche Einheit im Umkreis des jeweiligen Nistplatzes der einzelnen Arten als dem Brutrevier zugehörig anzusehen ist, ist noch nicht bekannt.

Dialekte als Mittel der Abgrenzung

Für die Gelbnackenamazone (*Amazona ochrocephala auropalliata*) sowie für einige andere Amazonenarten konnte durch Tonaufzeichnungen bei an verschiedenen Orten ansäßigen Populationen die Herausbildung verschiedener Dialekte nachgewiesen werden. Auf dem Grundmuster des arteigenen Lautrepertoires aufbauend entwickelten sich unabhängig voneinander Variationen von Lauten und Lautfolgen.

Wright und Dorin (2001) dokumentierten mit aufwändigen Playback-Experimenten das Zusammentreffen von Gelbnackenamazonen mit nördlichem Dialekt mit solchen, die einen südlichen Dialekt nutzen, an unterschiedlichen Lokalitäten und in unterschiedlichen Zusammenhängen.

Das Duettieren von Paaren der Gelbnackenamazone als besondere Form des besitzanzeigenden vokalen Kommunizierens geschah ebenfalls im jeweiligen Dialekt.

Die unterschiedlichen Dialektgruppen reagierten aufeinander mit hochaggressiven Drohlauten, die sonst nur im Rahmen direkter physischer Auseinandersetzungen abgegeben werden. Auf fremde Dialekte reagierten die Vögel grundsätzlich aggressiver als auf den eigenen.

Die unterschiedlichen Dialekte scheinen auch und gerade zu Zeiten der Paarfindung, Paarbindung sowie Fortpflanzung ein Mittel der Abgrenzung und Sicherung zu sein, wobei diese Abgrenzung, sieht man von der direkten Umgebung des Brutrevieres ab, an keine feste Örtlichkeit gebunden ist, sondern an beliebigen Plätzen des Zusammentreffens (wie gemeinsam genutzten Schlafbäumen) stattfinden kann.

Man könnte von einem nichtörtlichen, also beweglichen Revier reden – was natürlich keinem streng-biologischen Terminus entspricht, sondern eher der oben genannten Kategorie des zeitlich begrenzten Revieres.

In Haltungssystemen

Zweifellos sind Unterschiede zwischen dem Territorialverhalten, vielleicht sollte man etwas allgemeiner von „raumbezogenem Verhalten“ sprechen, von Papageien unter den Bedingungen des Freilebens und dem in Haltungssystemen vorhanden. Sollen diese dargestellt werden sowie die Ursachen veränderten Verhaltens in Menschenobhut, müssen zunächst die Unterschiede zwischen den relevanten Lebensumständen in natürlichen und künstlichen Habitaten betrachtet werden (siehe Tabelle 5, Seite 86).

Bedeutung der kritischen Distanz

Wer die Gelegenheit hat, an Spätsommertagen große Ansammlungen von Schwalben vor ihrem Abflug gen Süden auf Überlandleitungen sitzen zu sehen, wird bemerken, dass die Vögel zwar wie an einer Schnur aufgereiht auf den Leitungsdrähten hocken, jedoch immer stets in etwa ein gleicher Abstand zwischen jedem Exemplar vorhanden ist. Beobachtet man eine Weile, so sieht man, dass gelegentlich einige Exemplare anderen näher rücken, was jedoch sogleich in ein kurzes Auffliegen und Wiederherstellen des ursprünglichen Abstandes mündet.

Schwalben vor dem Abflug.

Tabelle 5: Vergleich der Bedingungen des Freilebens mit denjenigen in Haltungssystemen.

	Freileben	Haltungssystem
Lebensraum/räumliche Ausdehnung	nur durch natürliche Barrieren (z. B. Gebirgszüge, klimatische Gegebenheiten etc.) begrenzt/genutzte Areale je nach Art bis zu 40 Quadratkilometer/saisonale Flüge und Teilzüge auch über weitere Distanzen	umschlossene Räumlichkeiten/ oft genutzte Haltungssysteme Kleinvolieren (Standardmaße $2 \times 1 \times 2$ m) und Käfige/in Privathaltung selten geräumigere Volieren
Sozialstruktur	artgleiche Gesellschaften/ „gewachsene" Sozietäten/ Paare, Familienverbände, homogene Gruppen, Schwärme/verteilte Alters- und Geschlechtsstruktur	verbreitet immer noch Einzelhaltung/oft willkürliche Zusammenstellungen und nicht artgleiche Gruppen/Alters- und Geschlechtsstruktur zufällig/Beziehung Mensch-Tier vielfach dominierend
Habitatstruktur	je nach Art variierend/ zusammenhängende Waldungen, Bäume, Sträucher, Offenland, Felsen, stehende und fließende Gewässer	Käfig- und Voliereneinrichtung/meist horizontal angebrachte Sitz- und Kletterstangen/ Wassernapf, Wasserschale/kaum variabel/ vielfach Mangel an Deckung und Rückzugsmöglichkeiten
Essentielle Aktivitäten (Auswahl)	aktive Nahrungssuche (teilweise längere Nahrungsflüge/aktive Nistplatzsuche/ Wachsamkeitsleistungen/ Brut- und Aufzucht/Nistplatzsicherung	konstante Darreichung der Nahrung durch Halter/Verfügbarmachung von Nistkästen bei Zuchtabsicht/keine Prädation/Leerlauf
Brut und Aufzucht	von menschlichen Einflüssen frei	vielfach Kunstbrut und Handaufzucht

Papageien besitzen wie die meisten anderen Tierarten auch, eine, ihrer eigenen Physis zugeordnete Distanzzone, ein bewegliches Revier sozusagen, auch Individualdistanz genannt, deren Unterschreiten in der Regel nur bestimmten Exemplaren zu bestimmten Zeiten und Anlässen ohne Folgen möglich ist.

Einer der gravierendsten Unterschiede zwischen den Bedingungen des Freilebens und den Bedingungen der Haltung in menschlicher Obhut besteht in der Einengung der Bewegungsfreiheit und daraus resultierend und in je nach Haltungssystem unterschiedlicher Ausprägung gehäuften Tangierungen und Unterschreitungen der „Kritischen Distanzen".

Dies kann sowohl durch artgleiche als auch artfremde Vögel und/oder Menschen geschehen. Im Freileben ist eine Unterschreitung der Individualdistanzen in der Regel nur Geschlechtspartnern, vertrauten Gruppenmitgliedern innerhalb eines homogenen Gruppengefüges und Jungtieren ohne Auslösung von Gegenreaktionen erlaubt. Gegenreaktionen, oder abgemildert: Intentionsbewegungen in Richtung des die Distanz unterschreitenden Exemplars können im Freileben jederzeit durch Wegbewegen umgangen werden.

Bei im Rahmen von Paarfindung und Rangordnung intensiver, aber auch hier meist ritualisiert ausgetragenen Auseinandersetzungen (Kommentkämpfe), besteht im Freileben ebenfalls die jederzeitige Möglichkeit, sich zu entfernen und damit gleichzeitig zu zeigen, dass eine unterlegene Position akzeptiert wird. Je geringer der Raum in einem Haltungssystem und je inhomogener ein Paar- oder Gruppengefüge ist, desto häufiger wird es zu Unterschreitungen der Individualdistanzen kommen. Das Fehlen von Ausweichmöglichkeiten lässt ein sich Wegbewegen nur auf zu kurze Distanz zu und das Nachsetzen überlegener Exemplare wird herausgefordert. Zwangsläufig nehmen Häufigkeit und Intensität von Auseinandersetzungen zu. Es kommt, wie vielen Berichten zu entnehmen, eher zu beschädigenden Streitereien, die schlicht der Verzweiflung entspringen, dem Kontrahenten nicht ausweichen zu können. Im Englischen ist hierfür der bildliche Vergleich „fighting like a cornered rat" (kämpfen wie eine Ratte mit dem Rücken an der Wand) geläufig.

Hediger hat diese Unausweichlichkeit aggressiven Verhaltens als „kritische Reaktion" bezeichnet (in: Lorenz, 1963). Dem unbedarften Beobachter mag sich solches Verhalten zwar wie die Verteidigung eines Territoriums darstellen, doch die Motivation zu diesem Verhalten ist nur sekundär mit der Verteidigung eines Territoriums begründbar. Solches von Haltern häufig als Revierverteidigung beschriebenes und als Problem – was es auch tatsächlich sein kann – empfundenes Verhalten, resultiert zweifelsfrei aus beengten Haltungsumständen. Weiter ist zu bedenken, dass oft durch räumliche Begrenzungen ein Wechsel zwischen Flucht und Aggression nicht oder nur unzureichend möglich ist und die Wahrscheinlichkeit eskalierender Auseinandersetzungen zunimmt. Den einzig territorialen Aspekt dieses Verhaltens könnte man so definieren, dass die Individualdistanz des Tieres, sein persönlichstes Revier also, verteidigt wird und zwar mit zunehmender Heftigkeit, je enger die Situation.

Die fast unbegrenzte Freiheit des Regenwaldes als Lebensraum vieler Papageienarten.

Die vom Vogel als kritische Distanz empfundene Annäherungsgrenze kann nur durch umfassende Beobachtung in verschiedenen Situationen und Zusammenhängen eingeschätzt werden.

Diese Grenzen variieren zum Beispiel während Balz-, Paarungs- und Brutzeiten und der Jungenaufzucht. Sie überschneiden sich während dieser Zeiten mit Revierverhalten, das im Sinne der Absicherung eines bestimmten Terrains gezeigt wird.

Individualdistanz und der Mensch

Nun wird manch ein Halter entgegenhalten, dass er sich ohne weiteres seinem Vogel nähern, ja ihn sogar auf die Hand nehmen könne, ohne dass von einer Unterschreitung der Individualdistanz, einer Fluchtreaktion oder gar einer aggressiven Reaktion etwas zu bemerken sei. Die Erklärung dafür ist eben so einfach wie einleuchtend: Der auf den Menschen fixierte Vogel – oft aus Handaufzucht – betrachtet den Halter als einzig verfügbaren Art- und, je nach Alter des Vogels, Geschlechtsgenossen. Analog zur vielbeschriebenen Vermenschlichung von Papageien könnte man aus der Gegenperspektive von einer „Vertierlichung" des Menschen durch den Vogel („Zoomorphismus") sprechen. Hediger (1984): „Diese Verwandlung kann sehr weit gehen, bis zur totalen Angleichung, d.h. das zahme Tier kann schließlich im vertrauten Menschen einen regelrechten Artgenossen sehen und ihn konsequent als solchen behandeln."

Der hauptsächliche Bezugsmensch ist aus papageiischer Sicht ein Tier der Kategorie, welches die Individualdistanz ungestraft unterschreiten darf. Jedenfalls sind die Unterschiede des raumbezogenen Verhaltens von Papageien in menschlicher Obhut zu dem im Freiland, welches sehr verallgemeinernd häufig als „Revierverhalten" zusammengefasst wird, zu allererst im Haltungssystem selbst und dem im Freiland fehlenden, engen Mensch-Tier-Verhältnis begründet.

Etwas anders stellt sich die Situation dar, wenn sich ein nicht als Bezugstier angesehener Mensch dem Papageienvogel, seinem „Behältnis" oder bei Wohnungsfreiflug einem bestimmten Bereich unterhalb einer gewissen Distanzschwelle nähert. Nicht selten wird dann der zur Unterschreitung der kritischen Distanz „nicht berechtigte" Mensch mit aggressiven Attacken und teilweise schmerzhaften Bissen darauf hingewiesen, diese zu respektieren. Halter quittieren dies häufig mit den erklärenden Worten „Er verteidigt sein Revier", was den Gegebenheiten jedoch nur unzureichend gerecht wird.

Wird einem Einzelvogel ein Partnervogel hinzugesellt, was bei starkem Menschenbezug durchaus schwierig sein kann, so wird der alteingesessene Vogel im besten Fall seine vormals problematische Vertrautheit zum Halter aufrechterhalten. Doch er wird ihn, seinen biologischen Bedürfnissen entsprechend, nicht weiterhin als uneingeschränkt verfügungsberechtigt ansehen und die Unterschreitung der Individualdistanz nicht mehr in jeder Situation zulassen.

Wird der zugesellte Vogel als Geschlechtspartner erkannt und angenommen, sieht der Halter dies auch daran, dass die gegenseitigen Individualdistanzen der beiden Vögel geringer werden, vor allem weil sexuell motivierte Verhaltenselemente der Paarfindung, Paarbindung wie bei der gegenseitige Gefiederpflege die Interaktionen bestimmen.

Unterschreitungen der kritischen Distanz durch den Bezugsmenschen, die zuvor in fast jeder Situation geduldet wurden, treffen gehäuft auf weit weniger Gegenliebe, als zuvor. Allzu intensive Versuche der Annäherung und der ständigen Unterschreitung der Individualdistanzen durch den Halter können nach erfolgreicher Verpaarung oder Vergesellschaftung zu ständigen Konfliktsituationen führen, weil die Vögel Unterschreitungen der kritischen Distanzen des jeweiligen Artpartners meist gegenseitig mit großem Misstrauen, nicht selten sogar mit intervenierenden Attacken gegen den betreffenden Mensch beantworten.

Zu Gunsten einer funktionierenden und konfliktfreien Tier-Tier-Beziehung ist es auf jeden Fall empfehlenswert, den Menschenbezug auf ein vertretbares Maß zu reduzieren, auch deshalb, weil das vormalig einzeln gehaltene Bezugstier sonst im Zwiespalt zwischen Artpartner und Mensch wäre. Aus einem solchen ständigen Hin und Her zwischen Artpartner und Mensch können in der Folge Übersprungshandlungen resultieren, die sich als dem Mensch und Artgenossen gegenüber unsinnig erscheinende aggressive Verhaltenselemente äußern.

Jeder Halter zweier oder mehrerer Papageien wird die Erfahrung gemacht haben, dass die intensivierte Annäherung an einen der Vögel beim Partnervogel Beunruhigung hervorruft und je nach Art, Individualität und Haltungssy-

Mangelnde Distanz

Mit territorialem Verhalten im weitesten Sinn zusammenhängende Probleme zwischen Halter und Papageien entstehen oft dadurch, dass Papageien konstant in das menschliche Lebensumfeld wie Küche, Wohnzimmer – manchmal sogar Schlafzimmer – integriert werden. Diese Distanzlosigkeit nimmt sowohl den Papageien als auch den Haltern notwendige Ruhe- und Rückzugsräume. So werden Konflikte vorprogrammiert. Dies gilt speziell für die zu Balz- und Paarungszeiten bei Papageien generell gesteigerte Aggression. Eigens für die Papageien reservierte Bereiche wie Volieren und Vogelzimmer bieten die beste Gewähr zur Vermeidung solcher Probleme. Mit Menschen vertraute Papageien werden Besuche in den für sie bestimmten Haltungssystemen nicht nur tolerieren, sondern in der Regel genießen.

stem mit Unruhe bis hin zu einem Verhalten, welches regelrecht als Verteidigung der Individualdistanz des Artgenossen bezeichnet werden könnte, beantwortet wird. Mangelt es zudem an Möglichkeiten, sich zurückzuziehen, kann der Vogel seiner natürlichen Fluchttendenz als Reaktion auf bedrohlich, unangenehm oder unerwünscht eingestufte Situationen nicht folgen, weil im wahrsten Sinn des Wortes kein Raum gegeben ist. Hierzu schreibt HEDIGER (1984): „Flucht ist etwas durchaus Primäres. Wo sie fehlt, handelt es sich immer um eine sekundäre Situation, um eine Abweichung vom Urzustand, also vom natürlichen Verhalten. Solche Abweichungen sollte man also kennen, wenn es darum geht, tierisches Verhalten [...] richtig zu beurteilen.“ Es sollte allerdings der Hinweis nicht fehlen, dass Fluchtdistanz und Individualdistanz zwar gewisse Übereinstimmungen und Gemeinsamkeiten zeigen, doch zwei getrennte Verhaltensfunktionen darstellen, die sich in Anlass und Auswirkung überschneiden können, es aber nicht zwangsläufig müssen. Die Individualdistanz zeichnet sich meist dadurch aus, dass sie geringer ist als die Fluchtdistanz. Die Unterschreitung der Individualdistanz hat in erster Linie Abwehr (Aggression) zur Folge, während die Unterschreitung der Fluchtdistanz – so sie denn möglich ist – in eine Flucht mündet. Speziell unter räumlich unzureichenden Haltungsbedingungen sind Überschneidungen und Verschränkungen dieser Verhaltenskomponenten erkennbar.

Territorium und Gewöhnung

> „Ein alter Käfigvogel, der jahrelang aus derselben Futterschüssel gefressen hat, kann verhungern, wenn diese zerbrochen wird und nun von ihm erwartet wird, dass er aus einem anderen Gefäß fresse.“
> KONRAD LORENZ, 1973

Das von LORENZ angeführte Beispiel beschreibt anschaulich, welche Kraft das Verhaftetsein in Gewohnheiten besitzen kann und wie diese zuweilen sogar verhindert, dass selbst existenzielle Bedürfnisse befriedigt werden.

Aber auch in weniger drastischer Form ist der Einfluss der Gewöhnung auf das Verhalten von Papageien in seiner Gesamtheit, einschließlich des raumbezogenen Verhaltens nicht zu unterschätzen. Hierzu ein Beispiel aus der eigenen Erfahrung: Ein Familienverband von Venezuela-Amazonen (*Amazona amazonica*) – zwei Altvögel, drei halbjährige Jungvögel – gehalten in einem mit Ästen und sonstigen Klettermöglichkeiten ausgestatteten großen Raum mit in gedeckter Farbe getünchten Wänden, reagierte beim Betreten durch eine akzeptierte Bezugsperson ohne erkennbaren Anlass mit plötzlicher Zurückhaltung und Scheu. Die Ursache war schnell erkannt. Die einzige Änderung, die zu dieser Reaktion hatte führen können, bestand darin, dass die weibliche Pflegeperson ihre Haarfarbe von einem dezenten Brünett-Ton zu kräftigem Rot gewechselt hatte. Dieser Farbeindruck war in der Farbpalette dieser Amazonen bisher nicht enthalten. Die Änderung eines Parameters wie hier der Farbe bei sonst gleich bleibender Form, Oberflächenstruktur und Bewegungsweise eines sporadisch im Umfeld der Amazonen auftauchenden Bezugsobjektes hatte also unmittelbare Auswirkungen auf das Verhalten der Vögel. Diese Beobachtung wurde bestätigt, denn das Präsentieren von Holzklötzchen mit grellroter Färbung rief die gleiche Reaktion hervor. Das Fehlen der grellroten Farbe im Lebensumfeld der Amazonen führte beim erstmaligen Auftauchen zu einer Reaktion, die am ehesten mit Scheu zu bezeichnen ist, während neue Objekte in Farbtönen, die der Wahrnehmung von Anfang an zugänglich, die die Tiere also gewohnt waren, nicht mit solchen Reaktionen beantwortet wurden.

Von Graupapageien ist bekannt, dass sie von allen Großpapageien wohl am sensibelsten auf ungewohnte Gegenstände in ihrem Umfeld ansprechen. So konnte die Autorin während ihrer mehrjährigen Tätigkeit für das Institut für Papageienforschung (IPF, Oberhausen/Testerberge) in der institutseigenen Volierenanlage wiederholt beobachten, dass Graupapageien grundsätzlich auf neu angebrachte Sitzäste damit reagierten, dass sie auf den Volierenboden und entfernte Volierenabtrennungen (Gitter) auswichen und sich erst nach und nach an die Veränderungen gewöhnten. Ergänzend und exemplarisch dazu ein anonymer Beitrag aus einem der Internet-Austauschforen: „Eine Bekannte von mir hat einen Graupapagei, der extrem ängstlich auf alles Neue [...] reagiert. Das geht so weit, dass er das Eck im Käfig, in dem das neue Ding hängt nicht mehr betritt. Er würde auch lieber verhungern als unbekanntes Obst zu essen. [...] Sie hat das neue Zeug schon mehrere Tage im Käfig gelassen aber irgendwann wieder rausgenommen, weil ihr der Vogel leid tat, da er so verängstigt im Käfig saß. [...]" (Vogelforen, 2005).

Speziell in Haltungssystemen, deren räumliche Ausdehnung und Struktur selten – und dann auch meist nur geringfügig – verändert wird, entwickeln Papageienvögel einen regelrecht gewohnheitsmäßigen Bezug zu Raum und Interieur und dies umso intensiver, je länger sie in insgesamt gleich bleibenden Systemen verweilen.

Aus Gewohnheit sich manifestierendem, dem eigentlichen – aus biologischen Notwendigkeiten resultierenden – Territorialverhalten in Ausprägung und sichtbarem Verhalten analoges Revierverhalten dürfte ein spezielles Charakteristikum des Verhaltens von Papageien in menschlicher Obhut darstellen. Zu beachten ist im Rahmen dieses Verhaltenskomplexes natürlich auch die Komponente des „Gruppe-Raum-Bezuges". Ein einzeln gehaltener Papagei wird stets das komplette Haltungssystem (Käfig, Voliere) für sich beanspruchen können, während bei mehreren die Gruppendynamik beeinflusst, welche Exemplare eine sichtbare Raumdominanz ausüben, indem sie in bestimmten Situationen und zu bestimmten Anlässen konkret umschreibbare Bereiche durch Revierverhalten belegen. LANTERMANN (1993): Die Papageien „[...] müssen sich ihren künftigen Lebensraum Stück für Stück erschließen und dabei bestimmte „Territorien" und hierarchische Strukturen innerhalb der Volierengemeinschaft festlegen."

Wie gravierend sich Änderungen im gewohnten Umfeld auf Vögel auswirken können, beschrieb BRAUN bereits im Jahr 1910 in Bezug auf das Gewohnheitsverhalten einer alten Amsel so: „Dieser Vogel erschien schon völlig zahm, als ein anderes Dienstmädchen die Reinigung meiner Wohnung übernahm. Es gebärdete sich dabei wohl in jener lauten, unbekümmerten Art, die an Vogelpflege nicht gewöhnte Menschen in solchen Fällen zeigen. Die Folge davon war, dass der „zahme" Vogel mit so großem Ungestüm tobte, dass er sich einen Flügel brach." Ein weiteres Beispiel aus seiner Feder: „Das Rotkehlchen [...] achtet so genau auf Einzelheiten meiner Erscheinung, dass ich mir nur eine weiße Schürze umzubinden brauche, um viele Tage lang Fluchtreflexe auszulösen."

Mit Ungewohntem umgehen

Prinzipiell stehen den Vögeln in Haltungssystemen im Rahmen des Territorialverhaltens mehrere Möglichkeiten zur Verfügung, auf Änderungen zu reagieren. Eine Möglichkeit für die Vögel besteht darin, sich revier- oder objektverteidigend zu verhalten und zwar mit den Instrumenten des agonistischen Verhaltens. Eine weitere liegt in Rückzug und Flucht, sofern das Haltungssystem dies zulässt.

Von welcher letztlich Gebrauch gemacht wird, ist abhängig davon, wie vertraut oder fremd Artgenossen und Mensch dem betreffenden Vogel sind. Neben dem Raum (Käfig, Vogelzimmer, Voliere) und seiner Einrichtung (Äste, Futternäpfe etc.) sind bei Haltung in menschlicher Obhut wie auch im Freiland alle permanent oder zeitweise sich innerhalb oder in räumlicher Nähe der Territorien befindlichen, belebten Objekte (Tier, Mensch) Bestandteile eines Reviersystems oder bilden es in ihrer Gesamtheit.

Je gleichförmiger und berechenbarer belebte Objekte innerhalb oder in räumlicher Nähe von Haltungssystemen sind oder sich verhalten, desto eher werden sie von den Papageien als zugehörig in das Gesamtverhalten einer Gruppe oder eines Individuums eingepasst. Dies bietet die Gewähr, dass die Papageien sich nicht ständig anpassen müssen und dadurch überfordert werden. Negativ ist, dass die Mensch-Tier-Beziehung so ausgeweitet wird, dass aus Papageiensicht kein Unterschied mehr zwischen Artgenossen und Mensch besteht. Dies ist besonders bei Einzelhaltung vielfach zu beobachten und es kommt gehäuft dazu, dass der Vogel versucht, territoriale und sonstige Dominanzen gegenüber dem Halter zu zeigen. Sarkastisch ausgedrückt wird der Halter zum Opfer seines eigenen Besitzanspruches an den Papagei. Robert ARDREY (1966) sah in menschlichem Besitzanspruch und Territorialverhalten eine genetisch verankerte Zwangsläufigkeit – einen Trieb: also ironischer Weise gerade das Steuerungselement, das bei Tieren aus menschlicher Sicht immer noch im Vordergrund steht. HALL (1966) verwies dagegen auf die großen kulturelle Unterschiede im räumlichen Verhalten, den Einfluss von unterschiedlichen sozialen Normen und von Lernprozessen. Es sind wohl bei Mensch und Tier gleichermaßen beide Elemente, wenn auch in jeweils unterschiedlichem

„Schon wenn der Mensch um die rein zufällige Entstehung einer lieb gewordenen Gewohnheit weiß und sich verstandesmäßig darüber klar ist, daß ihre Durchbrechung keinerlei Gefahr heraufbeschwört, drängt ihn [...] eine unleugbar ängstliche Erregung, dennoch an ihr festzuhalten, und ganz allmählich wird das eingeschliffene Verhalten zur „lieben" Gewohnheit. Soweit ist das alles bei Tier und Mensch offensichtlich ganz gleich."
KONRAD LORENZ, 1983

Verhältnis, beteiligt; wobei den Lernanteilen bei höher entwickelten Tieren wie Papageien mehr Bedeutung zukommt, als bei kognitiv weniger gut ausgerüsteten Tieren. Bei niedriger entwickelten Tieren, denen jede Einsicht in eine Verkettung von Ursachen und Wirkungen verborgen bleibt, ist es oft tatsächlich nur der Instinkt – die unveränderbare Anlage –, welche territoriales Verhalten auslöst und dominiert. Bestimmte Signale werden, ob folgerichtig oder nicht, mit festgelegten und starren Reaktionen bedacht. Ein schönes Beispiel dafür bieten die Attrappenversuche mit verschiedensten Tierarten, die deutlich zeigen, dass bereits ein simpler Farbreiz genügen kann, territoriales Verhalten auch in völlig unsinnigen Kontexten auszulösen. Als extremes Exempel hierfür sei eine mittlerweile vielfach überlieferte Beobachtung von TINBERGEN (1976) angeführt. Regelmäßig dann, wenn ein rotes Postauto am Fenster seines englischen Wohnsitzes vorbeifuhr, reagierten die Stichlinge in seinem Aquarium mit aggressivem Territorialverhalten.

Ständige Eingriffe in territoriale Gewohnheiten von Papageien in menschlicher Obhut sind oft unmittelbar ursächlich für pathologische Prozesse auf psychischer und physischer Ebene.

Der Halter sollte in Bezug auf gesteigerten Einsatz agonistischer Verhaltensweisen zur Sicherung und Verteidigung räumlicher Strukturen bis zu resignativem Frustrationsverhalten versuchen, die Ursachen einer möglichen Überforderung der Adaptionsfähigkeit mehr als bisher zu beachten. Der gerade in den letzten Jahren vielfach vor allem in der Zootierhaltung gebrauchte Begriff „Behavioral Enrichment", was sich sinngemäß mit „Umfeld- oder Lebensraumbereicherung", auch „Bereicherung des Verhaltens" umschreiben lässt, darf nicht dazu verleiten, unter Bereicherung ständige und gravierende Eingriffe in die räumlichen Strukturen eines Haltungssystems vorzunehmen, so sinnvoll und richtig die Schaffung einer bereichernden und fordernden (nicht: überfordernden) Haltungsumgebung auch ist. Die notwendige Konstanz und Sicherheit eines Refugiums nebst gewohnter Rückzugsräume darf nicht aufgehoben werden. Gewöhnung ist, für sich genommen, keineswegs ein negatives Element, sondern auch Garant für Vorhersehbarkeit und Sicherheit. Der in Haltungssystemen stets dem Papagei aufgezwungene Aufenthaltsort muss, soll er nicht zu einer Quelle ständiger Unsicherheit werden, ein Mindestmaß an Konstanz und fester räumlicher Struktur aufweisen. Hierzu nochmals ein Beispiel aus dem reichen Fundus von Konrad Lorenz, welches eindringlich belegt, wie stark selbst kleinste Veränderungen räumlicher Situationen in der Lage sind, sich auf die Balance der Verhaltensweisen auszuwirken.

„Mein altes Paar Schamadrosseln duldete im Sommer 1961 einen Sohn aus der ersten Brut, der sich in einem Käfig in demselben Zimmer wie der Nistkasten befand, bis weit über jene Zeit hinaus, zu der diese Vögel normalerweise ihre erwachsenen Kinder aus dem Revier jagen. Als ich jedoch den Käfig vom Tisch auf ein Bücherbord stellte, begannen die Eltern den Sohn so intensiv anzugreifen, daß sie darüber vergaßen, ins Freie zu fliegen, um Futter für die kleinen Jungen zu holen [...]."
KONRAD LORENZ, 1973

Verhaltensprobleme
bei Heimvögeln

Ein klar abgegrenztes und ausschließlich den Papageien vorbehaltenes Refugium ist bei vielen in Menschenobhut gehaltenen Vögeln nicht existent und nicht selten ein Grund dafür, dass territoriales Abwehrverhalten des Vogels im Wortsinn über die für Halter tolerierbaren und erträglichen Grenzen hinausgeht.

Welle (2006) vom College of Veterinary Medicine (Urbana, Illinois) beschreibt die grundsätzlichen Merkmale territorialer Aggression bei Papageien so: „Festzustellen, ob es sich um territoriale Aggression handelt, ist sehr einfach, denn das aggressive Verhalten muss auftreten, wenn der Vogel sich in oder auf seinem Käfig, seinem Spielplatz oder sonstigen Lebensbereich befindet. Ist dies nicht der Fall, kann es keine territoriale Aggression sein."

Imponierverhalten beim Weißhaubenkakadu.

Diese wenigen Sätze geben prinzipiell die vielfach auftretende Problematik territorialer Aggression von Papageien in Wohnungs-Haltungssystemen wieder, in welchen oft keine Differenzierung zwischen papageiischen und menschlichen Lebensbereichen vorhanden ist, weil die Vögel in die menschlichen, seien es nun Küche, Wohn- oder sonstige Zimmer, einbezogen werden.

Anflüge und Beißattacken gegen den Halter

Eines der meistgeschilderten Probleme der Papageienhaltung ist das aggressive Verhalten gegen den Halter oder weitere Familienmitglieder. Ein kritischer Zeitpunkt für den Beginn dieses Verhaltens ist der Eintritt der Geschlechtsreife. Dem oft zu beobachtenden Umschwung im Verhalten zuvor als zahm und umgänglich wahrgenommener Papageien zur Aggressivität stehen die Halter fast durchgängig mit Ratlosigkeit, Erstaunen und Hilflosigkeit gegenüber. Vor allem, jedoch nicht ausschließlich, einzeln gehaltene Papageien, denen zum Ausleben des sexuell motivierten Verhaltens nur der artfremde Mensch zur Verfügung steht, richten nach Eintritt der Geschlechtsreife aggressive Elemente des Verhaltens gegen ihn. Allerdings sind die Ursachen nicht ausschließlich in den Funktionskreisen des geschlechtlichen Verhaltens zu suchen. Offenkundige Haltungsfehler, familiäre Konstellationen, häufige Wechsel in neue Umgebungen – es gibt noch viele andere Ursachen.

Fallschilderung

Eine vierköpfige Familie – Ehepaar und zwei Kinder – kaufte sich bei einem Züchter eine junge Gelbnackenamazone. Der Vogel schloss sich schnell der Ehefrau und einem der Söhne eng an. Nach etwa einem Jahr ergab sich die Gelegenheit, die Amazone bei einem anderen Halter mit in eine neu zusammenzustellende Amazonengruppe zu setzen. Nachdem sie dort eine Gelbscheitelamazone als Partner gefunden hatte, nahmen die ehemaligen Halter der Gelbnackenamazone beide Vögel bei sich auf und richteten ein Vogelzimmer für sie ein. Nach der Eingewöhnungszeit wurden von den Tieren nur noch die Frau und einer der Söhne im Vogelzimmer geduldet. Alle weiteren Familienmitglieder wurden sofort und ohne Vorwarnung attackiert.

Die Gelbnackenamazone zeigte sich auch nach der erfolgreichen Vergesellschaftung gegenüber der Halterin weiterhin zahm. Offensichtlich nahm der keineswegs zahme Partnervogel dieses Verhalten als Rivalität wahr. In solchen Situationen attackierten sich die Vögel auch gegenseitig. Da die Halterin eine Harmonie der Vögel untereinander und keine enge Mensch-Tier-Beziehung anstrebte, setzte sie künftig den zahmen Vogel sofort wieder zu seinem Partner zurück, sobald er auf ihrer Schulter Platz genommen hatte. In der Folge reagierte diese – vom Menschen abgewiesene – Gelbnackenamazone mit heftigen und oft blutigen Bissen in Ohr und Hände der Frau. Die Aggression gegenüber der Halterin steigerte sich so, dass der Vogel sich in ihre Oberlippe verbiss und die Wunde im Krankenhaus genäht werden musste. Die Halterin hat sich nicht von den Papageien getrennt. Sie ist aber gezwungen, sich im Vogelzimmer mit größter Vorsicht und Aufmerksamkeit zu bewegen.

Ursachenanalyse

Die Amazone wurde als Jungvogel erworben und hatte in der sensiblen Sozialisierungsphase keine Möglichkeit des Austauschs mit Artgenossen. Als Ersatzpartner mussten die Käuferin und einer ihrer Söhne dienen. Einzelhaltung und Fixierung auf die Halterin sind hier bereits als mögliche Ursachen für das Verhalten des Vogels anzusehen. Wird dem Vogel nur ein Ersatz der naturgemäßen Umgebung in Form artfremder Eltern und Partner geboten, kommt es zu einer Fixierung auf diese und damit zu einer oft trügerischen „Zahmheit". Solchen Vögeln fehlt meist die entsprechende Distanz zum Menschen und alle Verhaltensweisen, auch die aggressiven werden umso stärker gegenüber dem Pfleger ausgelebt.

Halter empfinden dabei die trieb- und geschlechtsneutrale Zeit bis zum Erreichen der Fortpflanzungsfähigkeit kaum als problematisch. Aggressive Verhaltensweisen werden in dieser Zeit in der Regel nur ansatzweise und in milder Form gezeigt.

Einzeln gehaltene Papageien sind praktisch dazu gezwungen, ihr Verhalten am und mit dem menschlichen Ersatzpartner auszuleben. Dies ist nur unzulänglich möglich, denn nicht nur im Körperbau hat der Mensch wenig Ähnlichkeit mit Papageien, er ist auch was das Eingehen auf papageiische Aktions- und Reaktionsmuster betrifft, nur begrenzt zu artangepassten Interaktionen fähig. Die aggressiven Verhaltensanteile stellen meist ein fast unlösbares Problem für die Halter dar und führen oft dazu, dass vormals in das Wohnumfeld integrierte Papageien ihr weiteres Dasein als Käfigvogel fristen müssen, was im hier angeführten Fall zum Glück unterblieb.

Sind Gelbkopfamazonen generell „schwierig"?

Die große Gelbkopfamazone (*Amazona ochrocephala oratrix*) ist in Wesen und Art identisch mit der Gelbnackenamazone (*Amazona ochrocephala auropalliata*). Unabhängig von aus Haltung und Vorgeschichte resultierendem Problemverhalten sind diese beiden Vertreter der Amazonenpapageien sowie die Gelbscheitelamazone gerade für Einsteiger in die Papageienhaltung nicht zu empfehlen. Sie besitzen ein recht hohes Aggressionspotenzial und tendieren zu launischen Verhaltensweisen. Curt AF ENEHJELM (1982), langjähriger Direktor des Zoologischen Gartens von Helsinki, umschrieb seine Erfahrungen mit der Haltung zweier Gelbkopfamazonen unter vorherigem Verweis auf sehr schmerzhafte Bisse so: „Beide waren jedoch im Wesentlichen recht unzuverlässig und konnten nicht auf die Hand genommen werden." In den News der Papageienhilfe Aachen e. V. (1996) wird, um ein weiteres Beispiel zu nennen, ebenfalls das sehr aggressive und unberechenbare Verhalten einer Gelbnackenamazone beschrieben.
Sicherlich gibt es auch Halterberichte, welche eine recht problemfreie Pflege dieser Arten dokumentieren. Es soll keine bestimmte Amazonenart diskriminiert werden, doch über graduelle Unterschiede im Verhalten verschiedener Amazonenarten sollten zukünftige Halter durchaus informiert sein.

Frühe Verhaltensentwicklung

Wie stark die frühen Phasen der Verhaltensentwicklung auf die Richtung des späteren Verhaltens einwirken und wie wesentlich artgleiche Lehrmeister sind, zeigen die Feldstudien von ROWLEY und CHAPMAN (1986) an in Australien gebietsweise gemeinsam vorkommenden Inka- und Rosakakadus. Da beide Arten gleichzeitig mit dem Brutgeschäft beginnen und die ersten Eier des Geleges oft nicht bewacht werden, ist es keine Seltenheit, dass von je einem Paar der verschiedenen Papageienarten Eier in der gleichen Bruthöhle gelegt werden. Bei Auseinandersetzungen um die Nisthöhlen unterliegt in der Regel der kleinere Rosakakadu und die Mischgelege werden von den Inkakakadus bebrütet.
ROWLEY und CHAPMAN dokumentierten über vier Jahre die Entwicklung der Jungvögel aus zwei Inkakakadu-Nestern mit je einem Rosakakadu-Jungen. Das Ergebnis: Obwohl die jungen Rosakakadus nach dem Flüggewerden Kontakte zu Artgenossen hatten, waren sie auf ihre Adoptiveltern, die Inkakakadus, geprägt. Auch nach Eintritt der Geschlechtsreife blieb dieses artfremde Verhalten konstant, was eine soziale und sexuelle Prägung auf die Zieheltern belegt. Die Rosakakadus flogen gemeinsam mit den Inkakakadus, kommunizierten in der Lautsprache der Inkakakadus, nutzten die Nahrungsquellen der Zieheltern und zeigten weitere, für Inkakadus typische Verhaltensweisen.
Die Ergebnisse dieser Freilandstudie bieten eine hervorragende Möglichkeit der Trennung angeborenen Verhaltens von lernabhängigen Verhaltensanteilen. Die von Inkakakadus aufgezogenen und geprägten Rosakakadus zeigten die in der Tabelle angeführten Verhaltensweisen.

Tabelle 6: Arteigene und von den Zieheltern übernommene Verhaltensanteile.

Kontaktrufe im Schwarm	Inkakakadu
Bettelrufe	Rosakakadu (werden aber gefüttert)
Alarmrufe	Rosakakadu
Flugbewegungen	Inkakakadu
Nahrung	Inkakakadu

Doppelsozialisierung zu unterschiedlichen Zeitpunkten: Das Zusammenbringen der Gelbnackenamazone mit einer Gelbscheitelamazone in einer fremden Haltungsumgebung, ohne Beeinflussung durch die bisherigen Halter, ist als grundsätzlich richtige Maßnahme zu werten. Aber es bestand weiterhin die Schwierigkeit, dass die Amazone in ihren frühen Sozialisierungsphasen Kontakterfahrungen fast ausschließlich mit den Bezugsmenschen machen konnte. Die Konsequenzen daraus lassen sich in den seltensten Fällen für beide Seiten zufriedenstellend lösen. LANTERMANN (2000) geht in seiner Einschätzung noch einen Schritt weiter: „Diese Ambivalenz der Papageien, gewissermaßen in zwei Welten zu leben und Prägungs- und Lernprozesse sowohl aus der Welt des Menschen als auch aus der des Papageien zu machen, führt bei vielen Vögeln zu einer Art „gespaltenem Dasein", zu tiefen Frustrationen und in der Folge nicht selten zu Verhaltensauffälligkeiten ganz unterschiedlicher Art."

Der Vogel hat keine Freiheit, angemessen zwischen beiden Lebensmodellen zu wählen und kann nicht problemlos zwischen menschenangepasstem und artangepasstem Verhalten wechseln.

Man könnte von einer in frühem Entwicklungsstadium aufgenötigten Verhaltensstörung reden, deren Symptome erst zeitversetzt sichtbar werden, denn artbezogene Verhaltensweisen erfahren durch solche Doppelprägungen später kaum auszugleichende Behinderungen. Es sind uns Fälle verspäteter Vergesellschaftung von Papageien mit Artgenossen bekannt, in denen bei Anwesenheit der Bezugsperson ausgesprochen aggressives Verhalten des angestammten Vogels gegenüber dem hinzugesellten zu beobachten war. Bei Rückzug der Bezugsperson schwächte sich das Verhalten ab

Tabelle 7: Vergleich zwischen angeborenem und erlerntem Verhalten bei Rosakakadus.

Angeboren	Erlernt
Bettelrufe	Kontaktrufe
Alarmrufe	Flugbewegungen
	Nahrung

und schließlich stellte der Vogel es sogar ein. In anderen Fällen war zu beobachten, dass das aggressive Verhalten sich entweder ausschließlich gegen die Bezugsperson oder aber gegen neue Artgenossen richtete.

Gegen die Bezugsperson gerichtete Flug- und Beißattacken eines doppelgeprägten Vogels werden häufig mit dem Wort „Eifersucht" bedacht. So naheliegend dieser Begriff scheinen mag, so wenig trägt er aber zum Verständnis der Ursachen und Zusammenhänge bei. Wir möchten die von Tinbergen (1952) vertretene Ansicht, dass man von Hunger, Wut, Eifersucht oder Angst beim Tier so nicht sprechen könne, weil jeder diese Phänomene nur an sich selbst erfahren kann, zwar in dieser Absolutheit nicht teilen, doch leistet sie einen wertvollen Beitrag zur objektiveren Einordnung tierischen Verhaltens.

Erinnern wir uns an die Anfänge der Beziehungsgeschichte. In der Fallschilderung heißt es: „Der Vogel schloss sich rasch der Ehefrau und einem der Söhne eng an." Wie stellt sich die Situation nach der geglückten Vergesellschaftung mit einer Gelbscheitelamazone und der Verfügbarmachung eines separaten Vogelzimmers dar? Prinzipiell hatte sich nichts an der während des ersten Jahres aufgebauten Fixierung auf die beiden damals zur Verfügung stehenden Menschen-Partner geändert. Die Fehlsozialisierung konnte durch den nun vorhandenen Artpartner nicht gemildert oder gar gelöst werden.

Schon ein Jahr ohne einen Artpartner bei gleichzeitig engem Menschenbezug kann gerade bei Jungvögeln in der frühen Phase der Verhaltensentwicklung das gesamte spätere Verhalten, zuweilen sogar unabänderlich, vorherbestimmen.

Fehlende Einübung des angemessenen Gebrauchs von Aggression und der Aggressionsinstrumente (Schnabel, Krallen)

Wesentlich erscheint der Hinweis, dass nach eigenen Beobachtungen und uns vorliegenden Berichten sogenannte moralanaloge Verhaltensmechanismen im Sinne der Definition von Lorenz (1963) und Rensch (1979) in deutlich schwächerer Ausprägung bei während der sensiblen Phasen der Jugendentwicklung einzeln gehaltenen Papageien vorhanden sind als bei mit und auf Artgenossen sozialisierten Papageien. Dies äußert sich unter anderem darin, dass der Gebrauch von Schnabel und Krallen häufig grob und nicht der Situation angemessen ist.

Die Vögel hatten die Einschätzung und Einordnung des Verletzungspotenzials der arteigenen Waffen nicht im Umgang mit Artgenossen erlernen und erproben können, so dass man von einer im Wortsinn situationsblinden Aggression dieser Tiere ohne jede Folgenabschätzung reden könnte. Defizite dieser Art treten zwar nicht zwangsläufig bei allen Papageien aus vergleichbarer Haltungssituation auf, jedoch signifikant häufiger.

Wie wurde die Gelbnackenamazone aus der Fallschilderung aufgezogen?

Die Halterin konnte dazu folgende Angaben machen: Das Schlupfdatum lag im März 1990. Die Halterin meint sich zu erinnern, dass die Gelbnackenamazone ab einem Zeitpunkt X von Hand weiter aufgezogen wurde. Die letzte Zeit bis zum Kauf habe die Gelbnackenamazone mit weiteren Nachzuchttieren wie Mülleramazonen oder Grünwangenamazonen im Wohnzimmer des Züchters verbracht. Der Kauf fand im September 1990 statt.

Geht man von der bei Gelbnackenamazonen beschriebenen Brutdauer von 29 Tagen und einer Nestlingszeit von 65 Tagen, also rund zwei Monaten (Bosch und Wedde, 1985) und einer Unterbrechung/Verlängerung durch die Handaufzucht aus, so verblieben noch etwa drei bis vier Monate des Aufenthalts der Amazone in eher minder tauglicher Umgebung und mit einigen anderen artfremden Amazonen. Zum Thema Einfluss der Aufzuchtmethode auf das außerartliche Aggressionsverhalten sei, und dies ist auch nach unseren Erfahrungen absolut zutreffend, Reinschmidt (2000) (Zuchtstation des Loro Parque, Teneriffa) zitiert: „Durch ihre

Handaufzucht verlieren die Amazonen jedoch jegliche Scheu vor dem Menschen [...]. Da die Amazonen keine Angst vor dem Menschen haben, greifen sie den Pfleger oft bei der Fütterung oder Reinigung der Voliere an, so dass es bei diesem zu Verletzungen kommen kann, wenn er sich nicht rechtzeitig in Sicherheit bringt oder geeignete Abwehrmaßnahmen ergreift."

Die Primärsozialisation mit den Elternvögeln schien im vorliegenden Fall nur für eine kurze Zeitspanne der Nestlingsphase gegeben. Die Sekundärsozialisation in einer Geschwister- oder Gleichaltrigengruppe konnte, der Schilderung der Halterin zufolge, ebenfalls nur unvollständig, mit nicht artgleichen Amazonen und unter fragwürdigen Sozialisationsbedingungen stattfinden. Sogenannte Peer-Interaktionen, zwischen sozialen Artpartnern also, die über ein jeweils ähnliches Niveau in der Komplexität des Verhaltens und über eine Vergleichbarkeit des Entwicklungsstandes verfügen, sind speziell in den frühen Phasen der Verhaltensentwicklung entwicklungspsychologisch immens wichtig. Das Vorenthalten sozialer Interaktionen mit artgleichen Vögeln ähnlicher Altersstruktur und das Aufwachsen in einer „falschen" sozialen Umwelt begünstigt zweifelsfrei die Entstehung von Verhaltensänderungen bis hin zu handfesten Verhaltensstörungen.

Das unter anderem aus Sozialisierungsdefiziten während der frühen Entwicklung resultierende Aggressionsverhalten der Gelbnackenamazone ist nicht etwa „nur" unter den Begriff Untugenden einzustufen, sondern auf Grund seines überzufälligen Auftretens, der Starrheit der Form und der Exzessivität den Verhaltensstörungen zuzuordnen. Ein weiteres Kriterium hierfür ist die Verselbständigung des übersteigerten und nicht situationsangemessenen Aggressionsverhaltens bei Tieren dahingehend, dass es auch unter Bedingungen auftritt, unter denen es nicht entstehen würde (STAUFFACHER, 2003). Das Verbringen in ein geeignetes Haltungssystem mit Artpartner konnte in dieser Hinsicht keine Abhilfe schaffen.

Einfluss früher Sozialisierung mit Artgenossen auf das Aggressionsverhalten gegenüber dem Menschen – ein Experiment mit 21 Amazonen

Cheryl MEEHAN (2002) und ein Team von der University of California unternahmen ein höchst interessantes Experiment. Sie wollten unter anderem herausfinden, ob junge Papageien, die zusammen mit einem Artgenossen und in einem reich strukturierten Umfeld lebten, sich in ihrem Aggressionsverhalten gegen Menschen von Artgenossen unterschieden, die einzeln in Käfigen gehalten wurden.

Als Versuchstiere dienten vier Monate alte Venezuelaamazonen, alle aus Elternaufzucht. Sieben Amazonen wurden einzeln in Käfigen gehalten. 14 weitere wurden, in sieben Paare aufgeteilt, jeweils zu zweit gehalten. Über ein Jahr nahm ein Mitarbeiter als Bezugsperson die Tiere täglich aus den Käfigen und beschäftigte sich mit ihnen. Dann wurde das Verhalten der Amazonen gegenüber diesem Mitarbeiter und einer den Amazonen fremden Person eingehend betrachtet. Die Reaktionen der Amazonen auf verschiedene Verhaltensweisen beider Personen wurden akribisch notiert. Von welcher Person duldeten sie Annäherungen, von wem nahmen sie einen Leckerbissen, wer konnte wie nahe heran, ergriffen sie die Flucht oder bissen sie zu, wie hoch war bei welchem Vogel gegenüber welcher Person die Fluchtdistanz, welche Person wurde bei welchem Verhalten angedroht?

Das Ergebnis: Die Jungvögel aus beiden Haltungsformen zeigten gegenüber der Bezugsperson das jeweils gleiche Verhalten, keine ängstlichen oder aggressiven Reaktionen. Sobald aber die fremde Person die Szene betrat, wechselte das Verhalten – und zwar völlig unterschiedlich, je nach Vergleichsgruppe. Die einzeln gehaltenen Amazonen reagierten ängstlich und zugleich aggressiv, die paarweise gehaltenen hingegen mit Neugier und ohne jede Aggression. Sozusagen als Nebenergebnis stellten die Wissenschaftler fest, dass die paarweise gehaltenen Amazonen längere Zeiten zum Spielen aufwendeten und weniger lautstark kreischten.

Soziale Überforderung

Ein bisher für die Entstehung von Verhaltensstörungen bei Papageien geradezu vernachlässigtes Feld ist neben der mangelnden Ermöglichung innerartlicher Kontakte mit Gleichaltrigen das Gegenteil, die soziale Überforderung. Soziale Überforderung tritt bei den Tieren zum Beispiel dann ein, wenn Jungvögel häufig wechselnden Bedingungen durch Zugesellung oder Entzug von Jung- oder Altvögeln der gleichen oder anderer Arten, häufigem Wechsel der Unterbringungsräumlichkeiten sowie menschlicher

Zu- und Abwendung ausgesetzt sind, wie es in vielen Hobby- und auch kommerziellen Zuchten der Fall ist. Auch ein Zuviel an in Form häufigen Anfassens und sich Aufdrängens ist nicht ratsam.

Abhilfe

Es ist von großer Bedeutung, Papageien, die auf Grund von Aufzuchtmethode oder frühen Haltungsumständen keinen, oder nur unzureichenden, Kontakt mit Artgenossen hatten, nicht in Einzelhaltung zu übernehmen. Eine frühestmögliche Vergesellschaftung mit mindestens einem gleichaltrigen Artpartner ist wesentlich für die Entwicklung eines artgemässen Sozialverhaltens. Fand diese frühe Sozialisierung mit und auf Artgenossen nicht statt, so kann die Zugesellung eines Artgenossen sich späterhin schwierig gestalten. Dies gilt insbesondere dann, wenn der Vogel zudem während seiner frühen Entwicklungsphase häufigen Wechseln der Umgebung und der Bezugspersonen ausgesetzt war.

Man sollte in solchen Fällen den Vogel nebst zugeselltem Artpartner zunächst möglichst nicht im unmittelbaren Wohnbereich, sondern in einer eigens für die Vögel eingerichteten Voliere oder einem Vogelzimmer halten, um ein die Vögel verunsicherndes Schwanken zwischen Zuwendung zum Halter und der notwendigen Zuwendung zum Artpartner zu vermeiden.

Dominanzaggression gegen den Halter

Speziell einzeln gehaltene Papageien mit Familienanschluss neigen dazu, die Bezugspersonen als Mitglieder „ihres“ Familienverbands oder „ihrer“ Gruppe anzusehen, denn sie haben keine andere Möglichkeit der sozialen Bindung und des Auslebens entsprechender Verhaltensweisen.

Innerhalb von Papageiengruppierungen sind die Bindungen und Dominanzverhältnisse sehr verschachtelt und unterschiedlich ausgeprägt. Auch bei Papageien gibt es keine „herrschaftsfreie Gesellschaft“ (siehe Seite 40, Die Verhaltensweisen der Papageien). In der Gruppenhierarchie hoch angesiedelte Papageien sind bestrebt, diese Position zu behaupten und dazu gehören gelegentliche Zurechtweisungen und Attacken gegen rangniedere Gruppenmitglieder.

Aggressive Amazone am Volierengitter. Die Halterin nähert sich mit „Schutzkleidung“.

Jüngere Exemplare und weitere untergeordnete Gruppenmitglieder sind bestrebt, höhere Positionen zu erlangen.

Bei Haltung im direkten menschlichen Umfeld der Wohnung wird der Mensch in diese „Positionsspiele“ mit allen, aus Menschensicht negativen, Begleiterscheinungen einbezogen. Die Hauptbezugsperson, meist die Person, die sich vom Zeitpunkt des Einzugs des papageiischen Pfleglings am intensivsten mit ihm beschäftigt, wird sozusagen als „Partner erster Ordnung“ und nicht gleichrangig mit weiteren im Haushalt lebenden Personen angesehen. Handelt es sich um einen Jungvogel, entstehen daraus meist keine größeren Schwierigkeiten.

Kommen jedoch nach Erreichen der Geschlechtsreife die Komponenten sexuell motivierten Verhaltens hinzu, sind Probleme vorprogrammiert. Die Hauptbezugsperson wird nun auch als Sexualpartner angesehen. Daraus resultierende Verhaltensweisen treten dann in besonders krasser Form während der Balz- und Paarungszeiten auf. Bezeichnenderweise markiert die Geschlechtsreife oft den Zeitpunkt, an dem die Halter sich aus Überforderung mit dem Gedanken tragen, ihren vormaligen „Liebling“ zum Verkauf zu inserieren.

Fallschilderung

Über zehn Jahre lebte eine Gelbscheitelamazone als Einzelvogel bei einem kinderlosen Ehepaar. Ihr Lebensraum war das Wohnzimmer, in dem sie sich bei Anwesenheit der Halter frei bewegen durfte. Nach einigen Jahren „harmonischen Zusammenlebens“ erwählte der Vogel die Dame des Hauses zu seiner „Lebenspartnerin“. Von diesem Zeitpunkt an konnte der Ehemann das Wohnzimmer nur noch unter Aufsicht seiner Ehefrau als „Schutzschild“ betreten, „durfte“ in einem bestimmten Sessel Platz nehmen, aber mehr auch nicht. Bei der kleinsten Bewegung des Mannes wurde er sofort von der Amazone angegriffen, nicht selten mit blutigem Ausgang. Die Eheleute entschlossen sich, einen kaum benutzten Raum zum Vogelzimmer umzugestalten und vergesellschafteten ihre Gelbscheitelamazone mit einem artgleichen Partner.

Ursachenanalyse

Ab dem Zeitpunkt der Geschlechtsreife war der Papagei seiner natürlichen Anlage gefolgt und begann, den als Geschlechtspartner angesehenen Menschen exklusiv für sich zu beanspruchen. Den Ehemann sah er ausschließlich als Rivalen um die Gunst „seines“ Geschlechtspartners. In milderen Fällen werden diese Personen (Ehepartner oder Kinder) mit grenzenlosem Misstrauen und Drohverhalten bedacht, ohne dass es tatsächlich zu Angriffen kommt. Allerdings sind besonders, jedoch nicht nur, Amazonen dafür bekannt, dass sie es nach einer gewissen Zeit nicht mehr beim misstrauischen Beäugen und Drohen belassen, sondern unvermittelt angreifen.

Dass ständige Attacken innerhalb des Wohnbereichs auf Dauer kaum hinnehmbar und dem „Familienfrieden“ wenig dienlich sind, versteht sich von selbst. Eine Festigung dieses Verhaltens wird in solchen Fällen oft noch dadurch gefördert, dass die angegriffene Person panisch reagiert oder die Flucht ergreift, denn dies signalisiert dem Papagei, dass sein Angriff erfolgreich war. Wer selbst schon hartnäckig attackierende Amazonen erlebt hat, wird wissen, dass die Empfehlung, dem Vogel standhaft entgegenzutreten zwar leicht gesagt, aber schwer zu verwirklichen ist.

Abhilfemöglichkeiten

Um das Entstehen solcher Situationen wenigstens etwas zu beschränken, empfiehlt es sich, den näheren Bereich des herkömmlichen Aufenthaltsortes des Vogels zu meiden. Die bessere Lösung besteht darin, für die Vögel eigene Räumlichkeiten zu reservieren.

Aus der entgegengesetzten Perspektive sollten Papageien immer die Möglichkeit haben, sich bei tatsächlichen oder vermeintlichen Bedrohungen oder ihnen unangenehmen Situationen zurückziehen zu können. Hierbei ist auch die Möglichkeit – oder Ermöglichung – des Fliegens bedeutsam. Bob und Liz Johnson (1994), die für ihre Papageien eine geräumige Volierenanlage mit guter Strukturierung und Flugmöglichkeiten gebaut haben, berichten darüber, dass die Vögel unter anderem auch deswegen, weil sie sich jederzeit ihnen unangenehmen Situation durch Fliegen entziehen können, kaum aggressives Verhalten zeigen. Besucher der Anlage zeigten sich in Gesprächen darüber verwundert, dass die Papageien im Gegensatz zu ihren eigenen Pfleglingen so „friedfertig“ seien.

Aggressives Schreien

Über längere Zeiten andauerndes Kreischen und Schreien ist, sofern es sich nicht um die „Konzertphasen“ handelt, die bei Papageien üblicherweise vorwiegend in den Morgen- und Abendstunden zu vernehmen sind, meist Ausdruck eines Mangels. Es kann das Fehlen eines Artpartners oder bei Einzelhaltung mangelnde Zuwendung des menschlichen Ersatzpartners sein. Das lautstarke Konzertieren in der Morgen- und Abenddämmerung (englisch: dawn and dusk screetching) gehört zum normalen Verhalten aller Papageienarten. Erst wenn Schreien und Krächzen ungewöhnlich häufig und in übermäßiger Lautstärke auftritt, ist es als Verhaltensauffälligkeit und je nach Ausprägung als Verhaltensstörung anzusehen (Juppien, 1996).

Fallschilderung

Ein Mann teilte seine Mietwohnung mit einem Gelbbrustara. Der Papagei war nach einigen Jahren „superzahm“ und durch die Einzelhaltung verlangte er von seinem Menschenpartner jegliche Aufmerksamkeit zu jeder Minute des Tages. Dem Halter wurde vom Vogel „erlaubt", täglich fünf Minuten ungestört zu telefonieren und etwa für eine Stunde, zum Beispiel um Einkäufe zu tätigen, das Haus zu verlassen. Sobald diese Zeiten überschritten waren, reagierte der Ara mit ohrenbetäubendem Dauerschreien. Nach mehreren Beschwerden der Mieter und einem darauf folgenden Kündigungsschreiben vom Vermieter fasste der Halter den Entschluss, sich von seinem Tier zu trennen. Der Gelbbrustara konnte in eine tiergerechte Unterkunft mit einem artgleichen Partner vermittelt werden.

Ursachenanalyse

An diesem Beispiel zeigt sich deutlich, wohin es führen kann, wenn die Bedürfnisse des einzeln gehaltenen Vogels nach Beschäftigung und Zuwendung mangels Artpartner nur durch den Halter erfüllt werden können. Das Schreien wird erkennbar dazu eingesetzt, dem Halter eine Dauerpräsenz abzuverlangen. Reagiert der Halter dann entsprechend auf das „Hier bleiben, sonst kreische ich weiter", indem er aus Angst vor Nachbarbeschwerden und „Mitgefühl" für den Vogel seinen Tagesablauf ganz nach dessen Schreirhythmus ausrichtet, wird das Verhalten zusätzlich verstärkt. Lawton (1996) hat für solche Papageien den Begriff „attention screechers" (Schreier nach Aufmerksamkeit) eingeführt.

Abhilfemöglichkeiten

Es mag zwar möglich sein, in einigen Fällen Aufmerksamkeit erheischendes Dauerschreien durch Methoden des Verhaltenstrainings zu beeinflussen und abzumildern. Allerdings verdecken Versuche dieser Art mit zudem ungewissem Ausgang das Grundproblem und die Ursache des gestörten Verhaltens.

Haltungsdefizite kann man nicht wegtherapieren. Man sollte vielmehr bestrebt sein, die dem gestörten Verhalten zu Grunde liegenden Ursachen zu erkennen und Abhilfe zu schaffen.

Falsche Bestrafungsmethoden

Die unter anderen von Davis (1991) empfohlenen Therapiemethoden, den Käfig des Vogels bei Fehlverhalten wie Dauerschreien mit einer Decke abzuhängen oder den Vogel mit einer Wasserpistole anzuspritzen, sollte keinesfalls praktiziert werden, wie der folgende Fall zeigt.

Fallschilderung

Bei einem älteren Ehepaar lebte seit vielen Jahren ein inzwischen zahmer Timneh-Graupapagei der sich in den ersten Jahren beiden Haltern angeschlossen hatte. Einige Jahren danach änderte sich das Verhalten des Vogels dahingehend, dass er sich eng der Ehefrau anschloss und der Ehemann sporadisch seinen plötzlichen Attacken ausgesetzt war. Mit der Zeit duldete der Halter diese Aggressionen nicht mehr und das Tier durfte seinen Käfig nicht mehr verlassen. Der Vogel reagierte mit Dauerschreien. Um diesem stressigen Umstand entgegenzuwirken, wurde der Käfig zeitweise ganztägig mit einem dunklen Tuch abgedeckt oder in den geschlossenen Kleiderschrank verbannt, gelegentlich sogar im Keller untergebracht. Doch all diese Maßnahmen konnten den Graupapagei auf Dauer nicht ruhigstellen. Völlig entnervt wandte die Ehefrau sich an eine entsprechende Institution mit der Bitte um Aufnahme ihres Vogels bei Androhung, den Vogel fliegen zu lassen, sollte eine sofortige Aufnahme nicht möglich sein.

Ursachenanalyse

Bei einzeln gehaltenen Papageien ist unabhängig von der Art häufig zu beobachten, dass sie sich einer einzigen Person anschließen. Sie sehen diese in Ermangelung eines artgleichen Partners im Wortsinn aus der Vogelperspektive, also den Mensch als Partnervogel. Ist dieser vermeintliche Partner dann nicht bereit, oder in der Lage, dem Vogel die von diesem einverlangte ausschließliche Zuwendung zu schenken, so reagiert der Papagei oft mit Aggression gegen weitere im Haushalt lebende Personen, die aus seiner Sicht die Ausschließlichkeit der Beziehung zu ihm behindern. In ähnlichen Fällen zeigen Amazonen in der Regel noch weit ausgeprägteres Aggressionsverhalten als Graupapageien. Wird der vormals an Wohnungsfreiflug gewöhnte Papagei nun für seine Attacken dadurch bestraft, dass ihm die Bewegungsfreiheit genommen wird, hat er nur eine begrenzte Palette an Möglichkeiten, auf diesen für ihn „misslichen“ Zustand aufmerksam zu machen. Eine dieser wenigen dem Vogel verbleibenden Möglichkeiten ist das von dem beschriebenen Graupapagei genutzte Dauerschreien.

Abhilfemöglichkeiten

Die Entscheidung dafür, den Graupapagei in eine Gemeinschaftshaltung mit Artgenossen zu geben, war angesichts der geschilderten Umstände und der offenkundigen Unwilligkeit über andere Möglichkeiten nachzudenken, wohl unumgänglich. Unter anderen Voraussetzungen wäre es einen Versuch wert gewesen, dem Graupapagei einen etwa gleichaltrigen und gegengeschlechtlichen Partner zuzugesellen und seitens der Ehefrau sukzessive die Kontakte zu den Vögeln zu reduzieren.

Anhäufung von Verhaltensauffälligkeiten

Natürlich wird sich durch Maßnahmen, wie dem Verdunkeln eines Käfigs bei Dauerschreien, die gewünschte Ruhe vorerst einstellen. Doch ständige Ruhigstellungsaktionen dieser oder ähnlicher Art bringen auf Dauer weitere Probleme für den Vogel mit sich, die bis hin zu körperlichen Auswirkungen wie Federrupfen reichen können.

Fallschilderung

Ein „superzahmer“ mittlerer Gelbhaubenkakadu lebte seit etlichen Jahren in einem Sechspersonen-Haushalt. Der Vogel lebte dort vollkommen frei – auch nachts; er kannte keinen Käfig und keine Voliere, obwohl vorhanden. Dies hatte einen bestimmten Grund. Der Kakadu hatte es sich im Laufe der Jahre zur Gewohnheit gemacht, sich eng bei den Menschen, er hatte keine bestimmte Bezugsperson, aufzuhalten – sprich: er saß ständig auf dem Kopf, auf dem Arm, auf der Schulter eines Familienmitgliedes oder sogar eines Besuchers, wollte gekrault werden und „musste“ an allen Dingen des alltäglichen Lebens teilnehmen. Sobald das Tier abgesetzt wurde, also der direkte Kontakt zu einer Person nicht mehr gegeben war, verfiel er in ein aggressives, ohrenbetäubendes Dauergeschrei. Nachdem die Familie bereits nervlich am Ende war, sich zudem die Nachbarn mehrfach beschwert hatten, wurde der Kakadu zur Vergesellschaftung mit Artgenossen weitergegeben, doch mehrere Versuche scheiterten. In der Folge wurde das Tier wieder als Einzelvogel in einem anderen Haushalt aufgenommen. Schließlich wurde der Kakadu zu einem „Wandervogel“ und letztendlich auch zu einem Rupfer.

Ursachenanalyse

Auch hier handelt es sich um einen einzeln gehaltenen Papagei mit sehr ausgeprägtem Menschenbezug, der zu jeder Zeit die volle Aufmerksamkeit der artfremden Partner einforderte. Ein typischer Fall dafür, wie das vermeintliche Vorteilsmerkmal „Zahmheit“ sich im Laufe der Zeit in ein nervenaufreibendes, für Tier und Mensch frustrierendes „Zusammenleben“ umkehren kann. Das Problem resultiert klar erkennbar aus der zu engen Mensch-Tier-Beziehung bei gleichzeitiger Einzelhaltung.

Abhilfemöglichkeiten

Dieses Beispiel zeigt, dass eine Verhaltensauffälligkeit, wie in diesem Fall das Dauerschreien, oft weitere Auffälligkeiten und Störungen nach sich zieht und sich die Abhilfemöglichkeiten zunehmend schwieriger gestalten. Sind keine Möglichkeiten vorhanden, einem einzeln gehaltenen Papagei zumindest einen Artgenossen beizugesellen und lässt die Zeitplanung des Halters die notwendige Beschäftigung mit dem Einzelvogel nicht zu, kann die Konsequenz nur darin bestehen, den Papagei in ein Haltungssystem zu geben, das für dauerhafte Abhilfe sorgen kann. Probleme wie das oben beschriebene sind prinzipiell nur dadurch vermeidbar, dass man der artgemäßen sozialen Organisationsform dieser Vögel entsprechend auf Einzelhaltung verzichtet.

Federrupfen

Laut einer vergleichenden Studie entwickelt sich bei mindestens einem von zehn in Käfigen gehaltenen Papageien Federrupfen in verschiedener Intensität (Meehan et al., 2003). Vor allem Graupapageien und Kakadus, aber auch Amazonen und Aras neigen bei unsachgemäßer Haltung zum Federrupfen. Schon in den Anfangszeiten der Papageienhaltung wurde Federrupfen bei Papageien, wenn auch mit großer Hilflosigkeit, beschrieben. Rupfende Aras im Zoo von Rotterdam traktierte man, allerdings ohne nachhaltigen Erfolg, mit Halskrägen aus Blech (FINSCH, 1867, 1868).

Fallschilderung

Im Haushalt einer mehrköpfigen Familie lebte ein einzeln gehaltener Goffinkakadu, der im Laufe der Zeit mit dem Abknicken und Abbeißen aller erreichbaren Federn an seinem Körper begann. Bei einem Wohnungswechsel der Familie wurde neben dem unbrauchbaren Hausstand auch das nicht mehr „schön" und „niedlich" anzusehende Tier entsorgt. Eine Nachbarin entdeckte den völlig verstörten und verängstigten Kakadu in einer Mülltonne in seinem kleinen Käfig, überdeckt von jeder Menge Unrat. In einer privaten Auffangstation für Papageien bemüht man sich seither um die psychische Wiederherstellung des Vogels. Hervorgerufen durch eine Hyperaggressivität gegenüber Artgenossen, ist aber jede bisher angestrebte Vergesellschaftung gescheitert. Das Abknicken und Abbeißen sämtlich erreichbarer Federn ist auch heute noch bei ihm zu beobachten und durch dieses selbstzerstörerische Verhalten ist der Kakadu flugunfähig.

Ursachenanalyse

Sofern es sich nicht um körperliche Ursachen wie Haut-, Mauserprobleme, Parasiten oder Stoffwechselstörungen handelt, können die Gründe für das Federrupfen sehr vielfältig sein. Natürlich gehören dazu auch Haltungsdefizite, wie beispielsweise zu geringe Luftfeuchten und anderes. Es sollen jedoch entsprechend der Thematik des Buchtitels vorrangig die aus Verhaltensaspekten abzuleitenden Gründe betrachtet werden.

Mangelnde Technik der Gefiederpflege?
BLANCHARD (1995) weist darauf hin, dass auch die Gefiederpflege bei den Papageien instinktiv erfolgt, die Technik erlernt werden müsse. Daher könne es auch zu Federrupfen kommen, wenn diese nicht oder nicht hinreichend erlernt wurde. Eine Ursache für das Nichtlernen der arttypischen Gefiederpflege sieht BLANCHARD darin, dass Jungvögel durch Handaufzucht den Eltern entzogen werden (siehe dazu auch Kapitel „Handaufzucht").

Federrupfender Graupapagei.

Psychisch-emotionale Ursachen:
Als Gründe für das Federrupfen werden psychische Beeinträchtigungen favorisiert, besonders Langeweile, beengte Haltungsbedingungen, mangelnde Zuwendung durch den Pfleger und das Fehlen von Artpartnern (HAHN, 1987; HOLSHEIMER, 1991). WILLICH (2001) schreibt dazu: „Die Erfahrung zeigt, dass das Federrupfen bei Papageien in der überwiegenden Mehrheit der Fälle keine ausschließlich organischen, sondern vorwiegend psychisch-emotionale Gründe hat. Ein gravierendes psychisches Unbehagen, auf das Papageien mit Federrupfen reagieren, ist die Langeweile und die Einsamkeit, die sie in der Gefangenschaft als Haustiere zu erleiden haben." So schreibt auch HATT (in: KALETA und KRAUTWALD-JUNGHANNS, 2003) zur Entstehung des Federrupfens und den meist unzureichenden Ersatzangeboten zur Bekämpfung der Langeweile und Monotonie des Papageienalltags: „Die diversen im Zoofachhandel angebotenen Spielsachen [...] sind in der Regel ein schlechter Partnerersatz für einzeln gehaltene Vögel. So gehaltene Tiere entwickeln Neurosen, beispielsweise Federrupfen, das bis zur Automutilation gesteigert sein kann."

Ein Ergebnis einer Studie von JUPPIEN (1998) war, dass die Disposition zum Eigenrupfen bei Papageien mit der Häufigkeit eines Besitzerwechsels in Bezug steht: „Aus den bestehenden Signifikanzen wird eindeutig klar,

Rupfende Blaustirnamazone mit Halskrause.

daß die Wahrscheinlichkeit der Erkrankung mit der Zahl der Besitzer proportional ist." Einen weiteren Einflussfaktor sieht Juppien darin „daß Vögel, zu denen eine vertraute Beziehung nicht erwünscht ist, seltener erkranken" und weiter: „Der Grund dafür könnte in dem daraus resultierenden Verhalten des Besitzers seinem Vogel gegenüber zu finden sein. Denn ein Halter mit dieser Einstellung hält sich sicherlich bewußt aus dem Lebensraum des Tieres zurück. Möglicher Streß für scheue Tiere wird so verhindert und paarweise gehaltene Vögel können sich besser auf ihre jeweiligen Partner konzentrieren."

Sexuelle Frustration? Die Theorie des Federrupfens aus sexueller Frustration scheint uns, wie von Blanchard (1995) ebenfalls angemerkt, nicht schlüssig, weil das Verhalten auch von noch nicht geschlechtsreifen Tieren gezeigt wird.

Einzelhaltung und enge Mensch-Tier-Beziehung: Besonders die Einzelhaltung und zu enge Mensch-Tier-Beziehungen führen bei Papageien oft zum sogenannten over-protected-Effekt, (einem Überbeschütztsein) der ebenfalls als mögliche Ursache Beachtung verdient.

Abhilfemöglichkeiten

Jenkins (1999) vertritt die Ansicht, dass das Rupfverhalten, zumindest bis zu einem gewissen Grad, ignoriert und nicht mit vom Vogel als belohnend empfundener Aufmerksamkeit bedacht werden sollte. Dies ist zwar vom Ansatz her richtig, allerdings ist es je nach Schweregrad des Rupfens eben doch erforderlich, ihm zwangsläufig – und sei es nur zu notwendigen Behandlungen von Hautwunden – mehr Aufmerksamkeit zukommen zu lassen, als nach verhaltenstherapeutischen Maßstäben angezeigt wäre. Vor allem um zu verhindern, dass Hautwunden im Brustbereich entstehen, ist es zuweilen unumgänglich, dem rupfenden Vogel eine Halskrause anzulegen, damit er mit dem Schnabel nicht an diese Körperbereiche gelangen kann. Durch die Halskrause wird der Vogel aber in seinen gesamten Bewegungsabläufen und bei der Nahrungsaufnahme behindert.

Dem Entstehen von Federrupfen ist am wirksamsten durch gute und abwechslungsreiche Haltungsbedingungen (siehe Kapitel „Kriterien einer Haltung nach tiergartenbiologischen Gesichtspunkten") vorzubeugen, Einzelhaltung sollte vermieden werden. Eine Studie an einem großen Kollektiv in unterschiedlichen Haltungssystemen untergebrachter Venezuelaamazonen (64 Exemplare) bestätigte ursächliche Zusammenhänge zwischen der Haltungsform und -umgebung und dem Entstehen von Verhaltensauffälligkeiten, auch dem Federrupfen (Garner et al., 2006). Hat sich dieses Fehlverhalten erst einmal verfestigt, zeigen selbst Umstellungen der Haltung oder Überführung in geeignete Haltungssysteme oft nur geringen oder keinen Erfolg. Fiskett und Reavill (2004) schreiben in einem Kongressbeitrag: „Nach einer gewissen Zeit wird das Rupfen zu einem zwanghaften Verhalten und hält noch lange an, nachdem die auslösende Ursache verschwunden ist."

Aufzuchtmethode
und Verhaltensentwicklung

Schaut man sich in lokalen oder überregionalen Kleinanzeige- oder Haustiermärkten in diversen Internetforen um, wird rasch deutlich, dass der Anteil zum Verkauf angebotener, handaufgezogener Papageien an der Gesamtheit in einem Maße zugenommen hat, wie es noch vor wenigen Jahren kaum vorstellbar war. Exemplarisch hierfür ist die folgende Liste aus dem Kleinanzeigenteil eines der größten Internet-Vogelforen nach Arten und Aufzuchtmethode (Stand: 15. August 2006). Nicht berücksichtigt sind Angebote ohne Angaben zur Aufzuchtmethode.

Prozentual ergibt sich hieraus bei Graupapageien ein Handaufzuchtanteil von 77 %, Amazonen von 77 %, Aras von 44 % und Kakadus von 67 %. Zum Vergleich eine Liste vom 05. August 2003: Graupapageien 18 %, Amazonen 37 %, Aras 16 % und Kakadus 42 % (Munkes, 2003).

Diese Zahlen sind auch deshalb bemerkenswert, weil Sistermann (1999) in einer Studie die Kleinanzeigen aus dem Magazin „PAPAGEIEN" zu dieser Thematik ausgewertet hat. Nimmt man seine Zahlen als Maßstab, so wird eine wesentliche Verschiebung zur Handaufzucht in nur sieben Jahren mehr als deutlich. In Heft 04/99 wurde bei den Amazonen keine einzige Handaufzucht offeriert (Sistermann, 1999).

„Ware Tier" – das Geschäft mit der Handaufzucht

„Handaufgezogene Papageien sind in der Regel heute etwa eineinhalbmal teurer als Naturbruten und doppelt oder gar dreimal so teuer wie Importvögel der gleichen Arten. Damit wird die Handaufzucht bei allem damit verbundenen Pflegeaufwand zu einem äußerst lukrativen Geschäftszweig im Heimtierhandel" (Lantermann, 1998). Wie groß das Interesse an Handaufzuchten mittlerweile ist, lässt sich auch am Absatz diverser Fachbücher, die der Beschreibung negativer Aspekte der Handaufzucht meist nur wenige Zeilen widmen, ablesen.

Die ursprünglich als Ausnahme praktizierte Handaufzucht hat sich mittlerweile zu einer von vielen Züchtern geförderten Standard-Methode entwickelt. Der Eingriff in die natürlichen Brutabläufe wird weithin als Normalität wahrgenommen und akzeptiert. Dabei ist die Entscheidung zur Durchführung von Handaufzuchten überwiegend nicht an tiermedizinischen Erfordernissen, sondern an wirtschaftlichen Interessen, orientiert. Zur Deckung des hohen Bedarfs an zahmen Jungvögeln bedienen sich nicht wenige Züchter zwecks Steigerung der Produktion und Reduzierung der Ausfallraten einer hoch technisierten Ausstat-

Verkaufsangebote im Kleinanzeigenmarkt eines Internetforums.

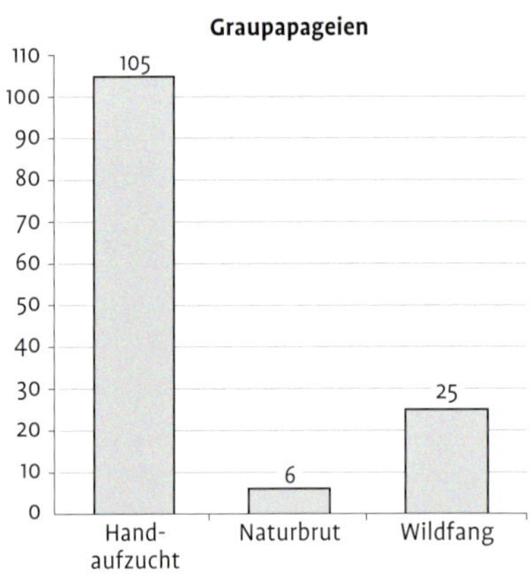

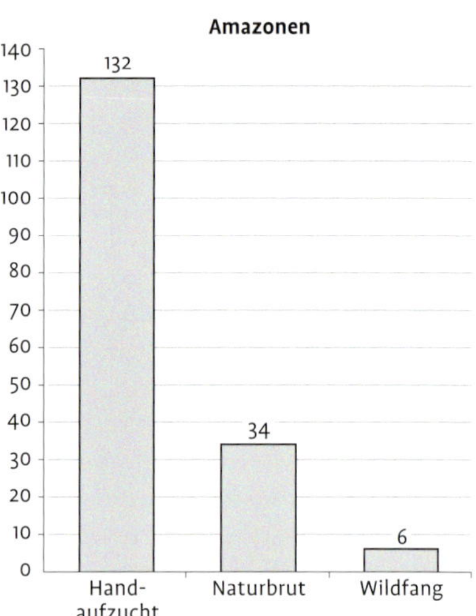

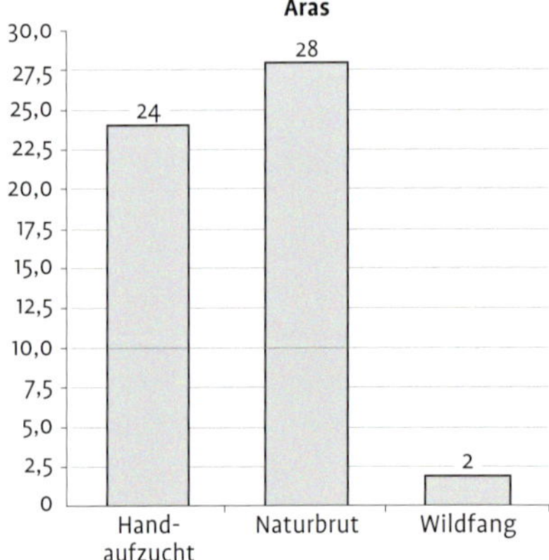

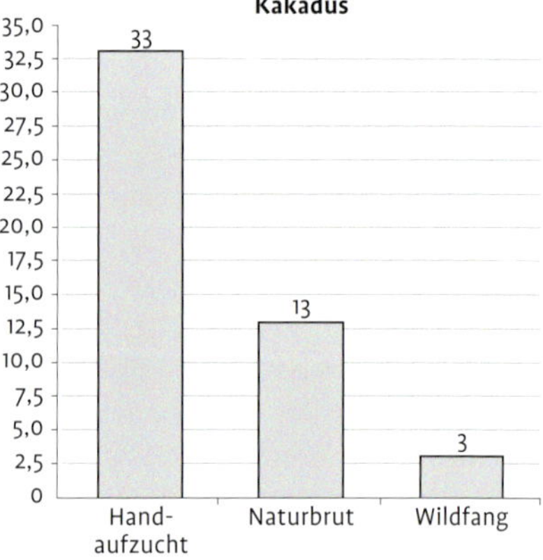

Unten: Gruppenhaltung von Amazonen in großzügiger Freivoliere.

tung. Einige Zuchtanlagen in Deutschland sind von Größe, Angebot und Ausstattung mit Zuchtfarmen in den USA vergleichbar.

Fast beiläufig wird von manchem Anbieter darauf hingewiesen, „auf Wunsch" seien auch Naturbruten erhältlich. Allerdings dürfte es eher unwahrscheinlich sein, dass Interessenten nach den Handaufzuchten zugeschriebenen Superlativen überhaupt noch einen Gedanken an den Kauf von Naturbruten verschwenden. Das werbewirksame Kalkül mit dem Gefühl der Kaufinteressenten geht in der Regel auf. Dabei sollte, wie es der Kieler Zoologe Herre (1990) formuliert: „das Wissen des Menschen über das Verhalten der Tiere und nicht unbestimmte Gefühle [...] die Grundlage der Tierpflege sein." In letzter Zeit ist auch hinsichtlich angebotener Sittiche ein zusätzlich von diversen Zoohandels-Verbänden gestützter Trend hin zur Handaufzucht feststellbar.

Fergenbauer-Kimmel (1992) merkt an: „Solche gewerbsmäßige Handaufzucht ist entschieden abzulehnen."

Handaufzucht – Vorgehensweise und Zweck

Dabei wird die Aufzucht der Nestlinge nicht den Elternvögeln überlassen. Wenn nicht, wie vielfach praktiziert, bereits das Gelege im entsprechenden Brutapparat künstlich bebrütet wird, werden die Nestlinge entweder unmittelbar nach dem Schlupf, oder zu einem späteren Zeitpunkt der Nestlingsphase entnommen. In einer künstlichen Umgebung mit der notwendigen Wärme (Strahler) werden sie dann vom Menschen mit Sonde, Pipette, Löffel oder sonstigen Hilfsmitteln gefüttert und großgezogen.

Die Nestlinge und Jungvögel sollen in der sensiblen Prägungs- und Sozialisationsphase auf den Mensch fixiert werden. Der Käufer soll einen Vogel erhalten, der dem Wunschbild eines zahmen, verschmusten und umgänglichen Hausgenossen entspricht. Dies ist ein sehr konservatives, traditionelles Bild, das zwar verständlich und nachvollziehbar, jedoch nur sehr bedingt mit den Ansprüchen an die Erfüllung der jeweils artspezifischen Erfordernisse in Einklang zu bringen ist. Oft spiegelt sich darin die Sehnsucht nach einem Stück Natur im Wohnzimmer, einem harmonischen Zusammenleben von Mensch und Tier. Es ist das Bild vom zahmen Amazonenpapagei auf der Schulter eines Ureinwohners – von der Natur, wie wir sie wollen. Allerdings ist „die Natur, wie wir sie wollen, ganz verschieden von der Natur, wie sie wirklich ist" (Wuketits, 2002). Lantermann (1999) merkt in Bezug auf Handaufzuchten an: „[...] trägt diese Form der Papageienzucht und -aufzucht dazu bei, dass das falsche Bild von den Papageien im Kopf der Vogelhalter weiter gefestigt wird." Natürlich ist unbestreitbar, dass bei der privaten Haltung von Papageien unter Wohnungsbedingungen ein gewisses Maß an Vertrautheit zwischen Mensch und Tier nicht nur von Vorteil, sondern sogar notwendig ist. Doch dazu bedarf es nicht der Handaufzucht.

Gelbhaubenkakadu im Aufzuchtgerät.

Weiteraufzucht von Hand beim Privathalter

Mittlerweile ist ein Trend erkennbar, dass Privatinteressenten von Züchtern oder Händlern Jungvögel erwerben, die noch nicht futterfest sind. Sie ziehen diese dann selbst von Hand weiter auf, um eine direkte Bindung des Menschen zum Vogel herbeizuführen.

Sicherlich begünstigt auch das Aussehen der Jungvögel mit ihrem Kindchenschema, dass Freude dabei empfunden wird, wenn man sich mit dem Tier abgibt. Hierzu Konrad Lorenz (1943): „Wir alle beantworten bei jungen Tieren wie bei kleinen Menschenkindern eine ganz bestimmte Zusammenstellung von Merkmalen mit spezifischen Gefühlen und Affekten, die als Erlebniskorrelate unseren arteigenen Pflege- und Betreuungsreaktionen zugeordnet sind. Lebewesen, die diese Merkmalskombination an sich tragen, werden dann als „süß" oder „niedlich" bezeichnet [...]." Dieser arterhaltende „Zwang", sich um den Nachwuchs zu kümmern, beeinflusst wahrscheinlich die Entscheidung für die Handaufzucht nicht unerheblich.

Seit etwa Mitte der 1990iger Jahre ist festzustellen, dass in erheblichem Umfang vorwiegend von kommerziellen Züchtern Papageienküken in einem Entwicklungsstadium verkauft werden, in dem die Jungvögel noch nicht selbstständig fressen können. Sie sind auf die Handfütterung durch den Mensch angewiesen.

Wodurch zeichnet sich das Kindchenschema aus? Bei Mensch und Tier gleichermaßen sind vier Punkte zu benennen: Ein großer Kopf im Verhältnis zum Rumpf, Kulleraugen, rundliche Formen, Kleinheit.

Tabelle 8: Übersicht über den Zeitpunkt der selbständigen Futteraufnahme bei verschiedenen Arten.

Art	Eigenständige Futteraufnahme nach (etwa) Tagen	Quelle
Blaustirnamazone	62	Veit, 1974
Venezuelaamazone	54	Ott, 1982
Gelbwangenamazone	85	Asmus, 2002
Grünwangenamazone	69	Mattmann, 1981
Graupapagei	70	Lantermann, 2000
Arakanga	110–120	Decoteau, 1982
Goldnackenara	112–120	Ploog, 1982
Rosakakadu	63–84	Robiller, 1993
Rüppels-Papageien	84	Kümpel, 2002

Der Zeitpunkt der Entwöhnungsphase, also der Übergang zu selbständiger Futteraufnahme variiert je nach Art und Aufzuchtmethode (siehe Tabelle).

Die Züchter verringern ihren Zeit- und Futteraufwand und die oft mühevolle Entwöhnung und Umstellung auf festes Futter entfällt, wenn sie die Tiere frühzeitig bei gleicher oder nur geringfügig reduzierter Verkaufspreisgestaltung im Verhältnis zu futterfesten Vögeln abgeben.

Dabei machen sie sich oft zusätzlich den Kundenwunsch nach einem superzahmen Vogel zu Nutze. Viele kommerzielle Züchter räumen potenziellen Kunden ausdrücklich die Möglichkeit ein, sich die Nachzuchtvögel schon zu einem frühen Zeitpunkt der Handaufzuchtphase vor Ort anzusehen. Dies verstärkt nicht selten den Wunsch, den Vogel möglichst bald zu besitzen.

Der Züchter mag dieses Entgegenkommen transparentes Verhalten nennen, möglicherweise aber ist es eine ungute Wechselwirkung zwischen den Interessen der Züchter und denen der Käufer, welche die Bedürfnisse beider Seiten scheinbar in Einklang bringt. Dabei werden die Bedürfnisse des dritten Beteiligten, des Jungvogels, und die Schwierigkeiten, diese auch nur annähernd zu befriedigen, vollständig in den Hintergrund gerückt.

Praxis und Probleme

Die Durchführung von Handaufzuchten erfordert ein hohes Maß an Kenntnissen über:

a) die Futtermenge, die in den verschiedenen Entwicklungsphasen zu verabreichen ist,
b) die richtige Zusammensetzung des Handaufzuchtfutters,
c) die dem Körperbau des Vogels entsprechende Methode der Futterverabreichung.

Darüber wissen viele Kaufinteressenten, und dies gilt nicht nur für Anfänger in der Papageienhaltung, nichts oder nur sehr wenig. In den seltensten Fällen wird vom Züchter der Versuch unternommen, die Käufer über mögliche Schwierigkeiten aufzuklären oder ein Grundwissen darüber zu vermitteln, wie im Einzelnen die Weiteraufzucht vorzunehmen ist. Davon abgesehen kann dies immer nur ein „Crash-Kurs" sein und weder die notwendige, umfassende Einarbeitung noch die praktische Erfahrung ersetzen. So wird vielfach durch „Learning by doing" und letzten Endes zu Lasten des Jungvogels die ganze Palette möglicher und unmöglicher Verfahrensweisen durchgetestet.

Ein noch nicht entwöhnter oder entwöhnungsfähiger Jungvogel, der vom Züchter in private Hände gegeben wird, ist an die bisher bei ihm praktizierte Fütterungsmethode, die Intervalle und die Futterzusammensetzung gewöhnt. Im günstigsten Fall wurde ein Futterlöffel eingesetzt, der um der Anatomie des Vogelschnabels gerecht zu werden, häufig entsprechend zurechtgebogen wird. Der Einsatz dieses Fütterungsinstrumentes schließt zumindest aus, dass der unmittelbare Kropfbereich der Vogels direkt tangiert wird. Aber auch die Löffelfütterung kann zu Verletzungen führen.

Bei weitem riskanter ist die Fütterung mittels Kropfsonde. Die Sonde korrekt im Kropf zu platzieren ist besonders bei schon befiederten Jungvögeln, bei denen die Sondenplatzierung nicht mehr von außen beobachtbar ist, alles andere als einfach. Tritt Futter aus, bevor die Sonde im Kropf angelangt ist, kann es in die Atemwege eindringen und zum Erstickungstod des Kükens führen. Ist die Sonde nicht richtig proportioniert oder wird sie nicht mit der nötigen Umsicht herausgezogen, kann der Kropf perforiert werden, was ebenfalls häufig mit dem Tod des Kükens endet. Wagner (2001) weist darauf hin, „dass es beim unsachgemäßen Herausziehen einer zu dicken Sonde aus dem Kropf zu einem Unterdruck kommen kann, der die innere Kropfhaut in die Sondenöffnung zieht [...]." Hinzu kommt, dass zuweilen selbstgebastelte Sonden benutzt werden. Meist bestehen diese aus größeren Ein- oder Mehrwegspritzen mit einem Schlauchaufsatz. Besonders Schlauchstücke aus der Aquaristik mit entsprechend scharfen Endstücken, deren Tauglichkeit nicht gegeben ist, finden nicht selten Verwendung. Zu bedenken ist auch, dass für diesen Einsatzbereich nicht gedachte Schlauchstücke sich in der Regel nicht mit heißem Wasser keimfrei machen lassen, ohne sich zu verformen oder diverse Schadstoffe freizusetzen.

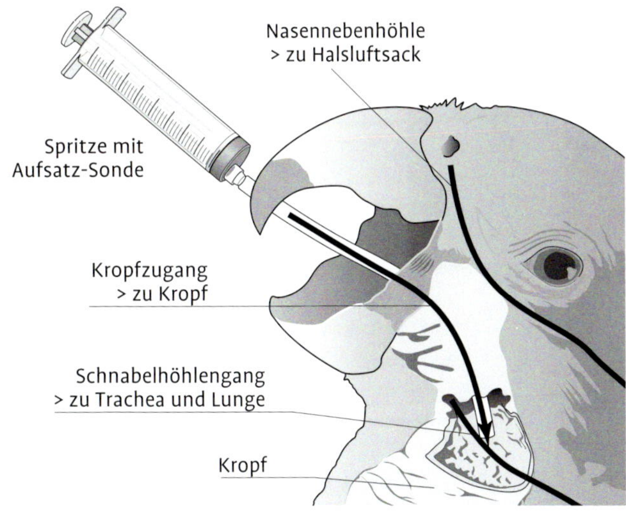

Sondenfütterung – schematische Darstellung.

Oft ist das vom Züchter eingesetzte und dem Kunden zur weiteren Verwendung empfohlene Handaufzuchtfutter nicht speziell auf die jeweilige Papageienart abgestimmt. Dabei sind die artspezifischen Anforderungen durchaus unterschiedlich. Aras benötigen beispielsweise ein fetthaltigeres Aufzuchtfutter als Amazonen. Auch muss die Temperatur des Breifutters beachtet werden, denn zu heiß verabreicht, kann es zu äußerst schlecht behandelbaren Kropfverbrennungen führen.

Entwöhnung

Besonders die Zeit der Entwöhnung beziehungsweise die Zeit der Umstellung auf festes Futter und eigenständige Futteraufnahme ist eine sehr kritische Periode für den Jungvogel. Es muss genau beobachtet und abgewogen werden, von welchem Moment an es angezeigt ist, den Vogel von der Handfütterung weg und an eine selbständige Nahrungsaufnahme heranzuführen. Dazu WAGNER (2001): „Die Entwöhnungsphase kann bei einigen Papageienarten bereits mit 45 Tagen beginnen, bei anderen Arten erst mit 65 Tagen, und sie dauert gewöhnlich noch einmal so lange wie die Zeit seit der Geburt."

Ist ein Jungvogel in dem Zeitraum, in dem er beginnen sollte, selbständig Nahrung aufzunehmen, noch untergewichtig, was der Halter nur durch Wiegen und Kenntnis der Literaturdaten wissen kann, muss weiterhin konsequent per Hand zugefüttert werden. Es ist nicht leicht abzuschätzen, ob der Jungvogel angebotenes Obst oder Körner wirklich aufnimmt oder nur beknabbert. Manchmal zieht der Jungvogel es vor, weiterhin per Hand gefüttert zu werden, vor allem dann, wenn ihm keine Elternvögel als Vorbild zur Verfügung stehen. Auf die Wichtigkeit des Lernens durch Abschauen weist unter anderen auch LANTERMANN (1987) hin: „Damit der Jungvogel das Enthülsen der Sämereien lernt, ist es gut, wenn er einem Artgenossen im Nachbarkäfig beim Enthülsen von Sämereien zuschauen kann."

Fallschilderung

Wie wenig es zu verantworten ist, noch handfütterungsbedürftige Jungvögel an Privatinteressenten, die nicht über die notwendigen Kenntnisse verfügen, abzugeben, zeigt als ein Beispiel von vielen der folgende Fall.

Eine Anfängerin in der Papageienhaltung hatte sich im Internet über das Angebot verschiedener Züchter informiert, weil sie einen jungen Graupapagei erwerben wollte. Sie wurde bei einer sogenannten Hobbyzucht, die allerdings eine große, durchaus ansprechend offerierte Palette unterschiedlicher Arten anbot, fündig. Der von ihr am 21.11.2003 dort erworbene Kongo-Graupapagei (Schlupfdatum laut Kaufvertrag: 10.09.2003) war entgegen der Zusicherung des Züchters zum Zeitpunkt der Abgabe nicht futterfest und zudem rachitisch. Beide Flügel wiesen eine Fehlstellung (Hängeflügel) auf. Laut tierärztlicher Diagnose wurden als Folge der rachitischen Entwicklung Brüche der Flügelknochen vermutet. Die oft auftretenden sogenannten Grünholzfrakturen betreffen laut HATT (in: KALETA und KRAUTWALD-JUNGHANNS, 2003) fast immer handaufgezogene Vögel. Auf Zusammenhänge zwischen rachitischen Erkrankungen und der Aufzuchtmethode weist HATT explizit hin: „Namentlich bei handaufgezogenen Papageien wird diese Erkrankung gelegentlich diagnostiziert."

Ethik und Verantwortungsbewusstsein

Über die Methode der Handaufzucht zu einem zahmen Vogel zu kommen, ist vorwiegend an menschlichen Wünschen ausgerichtet. Man könnte auch von egoistischen Motiven reden, denn den Elternvögeln und Jungtieren werden natürliche Entwicklungsabläufe vorenthalten, die der Mensch nicht angemessen ersetzen kann. Die Handaufzucht hat Einfluss auf die gesamte spätere Entwicklung des Tieres und daher ist sie, von wirklichen Notfällen abgesehen, ethisch nicht vertretbar.

Ziele und Folgen der Handaufzucht

Unbestreitbar wird ein handaufgezogener Vogel beim Käufer zunächst Begeisterung auslösen, denn er zeigt ihm gegenüber meist keinerlei Scheu. Der Papagei wird den Besitzer als Partner akzeptieren. Das Ziel ist also erreicht?

Für die Zeit bis zum Eintritt der Geschlechtsreife – je nach Art zwei bis sechs Jahre – trifft dies zu. Doch spätestens dann treten meist gehäuft Schwierigkeiten im Verhältnis zwischen Mensch und Papagei auf. Vom Halter völlig unerwartete Verhaltensänderungen des vorher so zahmen Vogels werden beschrieben. Vor allem unkontrollierbares Aggressionsverhalten führt zur Überforderung des Halters. Aber auch auf den Ersatzpartner Mensch gerichtete Elemente des Sexualverhaltens, wie Paarungsversuche am menschlichen Finger, Droh- und Imponierverhalten, Beiß- und Flugattacken, sind nicht selten. Fazit: Die Ziele der Handaufzucht können oft nur für eine begrenzte Zeit als erreichbar angesehen werden.

Handaufzucht und Einzelhaltung

Exemplarisch für zahlreiche ähnliche Beiträge in Internet-Vogelforen bittet ein schier verzweifelter Halter um Hilfe. Er schildert, dass sein handaufgezogener Graupapagei ganz entsetzlich und lautstark kreische und es ihm dann unmöglich sei, im gleichen Raum zu verweilen. Der Graupapagei mache ihn samt Familie total fertig. Der Vogel kreische zu jeder Tageszeit und höre nur damit auf, wenn er ihn aus dem Käfig lasse und kraule. Sobald er jedoch mit dem Kraulen aufhöre, beginne das Gekreische wieder. Er könne den Papagei doch nicht den ganzen Tag kraulen.

Schilderungen wie diese zeigen deutlich, wie sich die zunächst vom Käufer gewünschte Zahmheit und Anhänglichkeit des Handaufzuchtvogels zum Negativen wendet. Der Handaufzuchtvogel erwartet mehr menschliche Zuwendung als der Besitzer ihm auf Dauer geben kann und will. Die bedingungslose Zuwendung lässt allzu oft eine dem Mensch genehme Zeitplanung nicht mehr zu. Wendet er sich vom Handaufzuchtvogel ab, nimmt dieser das als frustrierend wahr und reagiert darauf mit aus Menschensicht unangenehmem Verhalten. Gerade handaufgezogene Papageien bedienen den Käuferwunsch nach einem einzelnen zahmen Hausgenossen. Handaufzucht und Einzelhaltung haben eine Wechselwirkung entfaltet, der allein mit Verweis auf biologisch begründbare Erfordernisse kaum noch zu entgegnen ist. Papageien aus Handaufzucht sind auf Grund ihrer Menschenfixierung in verstärktem Maß zur Erhaltung ihrer psychischen Stabilität auf dauerhafte Kontakte zum Mensch angewiesen.

Wichtige Entwicklungsphasen

Die sensibelste Prägungsphase eines Jungvogels ist die Nestlings- und die anschließende Jugendzeit. Die Lernvorgänge der sogenannten Prägung sind nur selten umkehrbar. So verankert der während einer Naturbrut bestehende, ständige Kontakt mit den Elternvögeln beispielsweise die sexuelle Prägung auf die eigene Art. Bei der Handaufzucht erfolgt die sexuelle Prägung auf den artfremden Menschen. Entsprechend schwierig können sich oft spätere Verpaarungen mit Artgenossen gestalten. Das Phänomen der sexuellen Prägung ist seit langer Zeit bekannt. Es müsste, für sich genommen, bereits davon abhalten, Handaufzuchten durchzuführen. Die Prägung auf artgleiche Individuen überhaupt ist ein wesentlicher Faktor für ein funktionierendes Zusammenleben mit Artgenossen.

Prägung wird charakterisiert durch

- eine eng umgrenzte, sensible Entwicklungsphase, in der Lernen möglich ist.
- eng umgrenzte Lerninhalte, wobei der Zeitpunkt der Prägung und die Zeit der Anwendung des Gelernten nicht zusammenfallen müssen.
- Lerninhalte, die, wenn überhaupt, nur unter Schwierigkeiten korrigierbar sind.

Bei Handaufzuchten werden den Nestlingen und Jungvögeln während der frühen Verhaltensentwicklung Erfahrungsmöglichkeiten entzogen, die eine arteigene Anpassung aufgrund von Lernen ermöglichen.

Die Sinneswahrnehmungen der Nestlinge sind in den ersten Tagen auf das Fühlen begrenzt. Sie spüren die Polsterung der Nisthöhle, die bei manchen Arten mit Daunengefieder komplettiert wird. Sie fühlen den Hautkontakt mit anderen Nestlingen und die wärmende Mutter. Sie nehmen die Schnabelberührung der Eltern wahr, die das Schnabelsperren auslöst. Diese Dinge kann der Mensch selbst mit viel Mühe und technischem Aufwand nur unzureichend ersetzen.

Nach einiger Zeit können die Nestlinge auch sehen und hören. Die vorher spontan und ungerichtet geäußerten Bettellaute werden nun durch Berührung und Lautäußerungen der Eltern ausgelöst. Bei manchen Arten, zum Beispiel der Venezuelaamazone, werden von den Elternvögeln auch Beruhigungs- und Beschwichtigungslaute eingesetzt. Diese innerartlichen Lautäußerungen mit allen Situationsbezügen werden den Handaufzuchten vorenthalten. Hinzu kommt, dass eine Veränderung der Umgebungsstrukturen durch Verbringen der Nestlinge in die Handaufzuchtumgebung zu Änderungen der natürlichen Umfeldinformationen führt. Über deren mögliche Auswirkungen ist noch wenig bekannt.

Beeinflussung des Verhaltens

Sistermann (1999) wies in seiner Studie „Untersuchung zur sexuellen Prägung handaufgezogener Großpapageien" nach, dass es zu Fehlverhalten handaufgezogener Elterntiere kommt, das sich vorwiegend im Nichtfüttern der Jungtiere äußert. Die Fehlprägung könne so gravierend sein, dass eine artgerechte Fortpflanzung nicht mehr möglich ist. Mögliche Probleme der Handaufzucht werden von Bürkle (1994), Tierarzt und langjähriger Mitarbeiter der Aufzuchtstation des Loro Parque (Teneriffa), angesprochen: „Außer dem Aspekt, dass diese Tiere kaum noch für die Zucht verwendet werden können, da die Prägung der Papageien auf den Menschen in den meisten Fällen zu stark ist, besteht bei einigen Arten auch die Gefahr, dass die Vögel nach Erreichen der Geschlechtsreife anfangen zu rupfen oder stundenlang ununterbrochen schreien."

Zoologischen Gärten und ähnlichen Einrichtungen ist das Problem der Menschenprägung handaufgezogener Papageien ebenfalls bewusst. Das Prägungsproblem wird in Veröffentlichungen angesprochen. Lücker (1992) (Zoo Dresden), der ein Erhaltungszuchtprogramm für Hyazintharas koordiniert: „Es wird empfohlen, junge Hyazintharas so schnell wie möglich mit anderen Aras/Hyazintharas zusammen zu bringen, um die Fehlprägung zu minimieren."

In einem Artikel zum Thema schreibt Lantermann (2003): „[...] Beeindruckend ist vor allem das Sexualverhalten, das besonders bei der Einzel- und Wohnungshaltung von Großpapageien drastische Formen annehmen und sogar zu einer Gefahr für den Pfleger werden kann. Dies gilt umso mehr für geschlechtsreife männliche Handaufzuchten, nur mit dem Unterschied, dass ihnen als völlig zahme und oftmals menschengeprägte Vögel die entsprechende Distanz zum Menschen fehlt und sich ihr Aggressionsverhalten umso stärker gegenüber dem Pfleger „entlädt". Und dies sind nur die auffälligsten Erscheinungen als Folge der Handaufzucht, manche weitere Verhaltensauffälligkeiten (beispielsweise Schreien, Federrupfen, soziale Deprivation u.a.m.) sind mittlerweile beschrieben worden. Zwei Aktenordner voller Leserbriefe der letzten 10 Jahre in meinem Regal deuten darauf hin, dass diese Auswirkungen bei den Käufern/Verkäufern bislang entweder nicht bekannt waren oder aber von den Verkäufern aus Geschäftsgründen bewusst verschwiegen wurden. Letzteres ist wahrscheinlicher [...]."

Es soll nicht unerwähnt bleiben, dass die Verhaltensauffälligkeiten nach Jordan (1994) weniger ausgeprägt bei gemeinschaftlicher Aufzucht von Nestgeschwistern im Sozialverband auftreten sollen. Allerdings fehlt auch bei dieser Variante der Kontakt der Vögel zu den Eltern oder ist der Elternkontakt auf recht kurze Zeit beschränkt.

Sicher wird eine gemeinsame Aufzucht von Nestgeschwistern im Gegensatz zu einer isolierten Handaufzucht die Sozialisierung auf die Art erleichtern. Eben so sicher kann auch ein Miteinander von Nestlingen und Jungvögeln Lernen fördern. Aber eine Unterbrechung des Informationsaustauschs von Eltern zu Nestlingen oder Jungvögeln führt zwangsläufig zu Informationsdefiziten. Daher ist auch diese Methode nur als das kleinere Übel anzusehen, zumal in der Regel keine zwingende Notwendigkeit zur Durchführung von Handaufzuchten besteht.

Auswirkungen auf die Elternvögel

Wenn Gelege zur Kunstbrut oder Nestlinge zur direkten Handaufzucht entnommen werden, wird bei den Weibchen der Bruttrieb erneut angeregt und es kann zu einer weiteren, unter normalen Umständen nicht vorgesehenen Brut kommen. Je nach Verfassung des Weibchens kann dies zu einer körperlichen Schwächung führen.

Die Entnahme von Gelege oder Nestlingen bringt das brütende Paar in eine Stresssituation. Millesi (2001) vom Institut für Zoologie der Universität Wien hat den Einfluss von Stresssituationen auf die Sexual- und Stresshormone bei Graupapageien dokumentiert und festgestellt, dass Stress zu einer deutlichen Erhöhung der Werte dieser Hormone führte. Millesi geht davon aus, dass auch immunologische Faktoren von der sozialen Situation beeinflusst werden, denn gestresste Vögel hatten auch einen höheren Anteil krankheitserregender Bakterien im Kot.

Brut und Aufzucht stellen besondere Anforderungen an die Elternvögel, denn sie müssen neben der Versorgung und Pflege auch Gelege und Nestlinge verteidigen. Damit erklärt sich

Einfluss der Aufzuchtmethode auf das spätere Verhalten

Eine umfangreiche Studie zum Einfluss der Aufzuchtmethode auf das spätere Verhalten, in die 105 Graupapageien einbezogen waren, wurde von Rachel SCHMID (2004) erstellt. Die Daten wurden durch umfangreiche Fragebögen und zusätzliche Besuche der Halter vor Ort erhoben. Die beobachteten Tiere hatten ein Mindestalter von drei Jahren. Einige Ergebnisse ihrer Arbeit:

- „Handaufgezogene Tiere sind in der Regel aggressiver als Naturbruten und Wildfänge und greifen beim Fliegen entsprechend häufiger an. [...] Neigung von handaufgezogenen Tieren, aus Dominanz zu beißen."
- „Papageien, die ausschließlich mit der Kropfsonde gefüttert wurden, haben die Tendenz, besonders aggressiv zu werden und greifen öfters beim Fliegen an."
- „Handaufgezogene Tiere sind im allgemeinen mehr selektiv als Naturbruten und Wildfänge. Sie dulden die Annäherungsversuche und den körperlichen Kontakt nur von wenigen bestimmten Leuten. Das ist vor allem auf die verfälschte Prägung dieser Papageien zurückzuführen, was zu einer übermäßigen starken Beziehung mit einer bestimmten Person führt, die als Ersatzpartner betrachtet wird."
- „Wie erwartet betteln handaufgezogene Tiere, um Futter zu bekommen, signifikant mehr als Naturbruten oder Wildfänge."
- „Alle Papageien, die ihr Gefieder schlecht pflegen (unter- oder übergepflegt) gehören zu den handaufgezogenen Vögeln. 33,3 % der handaufgezogenen Papageien, die kein Federrupfen zeigen, pflegen ihr Gefieder unzureichend bzw. zuviel."
- „Die Küken, die während der 6. Lebenswoche aus dem Nest genommen wurden, haben die Tendenz, sich die Federn zu rupfen. Der Grund dafür könnte sein, dass zu diesem Zeitpunkt die größeren Federn wachsen. [...] Diese Vögel könnten sich dann zu späteren Rupfern entwickeln."
- „Betrachtet man die Kondition der Tiere, kann man feststellen, dass 31,2 % der Handaufzuchten deutlich an Übergewicht leiden, gegenüber 23,1 % der importierten Tiere und 15,4 % der Naturbruten."
- „Die Graupapageien, die weniger als 5 Wochen durch ihre Eltern versorgt wurden, haben signifikant mehr stereotype Bewegungen entwickelt als diejenigen, die länger im Nest gehalten wurden."
- „[...] ist die deutliche Tendenz ersichtlich, dass die Vögel, die ohne Kontakt mit der Brut oder mit anderen Papageien grossgezogen wurden, nur eine begrenzte Fähigkeit besitzen, ein normales Sexualverhalten mit einem Artgenossen zu entwickeln. Nur 33,3 % der Papageien, die allein aufgezogen wurden, zeigen ein solches Normalverhalten, gegenüber 68,4 % der Vögel, die mit der gesamten Brut gehalten wurden."

Das Fazit von Rachel Schmid

„Naturbruten entwickeln weniger Verhaltensauffälligkeiten und können auch sehr zahm werden. Handaufgezogene Tiere neigen dagegen im allgemeinen dazu, im Verhalten problematisch zu werden." (in: SCHMID, STEIGER und DOHERR, 2005).

ihre während dieser Zeit gesteigerte Aggression. Andererseits ist eine Aggressionshemmung hinsichtlich des Umganges mit den Nestlingen erforderlich. Unter störungsarmen Bedingungen funktioniert die Balance zwischen Aggression und Hemmung. Doch Störungen während der Brut- und Aufzuchtzeiten können zu Fehlverhalten der Elternvögel führen. Die Anfälligkeit für Störungen ist je nach Papageienart verschieden. Bei Papageien in Menschenhand wird darauf oft wenig Rücksicht genommen. Nur so sind die in Internetforen und Magazinen regelmäßig veröffentlichten Fotos aus Bruthöhlen entnommener Nestlinge zu erklären. Später ist dann nicht selten zu lesen, die Nestlinge hätten in die Handaufzucht übernommen werden müssen, weil es unter anderem zu aggressivem Verhalten der Elternvögel gegen die Nestlinge gekommen sei.

Neben aggressivem Verhalten ist bei Störungen des Brutgeschäfts auch anderes Fehlverhalten zu beobachten:

- Unterbrechung bzw. Abbruch des Brutgeschehens (Verlassen der Nisthöhle),
- Zerstören des Geleges durch hektisches Bewegen in der Nisthöhle,
- Auffressen des Geleges.

Aussagen über die Störanfälligkeit brütender Papageienpaare gibt es viele. Eine kleine Auswahl: HOPPE (1981) berichtet von einem Venezuelaamazonen-Küken, das nach einer Nistkastenkontrolle nicht mehr von den Elterntieren gefüttert wurde und von Hand aufgezogen werden musste: „[...] brachte sie die Brutblockinspektion so aus dem Gleichgewicht, dass sie von da ab dem Jungtier keine Beachtung mehr schenkten. Ein deutliches Beispiel, wie empfindsam auf Veränderung während der Brut reagiert wird.“ Reinschmidt (2002) weist in einem Bericht zur Zucht der Soldatenamazone ebenfalls auf brut- und nestlingsgefährdende Störungen hin: „Um den Brutverlauf nicht zu stören und den eventuellen Erfolg nicht zu gefährden, wurden Nistkastenkontrollen auf das Notwendigste beschränkt [...]. Um die Tiere nicht unnötig zu stören, wurde zu diesem frühen Zeitpunkt auf die Entnahme der Jungvögel aus der Nisthöhle verzichtet, um Aufnahmen zu machen.“ Robiller (1990) verweist auf die Störanfälligkeit mehrerer Arten. Zum Brut- und Aufzuchtverhalten bei Goldsittichen (*Guaruba guarouba*) schreibt er: „Sehr aggressiv, auch dem Pfleger gegenüber. Höhlenkontrollen sind risikovoll. Das Weibchen verlässt das Gelege oder den Nachwuchs.“

Risiken bei der Beringung

Vom Gesetzgeber wird die Kennzeichnung der Nachzuchtvögel mit geschlossenen Ringen gefordert, die mögliche Manipulationen, wie unter anderen von Welsch (1986) beschrieben, verhindern soll. Das Problem besteht darin, dass das Anbringen geschlossener Fußringe nur in einer sehr frühen Nestlingsphase möglich ist. Hierzu müssen die Jungen der Nisthöhle entnommen werden, was besonders bei störanfälligen Arten dazu führen kann, dass die Elterntiere die Ringe als Fremdkörper wahrnehmen, die es zu entfernen gilt, oder aber nach dem Wiedereinbringen der Nestlinge generell mit aggressivem Verhalten gegen diese reagieren. Ein Züchter berichtete uns, dass er wenige Stunden nach der Beringung dreier Ecuadoramazonen-Küken (*Amazona autumnalis lilacina*) feststellen musste, dass bei allen die Füße abgebissen waren. Die Jungvögel wurden euthanasiert. Um den Zuchterfolg nicht zu gefährden, gehen viele Züchter zu solchen Verhaltensweisen neigender Papageienarten dazu über, die Nestlinge nach der geschlossenen Beringung per Hand aufzuziehen.

Den mit dem Vollzug des Bundesnaturschutzgesetzes (BNatSchG) sowie der Bundesartenschutzverordnung (BArtSchV) betrauten Dienststellen der Bundesländer wird zwar die Möglichkeit eingeräumt, Ausnahmegenehmigungen von der Kennzeichnungspflicht nach §§ 7 und 8 BArtSchV zu erteilen, die eine nachträgliche Kennzeichnung der Nachzuchtvögel mit offenen Ringen (mit Sollbruchstelle) erlauben; allerdings steht dies im Ermessen der jeweiligen Behörde und wird je nach Bundesland, sogar innerhalb der Bundesländer je nach Landkreisen, unterschiedlich gehandhabt.

Auch der BNA (Bundesverband für fachgerechten Natur- und Artenschutz e.V., 2002) fordert „eine unbürokratische Kennzeichnung bei Problemvögeln mit offenen Ringen mit Sollbruchstelle“. Um Handaufzuchten zu vermeiden, die aus der geforderten Kennzeichnung mit geschlossener Beringung resultieren, erscheint es sinnvoll im Falle des Anstehens einer Nachzucht mit heikleren Arten, einen entsprechenden Antrag auf Ausnahmegenehmigung (Entwurf siehe Anhang) an die zuständige Behörde zu richten.

Rechtliche Vorschriften

Für die Handaufzucht von Papageien genügt in Deutschland eine Zuchtgenehmigung, die leicht zu erhalten ist. Die geforderte Sachkunde beschränkt sich auf einige wenige Fragen. Das von der Sachverständigengruppe des Referates Tierschutz beim Bundesministerium für Ernährung, Landwirtschaft und Forsten erarbeitete Gutachten über „Mindestanforderungen an die Haltung von Papageien“ weist darauf hin, dass Jungvögel so aufgezogen werden sollen, dass sie artgeprägt sind, hat aber nur empfehlenden Charakter.

In jüngster Zeit werden in Deutschland vermehrt kritische Einwendungen gegen ohne Not vorgenommenen Handaufzuchten vorgebracht. So veröffentlichte zum Beispiel auch die Tierärztliche Vereinigung für Tierschutz e.V. (TVT) im Januar 2006 eine entsprechende Stellungnahme. In Österreich sind kommerzielle Handaufzuchten per Gesetz seit Dezember 2004 verboten. Aus dem Gesetzestext: „[...] muss die Aufzucht von Vögeln grundsätzlich so erfolgen, dass sie auf ihre Art geprägt sind. Die Handaufzucht ist nicht tiergerecht, da die Tiere keine Möglichkeit zur Entwicklung des artspezifischen Sozialverhaltens haben und die Handaufzucht einer Fehlprägung Vorschub leistet. Die Handaufzucht darf daher nur in begründeten Ausnahmefällen (beispielsweise bei Tod des aufziehenden Elternteils) erfolgen" (Bundesgesetzblatt für die Republik Österreich, 2004).

Naturbrut

Der Begriff Naturbrut für Nachzuchten in menschlicher Obhut ist eigentlich nicht ganz zutreffend, denn man kann die im Freiland vorhandenen Bedingungen in Haltungssystemen nie vollständig herstellen. Die Paare können sich nicht wie im Freileben selbst finden, sondern werden meist zusammengestellt. Nistkästen ersetzen die in der Natur in Bäumen befindlichen Nisthöhlen. Daher wäre die Bezeichnung „naturorientierte Brut" besser.

Auch eine naturorientierte Brut erfordert vom Züchter erheblichen Zeit- und Betreuungsaufwand. Das Ziel soll es schließlich sein, psychisch stabile und körperlich gesunde Jungvögel mit allen Arteigenschaften zu erhalten.

Voraussetzungen und Ziel

Die Bereitschaft zur Paarung und Jungenaufzucht hängt von der Harmonie und den Haltungsbedingungen ab. Belichtung, Luftfeuchte, Futterzusammensetzung und nicht zuletzt geeignete, den Ansprüchen der gehaltenen Art angepasste Nistgelegenheiten fördern die Paarungsbereitschaft. Eine Bruthöhle für größere Arten wie zum Beispiel Aras muss über andere Abmessungen verfügen als Bruthöhlen für Graupapageien, Amazonen oder die kleineren Kakaduarten.

Grundlagen der naturorientierten Brut

- Das Weibchen bebrütet das Gelege bis zum Schlüpfen der Küken.
- Fütterung und Aufzucht werden bis zur selbständigen Futteraufnahme der Jungen ausschließlich den Elternvögeln überlassen.

Nistkästen für Amazonen sollten aus mindestens 3 cm starken Holzelementen bestehen. Folgende Abmessungen sind zu empfehlen: Höhe 90 cm, Tiefe 55 cm (Wehe und Munkes, 2004). Etwas geringere Abmessungen sind ebenfalls praktikabel. Im oberen Drittel ist ein rundes Schlupfloch mit einem Durchmesser von etwa 12 cm anzubringen. Für die Weißstirnamazone genügt nach Robiller (1990) eine Nistgelegenheit von 30 × 30 × 50 cm. Fricker (1983) verwendete für die Jamaika-Amazone (*Amazona collaria*) Nistkästen von 60 × 25 cm.

Aras benötigen größere Nistkästen und sind nicht sehr wählerisch, was die Form betrifft. Robiller (1990) schreibt zum Grünflügelara: „An den Brutplatz werden keine besonderen Ansprüche gestellt." Vom Grünflügelara werden unterschiedlichste Kästen, Fässer, ausgehöhlte Baumstämme und sogar alte Kleiderschränke als Nistgelegenheit angenommen (Hohmann, 1984). Auch bei den Aras gibt es je nach Art erheblich differierende Körpergrößen, deshalb ist auf eine Anpassung der Nisthöhlenabmessungen zu achten. Für den Rot-

Entwicklungsstadien einer Blaustirnamazone in Elternaufzucht: Links: 27. Tag Rechts: 46. Tag.

Naturstammnisthöhlen.

rückenara, der im Verhältnis zum Grünflügelara wesentlich kleiner ist, werden dickwandige Höhlungen von mindestens 70 cm Tiefe und einem Durchmesser von 50 cm empfohlen (Robiller,1990).

Kakadus nisten im Freileben meist in Höhlungen von Baumstämmen. Nach Diefenbach (1985) wurden Nester von Rosakakdus „in Höhlen von nur 18 cm Durchmesser gefunden.“ Bei der Nachzucht in menschlicher Obhut wird meist auf aus stabilen Brettern gezimmerte Nistkästen zurückgegriffen. Wegen des äußerst kräftigen Schnabels aller Kakaduarten ist darauf zu achten, dass eine große Brettstärke gewählt wird und Verstärkungen in Form von Blechleisten an Schlupfloch und Verbindungskanten sind zu empfehlen. Im Taronga-Zoo in Sydney wurden für die Nachzucht des Palmkakadu Brutstämme von 1,50 m Höhe und 38 cm Durchmesser verwendet. Zur Nachzucht des Rosakakadu sollten die Abmessungen der Nistkästen nach Diefenbach (1985) 60 × 30 cm betragen. Bei Nistkastenabmessungen für Graupapageien kann man sich in etwa an der Größe der Nistkästen für mittlere Amazonen orientieren. Das Einflugloch muss bei den Nistmöglichkeiten für alle Arten ohne Probleme für die Elternvögel erreichbar sein. Gleiches gilt für den Ausstieg aus der Bruthöhle von innen. Die Nistgelegenheit ist mit tauglichen Materialen in ausreichender Höhe auszupolstern. Hierfür bieten sich beispielsweise unbehandelte Späne aus Buchenholz an.

Eine naturorientierte Brut hat das Ziel, psychisch stabile und körperlich gesunde Jungvögel mit allen Arteigenschaften hervorzubringen. Die Annahme, naturorientierte Bruten seien mit wenig Aufwand verbunden, trifft nur dann zu, wenn Züchter sich auf das Füttern und Säubern beschränken. Die Kunst besteht darin, jeden notwendigen Eingriff möglichst störungsarm zu halten. Reinigungs- und Fütterungsarbeiten müssen vorsichtig – zu Zeiten, in denen sich die Vögel erkennbar entspannt und ruhig verhalten – ausgeführt werden. Andererseits sind schon die Nestlinge an die menschliche Stimme und später an den Anblick des Menschen zu gewöhnen. All dies sollte immer ohne Störungen der Elternvögel geschehen.

Verantwortungsbewusste Züchter sind in der Lage, den Interessenten futterfeste und zahme Vögel anzubieten. Die künftigen Halter haben es dann selbst in der Hand, durch behutsamen Umgang mit den Jungvögeln die vorhandene „Vertrautheit“ noch zu steigern.

Ablauf einer naturorientierten Brut bei Venezuelaamazonen

Die Paarungsbereitschaft war bei den Amazonen der Verfasser schon daran zu erkennen, dass Partnerfütterung und gegenseitige Gefiederpflege zunahmen. Partnerfütterung ist Übung für die während der Brut anstehenden Aufgaben. Das Männchen zeigte sich durch Auffächern des Schwanzgefieders und Abstellen der Flügel von seiner imposantesten Seite. Mit zunehmender Beharrlichkeit folgte es dem Weibchen über die Äste.

Der Nistkasten wurde so angebracht, dass keine großen Störungen der Elternvögel zu erwarten waren. Das Schlupfloch wurde vom Weibchen noch um einige Zentimeter mit dem Schnabel ausgeweitet. Für die Bodeneinstreu des Nistkastens verwendeten wir Späne aus Buchenholz. Ein unterhalb des Einfluglochs angebrachter Ast ermöglichte den Vögeln ein problemloses Einsteigen.

In den folgenden Tagen konnten wir mehrere Paarungen beobachten. Das Weibchen lag dabei fast auf dem Ast. Es zitterte mit den Flügeln und versuchte mit leisen Rufen, das Männchen anzulocken. Nach vorhergehender intensiver Gefiederpflege stieg das Männchen mit dem Fuß auf das Weibchen und die Paarung konnte beginnen.

Der Nistkasten wurde nun ständig von beiden Vögeln inspiziert. Das Weibchen verschwand schließlich ziemlich oft im Nistkasten und ließ sich nur noch selten draußen sehen. Nach einigen Tagen nahmen wir, um gelegentlich vorkommende Legenot ausschließen zu können, eine Kontrolle vor. Dazu hatten wir den Nistkasten mit einer seitlichen Klappe versehen. Das Weibchen reagierte aggressiv und mit Bissen. Die Kontrolle ergab, dass ein aus vier Eiern bestehendes Gelege vorhanden war und Legenot nicht vorlag.

Venezuelaamazonen reagieren auf Störungen während der Brut und Aufzucht empfindlich, was schlimme Folgen für das Gelege oder die Nestlinge haben kann. Deshalb verlegten wir die Durchführung notwendiger Arbeiten in die späten Abendstunden. Eine kleine Erleichterung war darin zu sehen, dass das Männchen im Gegensatz zum Weibchen keine ausgeprägte Aggression zeigte. Es fütterte das Weibchen auch in vorbildlicher Weise. Da dieses nun fest das Gelege bebrütete, verließ es nur noch selten den Nistkasten. Dementsprechend war der Sammelkot, der nicht in Nähe des Nistkastens abgesetzt wird, von der Menge her immens. Nach 25 Tagen war ein erstes Piepsen aus dem Nistkasten zu hören. Das Weibchen nahm einen Tag vor dem Schlupf des ersten Jungvogels ein ausgiebiges Bad in einer Bodenpfütze. Bei einer Luftfeuchtigkeit von 70% waren zwar gute Bedingungen gegeben, aber das Befeuchten des Gefieders trägt mit Sicherheit zu einer Erleichterung des Schlüpfens bei. Mittlerweile waren weitere Jungvögel geschlüpft. Man konnte drei Stimmen unterscheiden. Ein Ei war wohl unbefruchtet.

Beide Elternvögel fütterten im Wechsel. Schon während der Nestlingszeit gewöhnten wir die Vögel durch gelegentliches ruhiges Reden an die menschliche Stimme. Auf ungewöhnliche Geräusche reagierte das im Nest sitzende Weibchen mit Beschwichtigungs- und Beruhigungslauten. Dies war Signal für die Jungvögel, ihr lautstarkes Futterbetteln einzustellen.

Nach 49 Tagen verließ der erste Jungvogel die Nisthöhle. Bereits einige Tage davor waren die drei Jungvögel häufig am Schlupfloch zu sehen. Die beiden anderen verließen erst fünf Tage später die Nisthöhle gemeinsam.

Es folgten die ersten unbeholfenen Flugversuche mit entsprechenden Bruchlandungen. Sobald ein Jungvogel auf dem Boden landete, versuchten die Eltern durch Überfliegen die noch ungeschickten Vögel wieder zum Abflug zu animieren und dies gelang ihnen letztlich auch immer.

Innerhalb von nur zwei Wochen nahmen die Jungvögel selbständig Futter auf. Wir waren während dieser Zeit des Öfteren stille Beobachter. Nach zwei Monaten nahmen die Jungvögel schon Futter aus der Hand und benutzten uns als Anflugstelle.

Papageien aus verantwortlich begleiteter Naturbrut haben alle Arteigenschaften bei gleichzeitiger Vertrautheit zum Mensch. Sogenannte Not-Handaufzuchten werden oft nur deshalb erforderlich, weil störende Eingriffe zu einem Fehlverhalten der Elternvögel führen.

Tiergartenbiologische Gesichtspunkte

Die sogenannte Tiergartenbiologie hat sich, wie der Name verrät, aus der Absicht heraus entwickelt, Tieren in zoologischen Einrichtungen bessere Bedingungen, als dies noch vor nicht allzu langer Zeit der Fall war, zu bieten. Es ist also nicht erstaunlich, dass erste Überlegungen dazu von Zoodirektoren unter der Federführung von HEDIGER (1944, 1961, 1965) angestellt wurden.

Für die jeweiligen Artansprüche zu enge Gehege und Volieren, monotone Einrichtungen und Ähnliches hatten bei den Zootieren vielfach psychische und physische Defekte bis hin zu hohen Sterblichkeitsraten zur Folge. Auch im Bereich der Papageienhaltung wiesen zoologische Gärten, Tierparks und Menagerien erhebliche Defizite auf. So war es lange Zeit üblich, Aras, aber auch andere Papageienarten angekettet auf Ständern – ausgestattet mit je einem Fress- und einem Wassernapf – den Besuchern zu präsentieren. Die Papageien wurden auf eine Rolle als „bunt gefärbte, gefiederte Clowns“ reduziert (FINSCH, 1867, 1868). An sonnigen Tagen verblieben die Papageien auf ihren Ständern im Freien und wurden dann bei Nacht mitsamt Ständer und Bügel in Innenräumen abgestellt (KNOTTNERUS-MEYER, 1925).

In den meisten zoologischen Gärten ist diese Art der Haltung mittlerweile Vergangenheit. Geradezu mustergültig auf die Bedürfnisse einer „modernen“ Papageienhaltung zugeschnitten ist die Großraumvoliere des Tierpark Hagenbeck in Hamburg. Die Voliere umfasst etwa

Gruppenhaltung von Amazonen in großzügig ausgestattetem Innenraum mit anschließender Freivoliere.

4000 Kubikmeter. In ihr lebt eine Gruppe von 17 Grünflügelaras (*Ara chloropterus*), die sich einer naturnahen und abwechslungsreichen Gestaltung erfreuen darf.

Aber wie ist es um die Haltung von Großpapageien in Wohnstuben bestellt? Oft müssen mehr oder minder beengende Käfige und Kleinstvolieren, die weder ausreichende Bewegungsmöglichkeiten noch Abwechslung bieten, als „Lebensraum" herhalten. Gelegentlich gestattete Ausflüge innerhalb des Wohnbereiches sind von Zeitplanung, Lust und Laune der Halter abhängig. Sind die Halter berufstätig, werden Aktivitäten der papageiischen Pfleglinge, oft ist es auch nur ein Einzelvogel, und die Beschäftigung mit ihnen in die Abendstunden verschoben. Dies kann weder genügen, noch entspricht es dem normalen Tagesrhythmus von Papageien.

Eine Haltung nach tiergartenbiologischen Gesichtspunkten muss darauf ausgerichtet sein, Physis und Psyche der Papageien gleichermaßen gesund zu erhalten.

Umsetzung in der privaten Papageienhaltung

Kein Privathalter wird willens oder in der Lage sein, Papageien solche Möglichkeiten zu bieten wie der Tierpark Hagenbeck. Trotzdem sind viele kleine Schritte in Richtung einer Haltung nach tiergartenbiologischen Kriterien auch im Bereich der Privathaltung mit weniger Aufwand machbar, wünschenswert und im Sinne unserer gefiederten Freunde notwendig. Ob wir die Bereicherung des Lebensumfeldes unserer gefiederten Freunde unter der mittlerweile modernen Bezeichnung Environmental oder Behavioural Enrichment führen oder aber bei der alten, jedoch keineswegs veralteten Bezeichnung „Tiergartenbiologische Gesichtspunkte" bleiben – der Wesentlichkeit einer den Artansprüchen entsprechenden Haltungsumgebung tut dies keinen Abbruch. Trotzdem sollte die kritische Anmerkung nicht fehlen, dass unter der Flagge des grundsätzlich richtigen Gedankens einer „Lebensraum- oder Verhaltensbereicherung" derzeit auch immer mehr vorwiegend kommerziell orientierte Richtungen der Verhaltensbeeinflussung auftreten. Um abwechslungsreiche Haltungsumgebungen zu schaffen, bieten sie zum Beispiel verhaltensbeeinflussende Trainingsmaßnahmen an, die bei einer den Artansprüchen angemessenen Haltungsumgebung an sich schon entbehrlich, wenn nicht sogar fragwürdig sind.

Mülleramazone.

Berücksichtigung der Sozialstruktur

An erster Stelle aller Überlegungen muss die Berücksichtigung der am Ethogramm der jeweiligen Art zu orientierenden sozialen Strukturen stehen. Die hier beschriebenen Papageien sind ausnahmslos sozial lebende Tiere, die in Paaren, Familienverbänden, Gruppen und Schwärmen in der Natur anzutreffen sind. So sind die meisten ihrer Verhaltensweisen auf ein Leben in Verbänden ausgerichtet. Sie einzeln zu halten ist tatsächlich ein gravierender Haltungsfehler,

Wichtig

Papageien sollten mindestens paarweise und gegengeschlechtlich gehalten werden. Eine Haltung in artgleichen Gruppen bei ausgewogener Verteilung der Geschlechter ist der paarweisen Haltung noch vorzuziehen, wenn das räumliche Angebot vorhanden und die Pflege mehrerer Exemplare vom zeitlichen und finanziellen Aufwand her dauerhaft gesichert ist. Hierbei müssen Abtrennungsmöglichkeiten für den Fall von Unverträglichkeiten und zur während der Balz- und Brutzeit notwendigen Separierung von Paaren verfügbar sein.
Das Paar ist im Freileben die kleinste organisatorische Einheit. Gruppen erlauben ein Mehr an Interaktion und entsprechen am ehesten der während der meisten Zeit des Jahres im Freileben zu beobachtenden Organisationsform.

der häufig körperliche und besonders psychische Defizite bis hin zu massiven Verhaltensauffälligkeiten oder Verhaltensstörungen fördert.

Paar- und Gruppenhaltung

Bei Paarhaltung ist darauf zu achten, dass artgleiche Tiere gehalten werden. Viele Gründe sprechen dagegen, zum Beispiel einen Graupapagei mit einer Amazone oder einem Ara zu halten. Es gibt zwar einige artübergreifende Gemeinsamkeiten des Verhaltens, die Unterschiede überwiegen jedoch. Zudem differieren die Ansprüche an die Ernährung der Arten teilweise erheblich.

Wird zum Beispiel daran gedacht, zwei unterschiedliche Amazonenarten gemeinsam in Paarhaltung zu pflegen, so sollte mindestens bekannt sein, ob die jeweiligen Arten auch in den Ursprungsgebieten zeitweise in gemeinsamen Schwärmen zu beobachten sind. Um bei Zuchtabsicht Bastardisierungen zu vermeiden ist es wesentlich, nur absolut gleiche Arten zu verpaaren. Für Gruppenhaltung gelten prinzipiell die gleichen Kriterien. Allerdings ist es durchaus möglich, beispielsweise verschiedene Amazonenarten, die sich hinsichtlich Körpergröße, Statur, Verhalten und Freilandvorkommen entsprechen, in einer Gruppe zu halten. So leben bei uns Blaustirn- und Venezuelaamazonen in einer gemischten Gruppe.

Vermeidung von sozialem Stress

Es genügt nicht, zwei gegengeschlechtliche Papageien in der guten Absicht zu erwerben, damit den Anforderungen der Paarhaltung genügt zu haben. Das gilt ganz besonders beim Erwerb geschlechtsreifer Papageien. Unverträglichkeiten zwischen zwei Exemplaren sind möglich und können sich in gegenseitigem Ignorieren, aber auch in Unterdrückung, Verdrängung von Futterplätzen oder Attacken äußern. Gleiches gilt bei der Zusammenstellung von Gruppen. Hier ist auf eine ausgewogene Alters- und Geschlechtsstruktur zu achten.

Hatten Exemplare bereits einen oder mehrere Vorbesitzer, empfiehlt es sich, eventuelle Auffälligkeiten im Vorfeld einer Zusammenstellung oder Eingliederung zu erfragen. Unausgewogene Paar- oder Gruppenzusammenstellungen erzeugen permanenten Stress für die Papageien, schwächen das Immunsystem unterdrückter Exemplare und fördern Erkrankungen. Bei ständigen Auseinandersetzungen kommt das erhöhte Verletzungsrisiko hinzu.

Unterbringung

Die Notwendigkeit einer den jeweiligen Artbedürfnissen angemessenen Luftfeuchte und geeigneter Beleuchtungskörper sind in den entsprechenden Kapiteln ausführlich dargestellt. Daneben gibt es eine Reihe weiterer Faktoren, durch die das Lebensumfeld für die Papageien günstig beeinflusst werden kann.

Größe von Haltungssystemen

Die Bemessung der Räumlichkeiten wie Vogelzimmer oder Voliere muss an der Zahl der zu haltenden Papageien ausgerichtet werden. Dabei ist jedoch eine einfache mathematische

Tabelle 9: Abmessungen entsprechend der vorgeschriebenen Mindestanforderungen.

Gesamtlänge der Vögel in cm/ bezogen auf Arten	Länge in m/ Käfig/Voliere	Breite in m/ Käfig/Voliere	Höhe in m/ Käfig/Voliere	Voliere/ Grundfläche des Schutzraums/Quadratmeter
bis 25	1,0	0,5	0,5	0,5
über 25 bis 40	2,0	1,0	1,0	1,0
Über 40	3,0	1,0	2,0	2,0

Die Höhenangabe des Haltungssystems von 1,0 m für Arten mit einer Größe von 25 bis 40 cm könnte man im Wissen um die lokomotorischen Bedürfnisse und Fähigkeiten der betreffenden Arten für einen Übertragungsfehler halten.

Tabelle 10: Zu empfehlende Abmessungen für Haltungssysteme nach Arten. Jedes größere Haltungssystem stellt eine Optimierung dar.

Arten	Länge in m/ Vogelzimmer/ Voliere	Breite in m/ Vogelzimmer/ Voliere	Höhe in m/ Vogelzimmer/ Voliere	Voliere/ Grundfläche d. Schutzraums/Quadratmeter
Amazonen	5,0	4,0	mind. 2,50	4
Aras	7,0	6,0	mind. 2,50	5
Graupapageien	4,0	4,0	mind. 2,50	4
Kakadus	4,0	4,0	mind. 2,50	4
davon:				
größere Arten	7,0	6,0	mind. 2,50	5

Hochrechnung der Daten aus den Mindestanforderungen an das Raumangebot für einen Papagei durch Multiplikation der Anzahl zu haltender Papageien weder hinreichend noch sinnvoll.

Selbst ein einzeln gehaltener Papagei braucht ausreichend Raum, damit er sich seiner Art gemäß bewegen kann. Bei Vögeln gehört dazu immer auch das Fliegen. Dies ist in Käfigen und Kleinstvolieren nicht möglich. Käfige und Kleinstvolieren entsprechen auch dann nicht tiergartenbiologischen Gesichtspunkten, wenn die Vögel zeitweise die Möglichkeit zum Verlassen haben, denn die natürlichen Aktivitätsrhythmen von Papageien sind selten mit der Zeitplanung ihrer Besitzer in Einklang zu bringen.

Die in den Mindestanforderungen an die Haltung von Papageien (BMVEL) definierten Abmessungen entsprechen in keiner Weise den Anforderungen an eine Haltung nach tiergartenbiologischen Gesichtspunkten. Zudem stehen die Längen- und Höhenproportionen teilweise im Widerspruch zur Raumausnutzung, die unter normalen Umständen von den Papageien zu erwarten ist.

Die in den letzten Jahren vermehrt angebotenen und meist an den „Mindestanforderungen" orientierten sogenannten Zimmervolieren sind bestenfalls ein kleiner Schritt weg von der Käfighaltung. Den Anforderungen einer tiergartenbiologischen Haltung entsprechen sie ebenfalls nicht. Diefenbach (1985) schreibt dazu: „Eine Zimmervoliere ist zwar ein überdimensionaler Käfig, jedoch sei hier ausdrücklich nicht das darunter verstanden, was im Handel als solches angeboten wird; hier handelt es sich meist nur um größere Papageienkäfige, die ohnehin nur die Mindestanforderungen erfüllen." Lantermann (1999) merkt ebenfalls an: „Alle Arten von Käfigen und selbst die im Handel erhältlichen Zimmervolieren sind demnach hinsichtlich ihrer Eignung für die Papageienhaltung mit größter Skepsis zu betrachten."

Sind in einer solchen Voliere noch drei oder vier Äste und die notwendigen Futter- und Wassernäpfe angebracht, ist bestenfalls ein eingeschränktes Klettern, jedoch keine Flugbewegungen mehr möglich. Es handelt sich dann

Raumstrukturierung

Die verbreitete Ansicht, dass es bei Haltungssystemen nicht so sehr auf die Höhe, sondern auf die horizontale Ausdehnung ankomme, entbehrt der Grundlage, denn die Lebensraumnutzung von Papageien im Freiland beschränkt sich nicht auf mittlere Höhenbereiche. Amazonen nutzen im Freileben vorwiegend mittlere bis hohe Vegetationsbereiche und meiden eher die Bodennähe, außer die Amazonen und Aras suchen zeitweise zur Aufnahme mineralischer Substanzen an Colpas oder Lehmlecken den Boden auf. Papageien bewegen sich meistens kletternd und fliegend fort. Ist ein Haltungssystem in höheren Bereichen nicht durch horizontal angebrachte Äste entsprechend strukturiert, wird in der Tat der leere Raum dort nicht genutzt. Steile Aufwärtsflüge gehören nicht zum Flugbild von Papageien. Sind aber horizontale Äste als Zwischenstufen angebracht, die der Baumstruktur im Freiland entsprechen, so werden diese selbstverständlich auch angeflogen und der Raum wird genutzt.

wirklich nur noch um eine Unterbringung – keinesfalls um ein adäquates, das heißt, den Artansprüchen gemäßes Haltungssystem.

An den Artansprüchen ausgerichtete Haltungssysteme sollten die in der folgenden Tabelle aufgeführten Maße nicht unterschreiten.

Einrichtung und Struktur

Sollen die Papageien in unmittelbarer Nähe des menschlichen Wohnbereiches gehalten werden, empfiehlt sich die Einrichtung eines separaten Vogelzimmers oder einer Voliere in räumlicher Nähe des Wohnbereichs. Die Einrichtung muss abwechslungsreich strukturiert und so gestaltet sein, dass Pflege- und Reinigungsarbeiten leicht möglich sind. Die Einrichtung muss den jeweiligen Erfordernissen der Papageienart entsprechen.

Die Qualität eines Haltungssystems wird nicht nur durch seine Größe, sondern maßgeblich auch durch die Einrichtungsgegenstände wie Äste, Futterbretter etc. und deren Anordnung bestimmt.

Dem sogenannten Environmental Enrichment, was sich etwa mit „Bereicherung der Einrichtung“ übersetzen lässt, ist im Hinblick auf die Ermöglichung artangemessenen Verhaltens und der Vermeidung von Verhaltensstörungen verstärkt Beachtung zu schenken. Die Einrichtung soll zum Ausleben natürlicher Verhaltensanlagen anregen und gleichzeitig natürliche Bewegungsweisen ermöglichen.

Flugmöglichkeiten

Es ist nicht angebracht, das Vogelzimmer oder die Voliere in allen Ecken und Winkeln mit Einrichtungsgegenständen auszufüllen. Es müssen stets genügend Freiräume bleiben, die ein wirkliches Fliegen ermöglichen. Bei häufig kletternden aber auch gerne fliegenden Arten wie Amazonen und Aras ist darauf zu achten, dass Kletteräste möglichst horizontal und nicht zu nahe beieinander angebracht werden. Der Abstand zwischen den Ästen in abgestuften Höhen ist so zu wählen, dass von Ast zu Ast eine längere Strecke liegt, die vom Vogel nicht kletternd, sondern nur fliegend überwunden werden kann. Vor allem bei den großen Aras empfiehlt sich ein Mindestabstand der Äste von etwa drei Metern. Damit auch längere Strecken fliegend zurückgelegt werden können, ist unbedingt darauf zu achten, die Äste versetzt und in unterschiedlichen Höhen anzubringen.

Die Autoren einer neueren Arbeit zum Verhalten von Papageien in menschlicher Obhut betonen ebenfalls die Unverzichtbarkeit von Flugmöglichkeiten (van Sant, 2005). Eigentlich sollte die Ermöglichung des Fliegens eine Selbstverständlichkeit sein. Abgesehen von Aspekten des Verhaltens ist das Fliegen für eine Gesunderhaltung des gesamten Atmungstraktes einschließlich der Luftsäcke lebensnotwendig. Gleiches gilt für die Beanspruchung der Flugmuskulatur. So ist bei Papageien, die nicht regelmäßig fliegen können, oft eine Erschlaffung und Rückbildung der Muskulatur erkennbar. Dagegen zeigen Papageien in Haltungssystemen mit Flugmöglichkeit nach Untersuchungen von McCluggage (in: Johnson, 2004) zudem ein besseres und stabileres Immunsystem als solche ohne Flugmöglichkeit. Dieser Effekt ist auf die Stimulierung des lymphatischen Systems zurückzuführen. Bob und Liz Johnson (2004) beschreiben in ihrer Abhandlung über den „Fitness-Faktor Fliegen“ realitätsnah die Einstellung nicht weniger Halter. Sie berichten darüber, dass einige meinten, ihre Papageien (insbesondere Amazonen) seien von Natur aus träge und flögen sowieso nicht gerne. Dabei werde kaum bedacht, dass bei Mangel an Flug- und sonstigen Bewegungsmöglichkeiten ein Papagei diese Aktivitäten ganz einfach nicht zeigen kann.

Dauern solche Zustände an, wird die herabgesetzte Bewegungsaktivität von unbedarften Haltern als „Normalzustand“ interpretiert und keine Notwendigkeit zur Veränderung der Haltungsumgebung gesehen. Sowenig das im englischen Sprachgebrauch als „Couch-Potato-Syndrom“ beim Mensch benannte stundenlange „Herumhängen“ auf dem Sofa bei oft laufendem Fernseher und in Reichweite befindlichen Chipstüten der Gesundheit zuträglich sein kann, sowenig ist die erzwungene Inaktivität der Gesundheit unserer gefiederten Freunde dienlich. Kein Mensch würde annehmen, seine Artgenossen seien von Natur aus träge, weil man sie mit zufriedenem Gesichtsausdruck in „Couch-Potato-Position“ beobachten kann.

Ein zweiter Aspekt kommt hinzu: Bewegungsmangel geht bei Mensch und Tier häufig mit einer übersteigerten Nahrungsaufnahme einher, mit den bekannten Folgen. Die Energie aus der aufgenommenen Nahrung wird nur ungenügend verbraucht und das Resultat ist eine Gewichtszunahme.

Gerade Amazonen, die in bewegungseinschränkender Käfighaltung leben, können an Körpergewicht massiv zunehmen. Als Extrembeispiel sei eine, einem befreundeten Tierarzt vorgestellte, Blaustirnamazone mit einem Körpergewicht von 830 Gramm erwähnt. Das Normalgewicht beträgt zwischen 400 und maximal 500 Gramm.

Bei über lange Zeiten gekäfigten Papageien, die in eine Haltung mit Flugmöglichkeit überführt werden, ist oft feststellbar, dass sie bestenfalls noch in der Lage sind, ganz kurze Strecken im Flug zurückzulegen.

Das Flugbild – wenn man es überhaupt noch als solches bezeichnen kann – ähnelt dann eher einem unbeholfenen Flattern als einem koordinierten Flug. Es kann lange dauern, bis solche Tiere wieder in der Lage sind, einigermaßen sicher zu fliegen.

Barber (1994) hat die immense Bedeutung des Fliegens für das Wohlbefinden von Papageien über die physischen Aspekte hinaus in fast anrührender Weise so beschrieben: „Vögel fliegen nicht nur aus einem Bewegungsbedürfnis. Das Fliegen ist auch eine wundervolle Ausdrucksform ihrer Stimmung. Fliegen ist für Vögel so etwas wie in Bewegung umgesetzte Musik und Rhythmus. Es ist Temperament, Übermut und Schönheit."

Beschäftigung mit Futter

„Langeweile haben freilebende Papageien normalerweise nicht, denn sie sind oftmals viele Stunden am Tag mit der Futtersuche und der Nahrungsaufnahme beschäftigt" (Künne, 2000).

Außer dass durch die Ernährung dem Körper die nötige Energie zugeführt wird, ist sie bei Tieren in Haltungssystemen immer auch ein Faktor, mit dem sich viele Verhaltensweisen positiv beeinflussen und anregen lassen.

In eigens für Papageien eingerichteten Räumen oder Volieren besteht die Möglichkeit, das Futter so anzubieten, dass den Papageien tatsächlich – wie auch im Freileben – eine wirkliche Aktivität abverlangt wird. Während in Käfigen oder Zimmervolieren die Näpfe so angeordnet sind, dass meist einige kleine Trippelschritte der Vögel nach rechts oder links genügen, um an das Futter zu gelangen, kann man in Vogelzimmern oder Volieren bestens verhindern, dass die Vögel gezwungenermaßen bequem werden. „Die Nahrung sollte [...] möglichst so dargeboten werden, daß die Tiere [...] lange mit der Nahrungsaufnahme beschäftigt sind" (Lantermann,1999).

Besonders Amazonen und Aras, aber auch alle anderen Arten sind – wie schon den Beschreibungen der Ernährungsweise im Freiland zu entnehmen – nicht alleine mit handelsüblichen Körnermischungen zufriedenzustellen. Für eine artgemäße Ernährung ist zusätzlich auf ausreichende Versorgung mit Obst, Gemüse, Beeren etc. zu achten. Bei Amazonen kann der Anteil an nicht im weitesten Sinne den Saaten zuzuordnenden Nahrungsbestandteilen weit über 70 % betragen.

Gerade dies bietet die Chance, für einen hohen Grad an Abwechslung zu sorgen. Neben der für alle Pfleglinge notwendigen Grundversorgung in Form von Fertigmischungen guter Qualität (Bezugsquellen siehe Anhang), die an einem festen Platz und für alle Papageien gut erreichbar angeboten wird, sollte die Gabe weiterer Futtermittel so variiert und kombiniert werden, dass unseren gefiederten Freunden ein „Erschließungsaufwand" abverlangt wird. Eine solche Bereicherung des Nahrungsverhaltens der Vögel ist mit wenig Aufwand zu bewerkstelligen. Unsere heimische Flora bietet viele Pflanzen und Früchte, die einen hohen Beschäftigungswert haben und gleichzeitig durch ihre Inhaltsstoffe als Futtermittel empfehlenswert sind.

Pro und Contra Pelletfutter

Die in den letzten Jahren vermehrt propagierten pelletierten Futtermittel als Hauptnahrung sind unter dem Aspekt, dass Futter stets auch einen Beschäftigungsfaktor darstellen sollte, kritisch zu betrachten. Pelletiertes Futter erfordert von den Papageien keinerlei Erschließungsaufwand. Dem Argument der besseren Futtermittelhygiene und der Gewährleistung ausgewogener Bestandteile ist damit zu begegnen, dass eine sorgfältige Zusammenstellung „natürlicher" Komponenten und regelmäßiges Entfernen von Futterresten die gleichen Effekte erzielt.

Gehölze und anderes aus der Natur

Nutzen Sie die Spätsommer- und Herbstzeit dazu, für Ihre gefiederten Freunde fruchttragende Äste zu besorgen. Fragen Sie, sofern Sie nicht selbst über entsprechende Anpflanzungen verfügen, beim zuständigen Revierförster nach. Meist kann man gegen ein geringes Entgelt die Erlaubnis zur Entnahme entsprechender Gehölze oder zum Sammeln eingeschlagener Gehölze erhalten. Fragen Sie auch Freunde und Nachbarn danach, ob nicht in deren Gärten Aststücke und Zweige anfallen, deren „Entsorgung" Sie gerne übernähmen. Achten Sie darauf, dass Sie keine giftigen Pflanzen oder Pflanzenteile verwenden und die Pflanzen nicht direkt an Autostraßen stehen oder gar mit Düngemitteln oder Insektiziden behandelt wurden.

Die folgenden Beispiele zeigen, wie vielfältig die Möglichkeiten sind, das Verhalten der Papageien durch anregende Nahrung zu bereichern. Der Phantasie und kreativen Umsetzung sind hier kaum Grenzen gesetzt.

Weißdorn

Weißdorn ist in unseren Breiten häufig, meist an Waldrändern. Ab September sind die bräunlich roten Beeren reif. Man kann sie abpflücken, direkt verfüttern oder als Wintervorrat einfrieren. Viel interessanter, zeitaufwendiger und anregender für Papageien ist es, wenn man ganze Aststücke mitnimmt und diese mitsamt den daranhängenden Beeren an den Kletterästen der Vogelzimmer- oder Voliereneinrichtung befestigt. Allerdings sollte man vorher die Dornen von den Ästen entfernen, um Verletzungen zu vermeiden.

Es ist ein wunderschöner Anblick, die Gefiederten zwischen den Verzweigungen und der Belaubung der Äste herumklettern zu sehen. Hier wird ein Aststück abgezwickt – dort eine Beere mit dem Schnabel gepflückt und genüsslich verspeist. Zuweilen wird lautstark um ein besonders interessant erscheinendes Aststück gestritten, mit einer Beere im Schnabel aufgeflogen, am Astwerk genagt. Selbst wenn das gesamte Laub auf dem Boden liegt und alle Beeren aufgebraucht sind, bieten die Äste noch eine Menge Beschäftigungsmöglichkeiten. Gerade Weißdornäste werden, zumindest von unseren Amazonen, nicht nur benagt, sondern regelrecht mit den Schnäbeln zerfasert.

Diese Art der Beschäftigungsförderung kostet keinen Cent, ist effektiv und neben dem Beschäftigungsfaktor auch in ernährungsphysiologischer Hinsicht sinnvoll. Weißdornbeeren sollen das Immunsystem stärken, durchblutungsfördernd wirken und gut für das Herz sein.

Hagebutten

Die Früchte der Hundsrose (*Rosa canina*) sind ebenfalls ein sehr beliebtes, leicht zu beschaffendes und viel Beschäftigung bietendes Futtermittel für unsere Papageien, wie auch die Hagebutten der Wildrosen (*Rosa* spp.), die je nach Art die Größe einer kleinen Cocktailtomate erreichen können.

Die Möglichkeit der Verfütterung der Früchte an ganzen Aststücken scheidet hier aus, weil die hohe Anzahl und die Anordnung der Stacheln dies kaum zulässt. Aber allein die Bearbeitung der recht dicken Schale, die notwendig ist, um an die leckeren Kernchen im Inneren der Frucht zu gelangen, erfordert von den Papageien einigen Aufwand. Man kann die hohe Beliebtheit, das aus papageiischer Sicht „Unbedingt-haben-wollen" der Hagebutten bestens dazu nutzen, sie an Stellen zu platzieren, die die Vögel nur mit einigem Bewegungsaufwand erreichen können oder so verstecken, dass ihr Explorationsverhalten angeregt wird. Zum Beispiel Küchenpapierrollen aus Pappe, die mit Hagebutten befüllt, an Seilen oder Lederriemchen aufgehängt werden, können dazu verwendet werden. Auch die Hagebutte enthält für die papageiische Ernährung wertvolle Inhaltsstoffe: Vitamine A, B1, B2, K und E, viele Mineralstoffe und Spurenelemente.

Vorsicht

Heimische, giftige Pflanzen oder solche, deren Unbedenklichkeit für Papageien nicht sicher ist, wie Liguster, Goldregen, Robinie, Heckenkirsche, Tollkirsche, Fingerhut, Schneeball, Efeu, Ginster, Eibe, Gehölz- und Blattteile des Zwergholunder, sollte verzichtet werden. Besteht bei einer Pflanze Unsicherheit, ist es auf jeden Fall besser, sie nicht den Papageien anzubieten.

Eberesche

Die Beeren der Eberesche sind von August bis Oktober verfügbar. Auch hiervon lassen sich Wintervorräte einfrieren. Ebereschenbeeren werden von fast allen Papageienarten sehr gerne genommen. Sogar die gegenüber neuen Futtermitteln als ziemlich zurückhaltend geltenden Graupapageien sollen sie ohne Vorbehalte annehmen (WÜRTH, 2001).

Wie beim Weißdorn kann man auch die Eberesche mitsamt den Fruchtdolden an verschiedenen Stellen des Vogelzimmers oder der Voliere anbringen.

Belaubte Äste

Belaubte Äste verschiedener Bäume und Sträucher eignen sich ganzjährig und auch außerhalb der fruchttragenden Zeiten bestens dazu, Zeiten ohne Früchte zu überbrücken. Gerne gefressen werden die Knospen von Obstbäumen wie Apfel, Kirsch- oder Birnbäumen. Zusätzliche Anreize schaffen ganze oder geteilte Früchte, die man an Astverzweigungen aufspießen kann.

Gräser

Außer in den Wintermonaten sind fast das ganze Jahr über heimische Gräser, mit Seil- oder Lederriemchen zu Büscheln zusammengebunden, ebenfalls beliebte Beschäftigungsobjekte für die Papageien. Die kleinen Samen werden dabei ebenfalls gerne gefressen.

Wer sich umfassender informieren möchte, dem seien entsprechende Fachbücher wie „Die Ernährung der Papageien und Sittiche“ von Hans-Jürgen Künne, „Vögel richtig füttern“ von Wolfgang Aeckerlein und Dietmar Steinmetz sowie „Obst, Gemüse und exotische Früchte für Papageien und Sittiche“ von Volker Würth, empfohlen.

Venezuelaamazone bei der Beschäftigung mit einem Weißdornast.

Anhang

Zum Schluss

Die Haltungsbedingungen von Großpapageien in privater Obhut können nie perfekt sein. Doch zu oft sind sie für Gesundheit und Psyche unserer gefiederten Freunde nicht einmal halbwegs akzeptabel. Papageienhaltung ist kein gewöhnliches, je nach Laune auswechselbares, Hobby.

Soll die Pflege von Papageien sinnvoll sein und den Bedürfnissen der Tiere so weit wie möglich entsprechen, muss sie aus Liebe zum Tier, mit Verantwortung, einer Menge Geduld, ständiger Informationsbereitschaft und dem unbedingten Willen zu Verbesserungen des Haltungssystems verbunden sein. Wohnzimmerhaltung gewährleistet nicht das körperliche und psychische Wohlbefinden von Großpapageien und ist nicht zu empfehlen. Wir würden uns freuen, wenn wir mit diesem Buch einen kleinen Beitrag zum besseren Verständnis dieser faszinierenden Vögel leisten können.

Danksagungen

Das Schreiben eines Buches ist ein zeitaufwändiges Unterfangen, wobei die Mitmenschen meist etwas zu kurz kommen. Daher möchten wir all denjenigen danken, die geduldig und verständnisvoll unser Projekt begleitet haben.

Besonders zu danken ist Herrn Dr. Ralf Wanker, der uns mit seinen Auskünften zum Rangordnungsverhalten behilflich war und zudem für sein Geleitwort. Weiterhin Dank gebührt Herrn Dieter Hoppe für seine Informationen zum Ernährungsverhalten der „Stuttgarter Amazonen“, für sein Geleitwort sowie für die kritische Durchsicht des Manuskripts. Zu danken haben wir auch Herrn Dipl. Biol. Hans-Jürgen Künne, der sich ebenfalls unserem Manuskript kritisch annahm. Gedankt sei auch den vielen Papageienhaltern und Fotografen, die uns Fotos zur Verfügung gestellt haben sowie Susanne Kühbandner und Uschi Westhoff, die bei Recherchen und dem Korrekturlesen mit viel Geduld geholfen haben.

Abschließend möchten wir allen Verwandten, Freunden und Bekannten danken, die uns Unterstützung gaben und wegen unserer Aktivitäten sehr oft auf unsere Anwesenheit verzichten mussten.

Muster zur Beantragung einer Ausnahmegenehmigung von der Kennzeichnungspflicht nach §§ 7 und 8 BartSchV

Adressat: zuständige Behörde / in der Regel Untere Naturschutzbehörde / Landschaftsbehörde
Antrag auf Erteilung einer Ausnahmegenehmigung von der Kennzeichnungspflicht nach §§ 7 und 8 BartSchV

Sehr geehrte ____________,

demnächst erwarten wir eine Nachzucht von ____________ (Art). Das Brutpaar mit den Ringnummern ___________________ (Ring-Nr.) wurde am ________ (Datum) bei der Unteren Naturschutzbehörde / Landschaftsbehörde angemeldet und in das von uns zu führende Nachweisbuch (Bestandsbuch) übernommen. Die Kennzeichnung der Jungvögel (Beringung) ist bei ____________(Art) lt. gesetzlicher Vorgabe mit geschlossenen Ringen vorzunehmen. Die zuständige Naturschutzbehörde kann jedoch eine andere (geeignete) Individualisierung zulassen.
Aus nachfolgenden Gründen bitten wir um Erlaubnis, die betreffenden Jungvögel mit offenen Ringen (mit Sollbruchstelle) nachträglich kennzeichnen zu dürfen:

1)
Die Art ____________ (Art) reagiert in vielen Fällen übersensibel auf jegliche Störung (wie beispielsweise Nisthöhlenkontrollen und/oder Entnahme der Nestlinge).

2)
Erfahrungsgemäß ist in solchen Fällen mit der Möglichkeit zu rechnen, dass es bei (bzw. nach) Entnahme der Nestlinge zwecks Beringung zu Komplikationen bis hin zu Verstümmelungen der Jungvögel, oder Einstellung der Fütterung kommen kann.

3)
Um eine artgemäße Prägung zu ermöglichen, wie auch im „Gutachten über Mindestanforderungen an die Haltung von Papageien" vom 10.01.1995 gefordert, möchten wir eine nach
Eintritt möglicher Komplikationen evtl. erforderliche Handaufzucht vermeiden.

Daher bitten wir darum, die Jungvögel zu einem späteren Zeitpunkt mit offenen Ringen (mit Sollbruchstelle) kennzeichnen zu dürfen. Wir werden die Beringung fotografisch dokumentieren.

Literatur

Abraham, O. (1901): Das absolute Tonbewußtsein, in: Sammelbände der Internationalen Musikgesellschaft, Berlin, 1–86

Aeckerlein, W. und D. Steinmetz (2003): Vögel richtig füttern, Eugen Ulmer Verlag, Stuttgart

Af Enehjelm, C. (1982): Papageien, Haltung – Zucht – Arten, Franckh'sche Verlagshandlung, W. Keller & Co., Stuttgart, 35, 46

Altshuller, D. L. (2001): Ultraviolet reflectance in fruits, ambient light composition and fruit removal in a tropical forest, Evolutionary Ecology Research 3, 767–778

Andersen, L. und H. Hoerschelmann (1996): Siedlungsgeschichte, Reviergröße und Bruterfolg von Rabenkrähen (*Corvus c. corone*) in der Großstadtlandschaft Hamburgs, Hamburger avifaun. Beitr. 28 (1996) 17-4117-41

Ardrey, R. (1966): The Territorial Imperativ, Atheneum, New York

Arendt, E. und H. Schweiger (1996): Das lustige Treiben der „Little Corellas", Videodokumentation, DuMont, Köln

Armstrong, E.A. (1947): Bird Display and Behaviour, Lindsay Drummond, London

Aschoff, J. & R. Weaver (1965): Circadian rhythms of finches in light-dark cycles with interposed twilights, Comp Biochem Physiol 1965, 16, 507–514

Attrill, R. (1980): The Status and Conservation of tue Bahamas Amazon (*Amazona leucocephala bahamensis*); in: Conservation of New World Parrots, ed. By R.F. Pasquier, ICBP Tech. Publ. 1, Smithonian Inst. Press, 89–93

Australien Museum (2005): Glowing parrots, Online-Publikation: http://www.amonline.net.au/birds/stuff/glowing_parrots.htm

Avian Brain Nomenclature Consortium (2005): Avian Brains And A New Understanding Of Vertebrate Brain Evolution, in: Nature Reviews Neuroscience 6, 151–159

Balcombe, J. (2005): Pleasurable Kingdom – Animals and the nature of feeling good, Macmillan, Houndmills

Barber, Th. X. (1994): The Human Nature of Birds, Penguin Books, 167

Beaver, B. (1994): The veterinarian's encyclopedia of animal behavior, lowa State University Press, Ames

Beck, B. B. (1980): Animal too behavior: the use and manufacture of tools by animals, Garland STMPress, New York

Bensel, J. (2003): Kommunikation ohne Worte, SWR, Baden-Baden, 19.10.2003

Bertagnolio, P. (1994): Tool-using by parrots: the palm cockatoo and the hyacinthine macaw. Avic. Mag. 100, 68–73

Bittmann, E. L.& F. J. Karsch (1984): Nightly duration of pineal melatonin secretion determines the reproductive response to inhibitory day length in the ewe, Biol. Reprod. 39/1984, 585–593

Bittner (2004): The Wild Parrots of Telegraph Hill, Harmony Books, Nevada City

Blanchard, S. (1995): The Complexities Of Feather Destructive Behavior, Companion Parrot Quarterly – The Thinking Person's Parrot Magazine, 23/1995

Blanchard, S. (2005): Giving your Parrot a Bath, Online-Pub.: http://www.thebirdbrain,com/html/PlayAreas.cfm_

BNA (2002): Forderungen des Bundesverbandes für fachgerechten Natur- und Artenschutz e.V. zur Novellierung der Bundesartenschutzverordnung, in: BNA-aktuell, 2/2002, Hambrücken, 9

Borbely, A. A., H. U. Neuhaus (1979): Sleep-deprivation effects on sleep and EEG in the rat, Journal of Comparative Physiology 133, 71–87

Borsari, A. & E. B. Ottoni (2005): Preliminary observations of tool use in captive hyacinth macaws (*Anodorhynchus hyacinthinus*), Animal Cognition Publisher, Vol. 8, No. 1. Jan. 2005, Berlin – Heidelberg, 48–52

Bosch, K. und U. Wedde (1985): Amazonen, Enzyklopädie der Papageien und Sittiche, Band 2, Horst-Müller-Verlag, Walsrode

Boswall, J. (1977): Tool-using by birds and related behaviour, Avic. Mag. 83, 88 ff.

Boswall, J. (1978): Further notes on tool-using by birds and related behaviour, Avic. Mag. 84, 103, 162–166

Boswall, J. (1983): Tool-using by birds and related behaviour: more notes, Avic. Mag. 89, 94–108

Boswall, J. (1984): Tool-using by birds and related behaviour: yet more notes, Avic. Mag. 90, 170–181

Bottoni, L., R. Massa & D. Lenti (2003): The grey parrot (*Psittacus erithacus*) as musician: an experiment with the temperate scale. Etology, Ecology & Evolution 15: 133–41

Boussekey, M., J. Saint-Pie und O. Morvan (1994): Weitere Beobachtungen an einer Population des Rotohraras (*Ara rubrogenys*) im Rio-Caine-Tal, Zentral-Bolivien (Teil 2), PAPAGEIEN 2/92, Arndt-Verlag, Bretten, 95–99

BPT (2005): Wenn Einsamkeit krank macht – von Stubenvögeln und ihren Bedürfnissen, Pressetexte Tierärztlicher Rat, Online: http://www.tieraerzteverband.de/tierrat/tg0496.htm

Bradbury, J., T. Wright & K. Cortopassi (2002): Parrots of Sector Santa Rosa and Adjacent ACG Regions, National Geographic Society, the National Science Foundation of the United States (Grants IBN-94-06217 & IBN 99-74527), and the Area Conservacion de Guanacaste of Costa Rica

Braun, F. (1910): Beiträge zum Seelenleben gefangener Vögel, insbesondere über die seelischen Vorgänge bei der Zähmung, Journal f. Ornithologie, LVIII, Jahrg. April 1910, 279

Brightsmith, D. (2000): Predation and the Sociable Parrot, Bird Talk Magazine, Jan. 2000

Buchholtz, C., S. Baum, H. Bernauer-Münz, C. Cronuasger, M. Ebel, A. Feulner, D. Feddersen-Petersen, A. A. Fink, J. Korff, C. Maisack, G. Martin, C. Quandt, S. Schmitz, G. Teuchert-Noodt, T. Winterfeld, M. Wolff und B. Zimmermann (1998): Workshop der Internationalen Gesellschaft für Nutztierhaltung (IGN) zum Thema „Leiden“ vom 30.01.1998 an der Universität Marburg, Der Tierschutzbeauftragte 2, 3–8

Bundesamt für Veterinärwesen (1998): Regelung der Wildtierhaltung in der Schweiz, Bern

Bundesgesetzblatt für die Republik Österreich (2004): 486. Verordnung, 2. Tierhaltungsverordnung, 17.12.2004

Bunse, I. (2005): Persönliche Mitteilung, Köln

Burkhard, F. und T. Burkhard (2006): Persönliche Mitteilung, Süderhastedt

Bürkle, M. (1994): Handaufzuchten in der Papageienzucht – Übel oder Wohltat? in: PAPAGEIEN 1/1994, Arndt-Verlag, Bretten

BVET (1996): Online-Publikation: www.bvet.admin.ch/tierschutz/00236/index.html?lang=de&download=01926_de.pdf –

Chadin, J. P. (1939): Birds of the Belgian Congo, Bull. Am. Mus. nat. Hist., 75: 1–632

Chapman, C. A., L. J. Chapman and L. Lefebvre (1989): Variability in parrot flock size: possible functions of communal roosts, Condor 91: 842–847

Chapman, C. A., L. J. Chapman & R. Wrangham (1991): Observations on the feeding biology and population ecology of the Grey Parrott, Scopus (16), 27–35

Colchester-Zoo (2006): Food Based Enrichment, Online-Pub.: http://www.colcheser-zoo.co.uk/index.cfm?fa=about.enrich.technique, Essex

Cruickshank, A. J., J. P. Gautier & C. Chappus (1993): Vocal mimicry in wild African Grey Parrots *Psittacus erithacus*, Ibis 135

Curry-Lindahl, K. (1960): Ecological studies on mammals, birds, reptiles and amphibians in the eastern Belgian Congo, Part II, Annls. Mus. r. Congo belge Ser., Sei. zool. 87: 1–170

Daly, M. & M. Wilson (1983): Sex, evolution, and behavior, Wadsworth, Belmont

Darwin, C. (1871): Die Abstammung des Menschen, Herder, Berlin, 24

Davis, C. S. (1991): Parrot Psychology and Behaviour Problems, in: Vet. Clinics of North Am.: Small Animal Practice, Vol. 21, No. 6, 1281–1289

Davis, S. E. (1993): Seasonal status, relative abundance and behavior of the birds of Conseption, Departamento Santa Cruz, Bolivia, Fieldama Zoology (71), 1–33

Deckert, G. (1968): Zur Reviergröße und Nestbautechnik der Elster, Beitr. Vogelkde 14: 97–102

Deckert, G. und K. Deckert (1982): Spielverhalten und Komfortbewegungen beim Grünflügelara (*Ara chloroptera* G.R. Gray), Bonn. Zool. Beitr. 33 (2–4), 269–281

Dee, A. (2000): Gottschalks Spaßvögel?, in: DER STANDARD, Ausgabe: 5./6. Febr. 2000, Wien

De Grahl, W. (1990): Papageien, 9. Auflage, Eugen Ulmer Verlag, Stuttgart, 31, 33, 60

De Naurois, X. (1981): La distribution geographique du Perroquet Gris Psittacus erithacus timneh (Foster), Malimbus 3: 59–61

Diamond, J. & A. B. Bond (2003): A comparative Analysis of Social Play in Birds, University of Nebraska, Lincoln, Acc. 18-VII-2003

Diefenbach, K. H. (1979): Verhaltensbeobachtungen bei Kakadus, Die Voliere 2, Schaper Verlag, Alfeld, 147–152

Diefenbach, K. H. (1982): Kakadus, 2. Auflage 1985, Horst Müller Verlag, Walsrode, 23, 24, 71, 72, 75, 108

DIE WELT (2004): Churchill's Papagei, 21.01.2004

Dilger, W. C. (1960): The comparative ethology of the African parrot genus Agapornis, Z. Tierpsychol. 17, 649–689

Eibl-Eibesfeld, I. (1967): Grundriß der vergleichenden Verhaltensforschung, Ethologie, München, 240

Eidner, R., J. Eidner und A. Eidner (2000): Reisebericht Costa Rica 26.01–15.02.2000, Online-Publikation: http://www.eidner-berlin.de/cr/artliste.htm

Engelhardt, G. (2005): Aflatoxine, Bay. Staatsministerium für Umwelt, Gesundheit und Verbraucherschutz, Online: http://www.visernaehrung.bayern.de/de/left/fachinformationen/verbraucherschutz/unerwuenschte_stoffe/aflatoxine.htm_

Europäisches Übereinkommen vom 13. November 1987 zum Schutz von Heimtieren, Gesetz zum europäischen Übereinkommen, 01. Februar 1991, Bundesgesetzblatt, Teil II, 402

Evans, P.G.H. (1988): The Conservation Status of the Imperial- and Red-nekked Parrots of Dominica, West Indies, ICBP Study Report No. 27, Cambridge

Evans, M. (2001): Environmental enrichment for pet parrots, in: Pract. 23, 596–605

Feddersen-Petersen, D. (2004): Hundepsychologie, Sozialverhalten und Wesen, Emotionen und Individualität, Kosmos Verlag, Stuttgart

Fergenbauer-Kimmel, A. (1992): Edelpapageien, Großschnabel- und Rotachselpapageien, Horst Müller Verlag, Walsrode

Fernandez-Juricic, E., M. B. Martella & E. V. Alvarez (1998): Vocalization of the Blue-fronted Amazon (*Amazona aestiva*) in the Chancani Reserve, Cordoba, Argentina, Wilson Bulletin 110: 352–361

Fernandez-Juricic, E., & M. B. Martella (2000): Guttural calls of Blue-fronted Amazons: structure, context, and their possible role in short range communication, Wilson Bull. 112: 35–43

Ffrench, R. (1976): A Guide to the Birds of Trinidad and Tobago, A & C Black; Christopher Helm Publishers

Finsch, O. (1867/68): Die Papageien, Bd. I. u. II., monografisch bearbeitet: E.J. Brill, Leiden

Fiskett, A.M. & D. R. Reavill (2004): Disease Conditions and Clinical Signs of Pet Birds, Association of Avian Veterians, Kongress-Beitrag, New Orleans

Forshaw, J. M. (1981): Australien Parrots, Melbourne, 49

Forshaw, J. M. (1989): Parrots of the World, 3. Aufl., London

Foster, S. (2005): Rose-Breasted Cockatoo – Wild, wild rose.., Online-Pub.: www.parrothouse.com/sf6.html

Fox, M. W. (1970): A comparative study of the development of facial expressions in canids: wolf, coyote and foxes, Behaviour 36, 49–73

Franck, D. (1997): Verhaltensbiologie, 3. Auflage, Georg Thieme Verlag, Stuttgart – New York, 10 ff, 63, 73, 97

Fricker, A. (1983): Glück im Stall – Jamaikaamazonen (*Amazona collaria*), Gef. Freund 30, 226

Fritsche, G. (1976): Beiträge zum Ethogramm der Art Ara ambigua. Qualitative und quantitative Untersuchungen zum Sozialverhalten in Gefangenschaft unter besonderer Berücksichtigung des agonistischen Verhaltens und der Paarbeziehungen, Dipl. Arbeit, Univ. Braunschweig/ Bielefeld

Gabriel, J., L. Beckers, B. S. Nelson & R. A. Suthers (2004): Vocal Tract Filtering by Lingual Articulation in a Parrot, Cirrent Biology 14, 1592–1597

Galvez Agilera, X. (1996): Los psitacidos del archipielgo Cubano, Flora y Fauna o: 34–35

Garner, J. P., C. L. Meehan, T. R. Famula & J. A. Mench (2006): Genetic, Environmental and Neighbor Effects on the Severity of Stereotypies and Feather Picking in Orange-winged Amazon Parrots (*Amazona amazonica*): An Epidemiological Study, Animal Behaviour Science, Jan. 2006

Gattermann, R. (1993): Wörterbücher der Biologie: Verhaltensbiologie, Gustav Fischer Verlag, Jena

Gilad, Y., V. Wiebe, M. Przeworski, D. Lancet, S. Paabo (2004): Loss of Olfacory Receptor Genes Coincides with the Acquisition of Full Trichromatic Vision in Primates, Max Planck Institute for Evolutionary Anthropology, Leipzig, Germany, Department of Molecular Genetics, Weizmann Institute of Science, Rehovot, Israel, PLoS Biol. 2004 January; 2(1)

Gilardi, J. D., S.S. Duffey, C. A. Munn & L.A. Tell (1999): Biochemical Functions of Geophagy in Parrots: Detoxification of Dietary Toxins and Cytoprotective Effects, Journal of Chemical Ecology, Volume 25, Number 4 / April 1999, Springer Netherlands

Gnam, R. (1988): Zur Brutbiologie der Bahama-Amazone, in: PAPAGEIEN 1/88, Arndt-Verlag, Bretten, 118–123

Gretzschel, M. (2005): Beschreibung des Gemäldes „Ein Paar mit Papagei“, in: Hamburger Abendblatt, Kultur und Medien, 08.04.2005

Grotheer, G. (2006): Pers. Mitteilung, Buxtehude

Guiness, A. (1998): Adel verpflichtet – Tagebuch eines noblen Schauspielers, Henschel Verlag, Berlin

Hahn, U. (1987): Vogelkrankheiten, Ursachen, Erkennung, Behandlung, PDV-Sachbuchverlag, Hannover

Hall, E. T. (1966): The hidden dimension, Garden City, NY, Doubleday

Hallander, J. (2001): Flock Behavior: How It Affects Our Companion Parrots, The Grey play Round Table Magazine, 12.01

Hansell, M. (1987): What's so special about using tools?, New. Sci. 1542, 54–56

Hassenstein, B. (1980): Lernen, Spielen, Einsicht, Piper Verlag, München

Hatt, J. M. (2003): Käfige für die dauernde Unterbringung, in: E.F. Kaleta und M.-E. Krautwald-Junghanns, Kompendium der Ziervogelkrankheiten, 2. Auflg., Schlütersche GmbH & Co. KG, Hannover, 23

Hausmann, F., NJ. Marshall, IPF. Owens (2003): Ultraviolet signals in birds are special, School of Environmental Sciences, Griffith University, Nathan, Brisbane, Proc. R. Soc. Lond B, 270, 61–67

Hediger, H. (1942): Wildtiere in Gefangenschaft – Ein Grundriß der Tiergartenbiologie, Basel

Hediger, H. (1944): Biologische und psychologische Tiergartenprobleme, Vierteljahresschriften, Natf. Ges. Zürich (29), 92–108

Hediger, H. (1961): Beobachtungen zur Tierpsychlogie im Zoo und im Zirkus, Reinhardt Verlag, Basel

Hediger, H. (1965): Mensch und Tier im Zoo: Tiergartenbiologie, Müller, Zürich-Rüschlikon

Hediger, H. (1984): Tiere verstehen – Erkenntnisse eines Tierpsychologen, Deutscher Taschenbuch Verlag, München, 11, 30, 35, 63–84, 91, 290, 291

Heinroth, O. (1941): Aufopferung und Eigennutz im Tierreich, Kosmos, Gesellschaft der Naturfreunde, Franck'sche Verlagsbuchhandlung, Stuttgart, 5, 50

Herre, W. und M. Röhrs (1990): Haustiere – zoologisch gesehen. Gustav Fischer Verlag, Stuttgart

Hiram Gonzalez, A. (2001): Conductas de Gregarismo y Vocalisacion de la Cotorra Cubana (*Amazona leucocephala*), Ornithologia Neotropical 12/2001, 141–152

Hohenstein, K. F. (1987): Werkzeuggebrauch bei Papageien Tool use in parrots (*Anodorhynchus hyacinthinus*), Tool use in parrots (translated by T. Pittman) in: Gefiederte Welt 12/1987, Eugen Ulmer Verlag, Stuttgart

Hohmann, H. D. (1984): Bestand und Reproduktion des Grünflügelara (*Ara chloroptera* Gray) in den Tiergärten der DDR, Zool. Garten, N. F., Jena 54

Holsheimer, J. P. (1990): Krankheiten der Käfig- und Volierenvögel, Erkennen und heilen, Weltbild Verlag (Natur Verlag), Augsburg

Homberger, D. G. (1980): Funktionell-morphologische Untersuchungen zur Radiation der Ernährungs- und Trinkmethoden der Papageien (Psittaci), Bonner Zoolog. Monografien, Nr. 13

Hooker, T. & B. I. Hooker (1969): Duetting, in: R. A. Hinde (Hrsg.), Bird Vocalization, Cambridge Univ. Press., 203

Hoppe, D. (1981): Amazonen, Eugen Ulmer Verlag, Stuttgart

Hoppe, D. (1992): Aras, Eugen Ulmer Verlag, Stuttgart

Immelmann, K. (1983): Einführung in die Verhaltensforschung, 3. Auflage, Paul Parey Verlag, Berlin – Hamburg

Isenbügel, E. (1985): Heimtierhaltung – Motivation und Voraussetzungen, in: Isenbügel, E. und W. Frank: Heimtierkrankheiten, Verlag Eugen Ulmer, Stuttgart

Iwaniuk, A. N., K. M. Dean & J. E. Nelson (2005): Interspecific allometry of the brain and brain regions in parrots (psittaciformes): comparisons with other birds and primates, Brain Behav. Evol. 2005;65(1):40–59. Epub 2004 Sep. 30

Janzen, M. J., D. H. Janzen & C. M. Pond (1976): Toolusing by the African Grey Parrot (*Psittacus erithacus*), Biotropica 8: 70

Jenkins, T. (1999): Basics of Featherpicking, Script zur PBR Convention, Okt. 1999, Online: www.companionparrot.com/Basics%20of%20Featherpicking.htm

Johnsgard, P. A. (1990): Comparative behavior, in: Hawks, Eagles & Falcons of North America, Smithsonian Institution Press, Washington DC, 39–58

Johnson, B. & L. Johnson (2004): The Fitness Factor of Flight, Holistic Bird, Newsletter, Vol. IV, Issue 1, 2004

Jordan, R. (1994): Handaufgezogene Papageien – Zucht- oder Heimtiere?, Verh. III. Internat. Papageienkongress, Puerto de la Cruz, Teneriffa, 4–10

Juppien, A. (1998): Statistische Erhebungen zum Auftreten von Verhaltensstörungen bei Großpapageien in Menschenobhut, in: Parrot Biology, Jahrgang/Volume 2, Arndt-Verlag, Bretten, 92, 101

Kakadu-Info (2006): Schnabelklappern bei Kakadus, Beiträge / Online-Plattform: http://kakadu-info.de/forum/showthread.php?tid=315&page=1

Kaleta, E. F. & M. E. Krautwald-Junghanns (2003): Kompendium der Ziervogelkrankheiten, Papageien – Tauben – Sperlingsvögel, 2. überarbeitete Auflage, Schlütersche GmbH & Co KG, Hannover, 44, 45, 131, 140, 141

Kappeler, M. (1993): Kubaamazone, in: WWF Conservation Stamp Collection, Groth AG, Unterägen

Karten, H. J. (1969): The organization of the avian telencephalon and some speculations on the phylogeny of the amniote telencephalon, In: Comparative and Evolutionary Aspects of the Vertebrate Central Nervous System, ed. Petras, J. M. and Noback, C. R., Annals of the N. Y. A. S., 167: 164–179

Klein, D. C. & J. L. Weller (1972): Rapid light-induced decrease in pineal serotonin N-acetyltransferase acitvity, Science 177, 532–533

Knottnerus-Meyer, Th. (1925): Tiere im Zoo, Beobachtungen eines Tierfreundes, 2. Aufl., W. Klinkhardt Verlag, Leipzig

Koehler, O. (1949): Zählende Vögel und vorsprachliches Denken, Ver. Dtsch. Zool. Gesl. 327–341

Koutsos, E. A., K. D. Matson & K. C. Klasing (2001): Nutrition of Birds in the Order Psittaciformes: A Review, Journal of Avian Medicine and Surgery, Vol. 15, Issue 4, Dec. 2001

Krebs, J. R. (1977): The significance of song repertoires: the Beau Geste hypothesis, Anim. Behav. 25, 475–478

Kroodsma, D. E. & E. H. Miller (1996): Ecology and Evolution of Acoustic Communication in Birds, Cornell University Press, Ithaca, New York

Krstic, R. (1986): Pineal calcefication: Its mechanism and significance, J. Neurl. Transm. Suppl. 21, 415–432

Künne, H. J. (1993): Warum haben Aras der Gattung Anodorhynchus nackte gelbe Wangen?, in: Gefiederte Welt, Ausgabe 7/93, Eugen Ulmer Verlag, Stuttgart

Künne, H. J. (1996): Schlupfprobleme bei Aras und anderen Papageien, in: PAPAGEIEN, 2/96, Arndt-Verlag, Bretten

Künne, H. J. (2000): Die Ernährung der Papageien und Sittiche, Arndt-!!! Verlag, Bretten, 50

Lack, D. (1976): Island Biology, illustrated by the Land Birds of Jamaica, Studies in ecology 3, Oxford

Lantermann, S. und W. Lantermann (1986): Die Papageien Mittel- und Südamerikas: Arten, Haltung und Zucht, Verlag M. & H. Schaper, Hannover

Lantermann, W. (1984): Enzyklopädie der Papageien und Sittiche – Aras –, Horst Müller Verlag, Walsrode, Bomlitz, 44

Lantermann, W. (1987): Die Blaustirnamazone, Horst Müller Verlag, Walsrode

Lantermann, W. (1993): Beobachtungen zum Aggressionsverhalten männlicher Blaustirnamazonen *Amazona aestiva* unter Volierenbedingungen, Bonn. Zool. Beitr. 44, 57–62

Lantermann, W. (1998): Verhaltensstörungen bei Papageien, Entstehung – Diagnose – Therapie, Ferdinand Enke Verlag, Stuttgart

Lantermann, W. (1999): Papageienkunde, Parey Buchverlag, Berlin

Lantermann, W. (2000): Graupapageien: *Psittacus erithacus*

Linne 1758; artgerechte Haltung, Pflege und Zucht; Nachahmungsvermögen und andere „Intelligenzleistungen"; Tier-Mensch-Beziehungen; psychische Erkrankungen, Verl.-Haus Reutlingen, Oertel und Spörer

Lantermann, W. (2003): Beitrag in: Gefiederte Welt 6/03, Eugen Ulmer Verlag, Stuttgart

Lantermann, W. (2003): Leserzuschrift, in: Gefiederte Welt, 10/2003, Eugen Ulmer Verlag, Stuttgart

Lawton, M. P. C. (1996): Behavioural problems: in: Beynon, P. H., N. A. Forbes, M. P. C. Lawton: Manual of Psittacine Birds, British Small Animal Association, Cheltenham, 106–114

Lefebvre, L., A. Gaxiola, S. Dawson, S. Timmermans, L. Rosza & P. Kabai (1998): Feeding innovations and forebrain size in Australasian birds, Behaviour 135, 1077–1097

Lefebvre, L., N: Juretic, N. Nicolakakis & S. Timmermans (2001): Is the link between forebrain size and feedidng innovations caused by confounding variables? A study of Australian and North American birds, Anim. Cogn. 4, 91–97

Lefebvre, L., N. Nicolakakis & D. Boire (2002): Tools and brains in birds, Behaviour 139, 39–973

Lepperhoff, L. (2006): Hyazintharas – eine Herausforderung für jeden Halter und Züchter, in: Gefiederte Welt, Ausgabe 09/06, Eugen Ulmer Verlag, Stuttgart

Levinson, S. T. (1980): The social behavior of the white-fronted amazon (*Amazona albifrons*), pp. 403–417 in: Conservation of New World Parrots. R. F. Pasquier, ed. Washington, D. C.: Smithsonian Institution Press

Levinson, S. L. (1981): The Social Behavior of the White-fronted Amazon *Amazona albifrons*, in: PASQUIER, R. A.: Conservation of the New World Parrots, Proceedings of the ICBP Working Group Meeting St. Lucia, Washington & London, 403–417

Leyhausen, P. (1967): Biologie von Ausdruck und Eindruck, Psychol. Forschung 31, 214

Lorenz, K. (1963): Das sogenannte Böse – Zur Naturgeschichte der Aggression, Borotha-Schoeler, Wien, 76, 173

Lorenz, K. (1965): Über tierisches und menschliches Verhalten – Aus dem Werdegang der Verhaltenslehre – Gesammelte Abhandlungen, Bd. I, Piper & Co. Verlag, München, 206, 242, 244, 273, 352

Lorenz, K. (1973): Die Rückseite des Spiegels – Versuch einer Naturgeschichte menschlichen Erkennens, Piper & Co. Verlag, München, 102

Lorenz, K. (1978): Vergleichende Verhaltensforschung, Springer Verlag, Wien – New York, 261

Lücker, H. (1992): Zuchtbericht 1989-92 für das EEP Hyazinthara (*Anodorhynchus hyacinthinus*) von Dr. Hubert Lücker (Koordinator), Zoo Dresden, INet-Publikation www.bluemacaws.org/halt11.htm

Lücker, H. (1995): Biology, Breeding and Keeping of the Hyacinthine Macaw (*Anodorhynchus hyacinthinus*), Zoo-Pädagogik, 3. Jahrg., Vol. III

Luft, St. (1994): Der Graupapagei – Lebensweise, artgemäße Haltung und Zucht, Naturbuch Verlag, Augsburg, 15, 23, 29

Madison, J. (2005): Dominance hierarchy: Detailing the social behavior on the capitve bred and Released Scarlet Macaws (*Ara macao*) at Tiskita Lodge, Punta Blanco, Tiskita Release Site

Maitra, S. K., M. Dey, S. Dutta, S. Bhattacharya, R. Dey & A. Sengupta (2000): Influences of graded dose of melatonin on the levels of blood glucose and adrenal catecholamines in male roseringed parakeets (*Psittacula krameri*) under different photoperiods, in: Archives of Physiology and Biochemistry 2000, Vol. 108, No. 5, 444–450

Manderscheid, C. (2006): Pers. Mitteilung, Mondorf, Luxemburg

Marler, P. (1956): The Voice of the Chaffinch and its Function as a Language, Ibis, 98, 213–261

Masin, S., R. Massa & L. Bottoni (2003): Subsong development in fledgling Meyer's Parrots *Poicephalus meyeri*: tutoring evidences, Universita degli Studi Milano Bicocca, Dipartimento de Scienze dell'Ambiente e del Territorio, Milano, Poster-Online: http://www.cultura.ufpa.br/ibac/ibacabs.htm

Matuzak, M. S. & F. Dear (2003): Scarlet Macaw (*Ara macao*) Restoration and Research Program in Curu National Wildlife Refuge, Costa Rica, Yearly Project Report for 2003, Rio Segundo, Alauela, Costa Rica, 11, 12

May, D. L. (2001): Grey Parrots of the Congo Basin Forest, PsittaScene

Maynard Smith, J. & D.G.C. Harper (2003): Animal signals, 1 ed., Oxford series in ecology and evolution, Oxford University Press

McCormack, C. E. (1990): Illuminance threshold for maintenance of testes in Syrian hamsters (*Mesocricetus auratus*) is higher in continuous light than in long photoperiods, J. Biol. Rhythms 5/1990, 107–118

McElroy, K. (2005): Concepts in Behavior-Section II: Early Psittacine Behavior, in: International Veterinary Information Service (IVIS), Online: www.ivis.org

McFarland, D. (1982): The Oxford companion to animal behavior, Oxford University Press, Oxford

McGraw, K. & M. Nogare (2005): Distribution of unique red feather pigments in parrots, published in the Journal Biology Letters. Volume 1, Number 1 / March 22, 2005, 38–43

Meehan, C. L., J. R. Millam & J. A. Mench (2003): Foraging opportunity and increased physical complexity both prevent and reduce psychogenic feather picking by young Amazon parrots, Appl. Anim. Behav. Sci. 2003, (80), 71–85

Meehan, C. L. (2004) Parrots and people, in: ParrotChronicles, Online-Magazin, July-August 2004, Issue 17

Meier, A. (1980): Zuchtbericht von der Goldzügel-Amazone, Gef. Freund, 189–193

Melo et al. (2007): Genetic differentiation between Príncipe Island and mainland populations of the grey parrot (*Psittacus erithacus*), and implications for conservation, Molecular Ecology, Volume 16, Number 8, April 2007, 1673 -1685

Meyer-Holzapfel, M. (1956 a.): Über die Bereitschaft zu Spiel- und Instinkthandlungen, Z. Tierpsychol. 13, 442–462

Millesi, E. (2001): Einfluss von Stresssituationen auf die Sexual- und Stresshormone bei Graupapageien, Science goes public, Universität Wien

Morton, J. F. (1981): Atlas of medicinal plants of middle America Bahamas to Yucatan, C.C. Thomas, Springfield, IL.

Mosa, S. G., J. L. Garrido, J. J. Suad & W. Nunez (1992): The migration of the Turquoise-fronted Parrot *Amazona aestiva* and the Alder Parrot *Amazona tucumana*, in northwest Argentina, Manejo de Fauna, P. T., No. 7, 1–13

Müller-Bierl, M. (1992): Sprechende Papageien, Eugen Ulmer Verlag, Stuttgart

Munkes, V. und S. Munkes (2003): Massenvermehrung von Papageienvögeln durch Handaufzucht – eine kritische Betrachtung, in: Gefiederte Welt, 6/2003, Eugen Ulmer Verlag, Stuttgart, 166–169

Munkes, S. und V. Munkes (2004): Bietet die akustische Nachahmung für die Blaustirnamazone im Freiland ein Nutzpotenzial? Die Voliere, 27, Heft 7/2004, Schaper Verlag, Alfeld, 202–203,

Munn, C.A. (1990): Die Aras im Manu-Nationalpark, PAPAGEIEN 3/1990, Arndt-Verlag, Bretten, 22–25

Munn, C.A. & M. Valqui (1992): Warum nehmen Papageien Lehm zu sich? PAPAGEIEN 5/1992, Arndt-Verlag, Bretten, 191–195

Murakami, N., T. Kawano, K. Nakahara, T. Nasu & K. Shiota (2001): Effect of melatonin on circadian rhythm, locomotor activity and body temperature in the intact house sparrow, Japanese quail and owl, Brain Research (Netherlands), Jan. 2001, v. 889 (1–2), 220–224

Murphy (2001): in Boswall (1983)

Murphy et al. (2003): in: Boswall (1983)

Myers, M. C. & CH. Vaughan (2003): Movement and behavior of scarlet macaws (*Ara macao*) during the post-fledging dependence period: implications for in situ versus ex situ management, Elsevier, Science Direct, Biological Conservation 118 (2004), 411–420

Nachtsheim, H. und H. Stengel (1977): Vom Wildtier zum Haustier; Verlag Paul Parey, Stuttgart

Neiva, G. M. R. (1993): Biologia reprodutiva da arara azul (*Anodorhynchus hyacinthinus*) no Pantanal – MS Brasil Piracicaba, VI Symposium über Haltung, Zucht und bedrohte Papageien, Detmold, 1996

Neumann, G. H. (1987): Anstoßnehmen und helfen – Untersuchungen und Beobachtungen zur aggressiven Außenseiterreaktion und zum gegenseitigen sozialen Hilfsverhalten bei einigen Papageienarten, Ornithologische Mitteilungen (39), 39–46

Ngenyi, A. (2002): African Grey Parrot Trade in Cameroon, PsittaScene, No. 51, May 2002

Ortega, J. C. & M. Bekoff (1987): Avian play: comperative evolutionary and developmental trends, Auk. 104, 338–341

Papageienhilfe Aachen e.V. (1996): Coco News, Ausgabe 1/96

Pearson, R. (1972): The Avian Brain, Academic Press, New York, 596, 605

Pees, M., C. Christen, M. Lierz, G. Stelzer, J. Straub (2004): Leitsymptome bei Papageien und Sittichen – Diagnostischer Leitfaden und Therapie, Enke Verlag, Stuttgart, 105

Pepper, J. W. (1996): The Behavioral Ecology of the Glossy Black-Cockatoo *Calyptorhynchus latahami halmaturinus*, Chapter 5, (Social Behavior and Organization) Biology Department, The University of Michigan, 1996

Pepper; J. W. (1996): The Behavioral Ecology of the Glossy Black-Cockatoo *Calyptorhynchus lathami halmaturinus*, Chapter 6, (The Functional Significance of Long Term Pair Bonds) Biology Department, The University of Michigan, 1996

Pepper, J. W. (1996): The Behavioral Ecology of the Glossy Black-Cockatoo *Calyptorhynchus lathami halmaturinus*, Chapter 9, (Distribution, Abundance, and Conservation Status of the South Australian Black-Cockatoo) Biology Department, The University of Michigan, 1996, S. 259

Pepperberg, I (1983): Cognition in the African Grey parrot: preliminary evidence for auditory/vocal comprehension of the class concept, Animal Learning and Behavior 11: 179–185

Pepperberg, I. (1987): Interspecies communication: a tool for assessing conceptual abilities in the African Grey Parrot, In cognition, language and conciousness: integrative levels (Greenberg and Tobach (eds), p. 31–56, Erlbaum, London)

Pepperberg, I. (1990): Cognition in an African Grey Parrot (*Psittacus erithacus*): further evidence for comprehension of categories and labels, J. Comp. Psychol. 104, 41–52

Pepperberg, I. (1994): Numerical competence in an African grey parrot (*Psittacus erithacus*), J. Comp. Psych., 108: 36–44

Pepperberg, I. & S. K. Lynn (2000): Possible levels of animal consciousness with reference to grey parrots (*Psittacus erithacus*), American Zoologist, Dec. 2000

Pepperberg, I. M. & F. A. Kozak (1986): Object permanence in the African Grey Parrot, Anim. Learn. Behav. 14, 322–330

Pierpaoli, W. & W. Regelson (1995): The Melatonin Miracle, Simon & Schuster, 89 ff

Pinter, H. (1979): Handbuch der Papageienkunde, Kosmos Verlag, Stuttgart

Pitter, E. & Christiansen, B. M. (1997): Behavior of Individuals and Social Interactions of the Red-Fronted Macaw *Ara rubrogenys* in the Wild During the Midday Rest, Zoological Museum, University of Copenhagen, 141

Pohland, G. und P. Mullen (2006): Die wirklichen Farben der Papageien, in: PAPAGEIEN 7/2006, Arndt-Verlag, Bretten, 280–286

Portmann, A. (1953): Das Tier als soziales Wesen, Rhein-Verlag, Zürich, 351

Power, D. M. (1966): Agnostic behaviour and vocalization of Orange chinned Parakeets in captivity, Condor 69, 28–41

Quadagno, J. S. & R. J. Antonio (1975): Labeling Theory as an Oversocialized Conseption of Man: The Case of Mental Illness, Sociology and Social Reserach, 60, 33–45

Rasmussen, C. (1999): Flock sizes of Parrots recorded in a terra firme lowland rainforest in Parque Nacional Yasuni, Ecuador, in: Papageienkunde (3), Arndt-Verlag Bretten, 141–145

Reinschmidt, M. (2000): Kunstbrut und Handaufzucht von Papageien und Sittichen, Arndt-Verlag, Bretten, 114

Reinschmidt, M. (2002): Welterstzucht der Soldatenamazone, in: PAPAGEIEN 5/2002, Arndt-Verlag, Bretten, 160

Reiter, R. J. (1991): Melatonin: the chemical expression of darkness, Mol. Cell Endocrinol 1991, 79, 153–158

Reiter, R., C. M. Craft, J. E. Johnson, T. S. King, B. A. Richardson, G. M. Vaughan & M. K. Vaughan (1981): Age-associated reduction in nocturnal pineal melatonin levels in female rats, Endocrinology 109, 1295–1297

Rensch, B. (1979): Gesetzlichkeit, psychophysischer Zusammenhang, Willensfreiheit und Ethik, Duncker Hublat, Berlin, 141 ff.

RHEIN-ZEITUNG (2006): Papagei löst mit „Mama, Mama"-Schreien Polizeieinsatz aus, Ausgabe 31.07.2006, Mainz, Koblenz

Ritter, H., T. Martinez und K. Schulten (1990): Neuronale Netze, Addison-Wesley

Robbins, L.E. (2002): Elephant Slaves and Pampered Parrots: Exotic Animals in Eighteenth-Century Paris, John Hopkins University Press, Baltimore and London

Roberts, B. Z. (1997). Dialects, Sex-specificity, and Individual Recognition in the Vocal Repertoire of the Puerto Rican Parrot (*Amazone vittata*), Faculty of the Virginia Polytechnic Institute and State University, Blacksburg, Virginia

Robiller, F. (1990): Papageien, Band 3 (Mittel- und Südamerika), Dt. Landwirtschaftsverlag, Berlin, Eugen Ulmer Verlag, Stuttgart, 66, 85, 93, 173, 174, 182, 191, 370

Robiller, F. (1991): Papageien Band 1 Australien – Ozeanien – Südostasien, Deutscher Landwirtschaftsverlag, Berlin

Robiller, F. (1993): Kakadus, Urania Verlag, Leipzig – Jena – Berlin, 19, 35, 62, 64, 66

Roth, P. (1982): Habitat-Aufteilung bei sympatrischen Papageien des südlichen Amazonasgebietes, Diss., Universität Zürich

Roth, P. (1990): Der Spix-Ara Cyanopsitta spixii – Was wissen wir heute über diese seltenen Vögel? Bericht über ein 1985–1988 durchgeführtes Projekt, in: PAPAGEIEN 3/90 und 4/90, Arndt-Verlag, Bretten

Rowley, I. (1980): Parent-offspring recognition in a cockatoo, the galah, *Cacatua roseicapilla*, Austral. J. Zool. 28, 445–456

Rowley, I. (1990): Behavioral Ecology of the Galah *Eolophus roseicapillus* in the wheatbelt of Western Australia, Surrey Beatty & Sons Pty Limited, Chipping Norton, NSW

Rowley, I. & G. Chapman (1986): Cross-fostering, imprinting and learning in two sympatric stecies of cockatoo, Behaviour 96, 1–16

Rowley, I. & G. Chapman (1991): The Breeding Biology, Food, Social Organisation, Demography and Conservation of the Major Mitchell or Pink Cockatoo, *Cacatua leadbeateri*, on the Margin of the Western Australian Wheatbelt, Aust. J. Zool. 1991, (39), 211–261

Sachsse, C. und F. Tennstedt (1980): Geschichte der Armenfürsorge in Deutschland, Vom Spätmittelalter bis zum Ersten Weltkrieg, Verlag W. Kohlhammer, Stuttgart, 213

Sandführ, T. (2001): So a Antropofagia nos une : Assimilation und Differenz in der Figur des Antropophagen, Inaugural-Dissertation, Heinrich-Heine-Universität, Düsseldorf

Saunders, D. A. (1979): The biology of the short-billed form of the white-tailed black Cockatoo *Calyptorhynchus funereus latirostris* Carnaby, Ph. D. Thesis, Univ. of Western Australia

Saunders, D. A. (1983): Vocal Repertoire and Individual Vocal Recognition in the Short-billed White-tailed Black Cockatoo *Calyptorhynchus funereus latirostris* Carnaby, Australian Wildlife Research 10: 527–536

Schindlinger, M. D. (2005): Tondokument, Online: http://www.freeparrots.net/parrots/Sound.html

Schmid, R. (2004): The Influence of the breeding method on the behaviour of adult African grey parrots, Inaugural-Dissertation, Vetsuisse-Fakultät, Institut für Genetik, Ernährung und Haltung von Haustieren, Universität Bern, 101

Schmidt, H. (1978): Sprechende und nachahmende Vögel, Albert Philler Verlag, Minden

Schrooten, H., S. Munkes und V. Munkes (2005): Vergesellschaftung von „Großpapageien" – Anspruch und Realität, in: Die Voliere, 28. Jahrg., 2/2005, Schaper Verlag, Alfeld, 56–60

Sharp, S. P., A. McGowan, M. J. Wood & B. J. Hatchwell (2005): Learned kin recognition cues in a social bird, Nature 434, 1127–1130

Shettleworth, S. J. (1998): Cognition, evolution and behavior, Oxford University Press, New York

Sistermann, R. (1999): Untersuchung zur sexuellen Prägung handaufgezogener Großpapageien, Institut für Biologie III, Lehrstuhl für Zoologie – Tierphyiologie, RWTH Aachen

Skeate, S. T. (1985): Social play behavior in captive white-fronted Amazon parrots *Amazona albifrons*, Bird Behav. 6, 46–48

Smith, G. A. (1971): Tool using by birds, Avicult. Mag. 77, 47–48

Smith, G.T. & L. A. Moore (1991): Foods of Corellas (*Cacatua pastinator*) in Western Australia, Emu, Vol. 91, 87–92

Snyder, N.F.R., J. W. Wiley & C. B. Kepler (1987): Natural History and Conservation of the Puerto Rican Parrot, Western Foundation of Vertebrate Zoology, Los Angeles

Snyder, N.F.R., W. B.King, C.B. Kepler (1982): Biology and conservation of the Bahama Parrot, Living Bird 19, 91–14

Spitzer, G. (2003): Die Physiologie des Vogelauges – aktueller Wissensstand und offene Fragen, in: Bericht über Internationalen Workshop „Vogelschlag", Wiener Umweltanwaltschaft, 28.11.2003

Staudacher, M. (2005): Ein evolutionsbiologischer Begriff des Signalisierens, Universität Bielefeld, Bielefeld

Stauffacher, M. (2003): Störungen der Verhaltenssteuerung bei Tieren in menschlicher Obhut, Universität Zürich, Institut für Naturwissenschaften, Ethologie – Tierhaltung – Tierschutz, Ethologie Veterinärmedizin 2. Jk., 2003, Zürich

Stauffer, E. (1957): Die römische Reichsmetaphysik in Ost und West – Jerusalem und Rom im Zeitalter Jesu Christi, A. Francke Verlag, Bern, 25

Stepnell, K. & J. Dalby (1988): Australia's Parrots, National Book Distributors and Publishers, Frenchs Forest

STERN (2004): Recht im Alltag / Nachbarschaftsstreit / Papagei wegen Beleidigung erschossen, 22.05.2004. Online: http://www.stern.de/wirtschaft/versicherung/521344.html?eid=50985

Striedter, G. F., T. A. Marchant, and S. Beydler (1998): The „neostriatum" develops as part of the lateral pallium in birds, Journal of Neuroscience, 18: 5839–5849

Strunden, H. (1984): Papageien einst und jetzt – geschichtliche und kulturgeschichtliche Hintergründe der Papageienkunde, Horst Müller Verlag, Walsrode

Strunden, H. (1992): Alexandersittiche, Horst Müller Verlag, Walsrode

Symes, C. T. & M. R. Perrin (2003): Seasonal occurrence and local movements of the grey-headed (brown-necked) parrot *Poicephalus fuscicollis suahelicus* in southern Africa, Afr. J. Ecol. 41: 299–305 (Res. Cent African Parrot Cons., Sch. Bot. Zool., Univ. Natal, P. Bag X01, Scottsville 3209, KwaZulu-Natal, South African)

Tamarkin, L., C. J. Baird & O. F. X. Almaida (1985): Melatonin: A coordinating signal for mammalian reproduction?, Science 227, 714–720

Taylor, G. R. (1983): Das Geheimnis der Evolution, Fischer Verlag, Frankfurt, 134

Teitler, R. (1979): Taming and Training, Macaws, T. F. H. Publ., Neptune

Teubner, H. (2002): Einfluss verschiedener Lichtintensitäten und -qualitäten auf den Melatonin- und IgA-Spiegel im Speichel und auf das Verhalten von Jungschweinen, Diss., Tierärztliche Fakultät, Ludwig-Maximilians-Universität, München, 102, 118

Teutsch, G. M. (1987): Mensch und Tier: Lexikon der Tierschutzethik, Vandenhoeck, Göttingen

Thomson, A. L. (1964): A new dictionary of birds, Nelson, London

Thorpe, W. H. (1961): Bird Song, Cambridge Univ. Press, 45

Tinbergen, N. (1952): Instinktlehre, Paul Parey Verlag, Berlin – Hamburg, 5

Tinbergen, N. (1976): Tiere und ihr Verhalten, Time-Life, International, Nederland, B. V.

Trivers, R. L. (1972): Parental investment and sexual selection, in: Campell, Bernard (Ed.) (1972): Sexual selection and the descent of man 1871–1971, Chicago, IL, Aldine, 136–179

TVT (2006): Stellungnahme zur Handaufzucht bei Papageien, Arbeitskreis 8, Zoofachhandel u. Heimtierhaltung, Lage-Hörste, Online: http://www.tierschutz-tvt.de/handaufzucht.pdf

Ulrich, S., V. Ziswiler und H. Bregulla (1972): Biologie und Ethologie des Schmalbindenloris *Trichoglossus haematodus massena*, Dt. Zoolog. Garten N. F. (42), 51–94

Unger, R. H., Y. T. Zhou & L. Orci (1999): Regulation of fatty acid homeostasis in cells: novel role of leptin, Proc. Natl. Acad. Sci. USA 96, 2327–2332

Universität Köln (2006): Werbepsychologie, Online-Publikation: http://www.uni-koeln.de/philfak/paedsem/psych/alice/lehre/werbung/schemata_kindchen.html

US Fish & Wildlife Service (1999): Recovery plan for the Puerto Rican Parrot, *Amazona vittata*, GA: USFWS, Atlanta, 1–77

Van Hooff, J. A. R. A. M. (1962): Facial expressions in higher primates, Symp. Zool. Soc. Lond. 8, 97–125

Van Hooff, J. A. R. A. M. (1967): The facial displays of the catarrhine monkeys and apes, in: Morris, D. (Hrsg.): Primate Ethology, Aldine, Chicago, 9–88

Van Lawick-Goodall, J. (1870): Tool-using in primates and other vertebrates, Adv. Stud. Behav. 3, 95–249

Van Sant, F. (2005): The Downside of the Good Life or Problem Sexual Behaviors of Companion Parrots, in: A. Luescher (Hrsg.) Manual of Psittacine Behavior

Venuto, V. & R: Massa (1996): Vocalization structure and its possible function in the Brown-headed parrot *Poicephalus cryptocanthus*, Dipartimento di Scienze dell'Ambiente e del Territorio Università degli Studi di Milano, Italia

Venuto, V. (2001): African parrot vocalizations and their functional significance, Ostrich 2001, 224–228

Vinke, S. und Th. Vinke (2005): Persönliche Mitteilung, Filadelfia, Paraguay

Vogelnetzwerk (2003–2006): Verschiedene Beiträge / www.vogelforen.de

Völker, O. (1936): Über den gelben Federfarbstoff des Wellensittichs (*Melopsittacus undulatus*); Journal für Ornithologie 84, 618–630

Völker, O. (1937): Über fluoreszierende, gelbe Federpigmente bei Papageien, eine neue Klasse von Federfarbstoffen; Journal für Ornithologie 85, 136–146

Wagner, R. K. (2001): Handaufzucht von Papageien, Verlag Michael Biedenbänder, Dietzenbach, 109

Wallace, A. R. (2000): The Maley Archipelago, Oey, Singapore

Wanker, R. (1997): Der Einfluss der unterschiedlichen Sozialisationsbedingungen auf die Paarbindungsfähigkeit des Augenring-Sperlingspapageis *Forpus conspicillatus* – Untersuchungen zum sozialen System unter seminatürlichen Bedingungen und im Freiland, Parrot Biology 1/97, Arndt-Verlag, 3

Wanker, R., Y. Suguma und S. Prinage (2003): Augenring-Sperlingspapageien (*Forpus conspicillatus*) benutzen verschiedene Kontaktrufe für verschiedene soziale Interaktionspartner, Zoologisches Institut und Zoologisches Museum, Universität Hamburg, Forschungsseminar 2003

Wanker, R. (2005): Persönliche Mitteilungen, Universität Hamburg

Wehe, M., S. Munkes und V. Munkes (2004): Naturbruten am Beispiel von Venezuela-Amazonen, in: Gefiederte Welt 5/04, Eugen Ulmer Verlag, Stuttgart, 136, 134–137

Wehe, M. (2005): Persönliche Mitteilung, Neu-Eichenberg

Weinhold, J. (1998): Analyse des Sozialverhaltens einer Gemeinschaft von Blaustirnamazonen *Amazona aestiva* (LINNE 1758) in Volierenhaltung, in Parrot Biology, Vol. 2, Jun. 1998, Arndt-Verlag, Bretten, 106, 118, 164

Welle, K. (2006): Territorial Aggression in Your Bird, Online-Pub.:
http://www.exoticpetvet.com/caresheets/Territorial%20Aggression%20in%20your%20bird.doc

Welsch, H. (1986): Die Beringung von Papageienvögeln, pet-Mag. 2, 12 ff

Westhoff, U. (2005): Persönliche Mitteilung, Dinkelsbühl

Wetmore, A. (1968): The Birds of the Republic of Panama, Part II, Washington

Williams, S. (2003): The Yellow Shouldered Amazon Parrot, Unpublishes report to the Bonaire Department for Planning and Resource Management (DROB), World Parrot Trust, Amazona Society USA, Parrot Society UK, and Amazona Society UK

Willich, E. (2001): Rupfen – ein Papageienleid mit vielen Ursachen, in: Freiflug, Jahrgang 1, Nr. 3, Dez. 2001, Papageienschutz-Centrum Bremen eV., Bremen

Wirminghaus, JO., CT. Downs, CT. Symes, MR. Perrin, ER. Dempster (2000): Vocalisations, and some behaviours of the Cape Parrot *Poicephalus robustus*, Durban Museum Novitates 25: 12–17

Woppel, M. T. (2003): Dominanzstrukturen bei Graupapageien (*Psittacus erithacus erithacus*), Diplomarbeit, Institute of Zoology, Department of Ethology, University of Vienna

World Parrot Trust (2004): PsittaScene, Vol. 16, No. 4, Hayle, Cornwall, 2

Wright, T. F. & M. Dorin (2001): Pair duets in the yellow-naped amazon (Psittaciformes: *Amazona auropalliata*): responses to playbacks of different dialects. Ethology 107, 111–124

Wuketits, F. M. (2002): Die Selbstzerstörung der Natur – Evolution und die Abgründe des Lebens, Dt. Taschenbuch Verlag, München, 37

Würbel, H. (2005): Script Tierschutz I, Universität Gießen, Online: http://www.uni-giessen.de/~gi1547/skript.pdf

Würth, V. (2001): Obst, Gemüse und exotische Früchte für Papageien und Sittiche, Arndt-!!!Verlag, Bretten, 35

Yamashita, C. (1987): Field observations and comments on the Indigo Macaw (*A. leari*), a highly endangered species from northeastern Braszil, Wilson Bull. 99 (2), 280–282

Zhang, J. & D. M. Webb (2003): Evolutionary deterioration of the vomeronasal pheromone transduction pathway in catarrhine primates, Proceedings of the National Academy of Sciences 100 (July 8): 8337–8341

Glossar

absorbieren in sich aufnehmen
adaptiv anpassend
Adrenalin Hormon der Nebenniere, das den Stoffwechsel des Körpers auf Flucht oder Kampf vorbereitet
Aflatoxine bestimmte Schimmelpilzgifte
Allegorie sinnbildliche Darstellung
alpha-Paar in der Rangordnung an erster Stelle stehend, den Artgenossen überlegen
Antagonist Gegenspieler
antioxidativ vor „freien Radikalen" schützend, möglicherweise krebshemmend
assimilieren angleichen, anpassen
Carotin pflanzlicher Farbstoff aus der Gruppe der Carotinoide in drei molekularen Formen (α-, β-, γ- Carotin)
Carotinoide in vielen Pflanzen vorkommende Farbstoffe
Chaco Region mit Trockenwäldern und Dornbuschsavannen im Inneren
Südamerikas
Cluster Verbund, Zusammenballung von Einheiten
Corticosteroide Hormone der Nebennierenrinde, unter anderem Indikatoren für Stressbelastung
darwinistisch der Selektionslehre Darwins entsprechend: der Bestangepasste überlebt
Deprivation Entzug von Sinneseindrücken, Abschliessen von der Lebensumwelt
diametral völlig entgegengesetzt
domestizieren aus Wildformen Haustiere züchten
Ethogramm Protokoll arttypischer Verhaltensweisen
Ethologie Verhaltensforschung
Exekution Durchführung, Ausführung
Exzessivität Übersteigerung
Freie Radikale die Entstehung von Krebs befördernde Zellverbindungen
fructivor pflanzen- und fruchtfressend
Frustration erzwungener Verzicht auf die Befriedigung einer Verhaltensweise
genreproduktiv Weitergabe eigener Gene in folgende Generationen
Glucocorticoide Hormone der Nebennierenrinde, Indikator für Stress, siehe Stresshormone
granivor samenfressend
guttural gutturale Laute: Im Kehlbereich gebildete Laute
Hierarchie Form der sozialen Ordnung, Rangordnung
homogen gleichartig, in sich geschlossen
Intentionsbewegung Einleitung oder Andeutung einer Verhaltensweise ohne Abschluss derselben, Andeutungsbewegung
intervenierend einmischend
intrasexuell Sexualverhalten innerhalb einer Art
Komfortverhalten der Körperpflege dienende Verhaltensweisen
Kommentkämpfe ritualisierte Kämpfe mit geringer Verletzungsgefahr
linear auf einer Ebene, geradlinig
Lokomotion Fortbewegung
Lutein ein Carotinoid, Gefiederfarbstoff
Mandelkern Kerngebiet des Gehirns, Verarbeitung von Emotionen, Einleitung vegetativer Reaktionen
Melanin dunkles Farbpigment
monogam auf einen einzigen Geschlechtspartner bezogen
Morphologie Lehre von Gestalt und Bau der Lebewesen
Neuronen Nervenzellen
Noradrenalin Hormon des Nebennierenmarkes, eng verwandt mit Adrenalin
omega-Position unterster Rang in einem sozialen Ordnungssystem
Phänotyp Erscheinungsbild von Organismen, Prägung durch Erbanlagen und Umwelteinflüsse
Population Gesamtheit der Individuen einer Art, Anwendung meist raumbezogen
Primaten erste Ordnung der Säugetiere, Menschen, Affen, Halbaffen
Psittacofulvine papageienspezifische Pigmentstoffe
rezeptiv empfänglich
Rezeptoren Empfangseinheiten, „Andockstellen" für die Aufnahme von Eindrücken und stofflichen Elementen
ritualisiert auf einfach erkennbare, feste Handlungsweisen reduziert
Schlüsselreiz Auslösereiz
Sekundärwaldungen Vegetation, die sich nach der Zerstörung vormals unberührten Waldes herausbildet
Separation Abtrennung, Abspaltung, Herausnahme
sonografisch per Schall vorgenommene Messungen
Spektrometrie verschiedene physikalische Messmethoden
stereotyp gleichförmig, sich ständig wiederholend
Stresshormone Hormone, die im Zusammenhang mit Belastungen „ausgeschüttet" werden, Indikatoren für Stressbelastung, siehe Glucocorticoide
Synthese Vereinigung mehrerer Elemente zu einer Einheit
Tetrachromaten Lebewesen, die über einen vierten Farbrezeptor der Netzhaut verfügen
Übersprungshandlung Handlungen, die nicht mit einer angemessenen Reaktion auf konkrete Situationen in Verbindung stehen, ersatzweise Vornahme einer völlig anderen Handlung
Vitamin-D-3-Synthese Einbau von Vitamin D3 in den Organismus
Vormauer zum Endhirn gehöriger Hirnteil

Adressen

Futtermittel:

Bird-Box
Gewerbepark
Talstraße 27
41751 Viersen-Duelken
Tel.: 02162/8191810
http://www.bird-box.de/

Futtermittel Hungenberg
Am Krausenbaum 50 a
41464 Neuss
Tel.: 02131/940282-940382
http://www.futtermittel-hungenberg.de/index.php

Grünschnabel Bio Futtershop
Humboldtstraße 80
98693 Ilmenau
Tel.: 03677/461902
http://www.biofuttershop.eu/xt-shop/index.php

Papageien Paradies Wagner
Leopold-Hoesch-Straße 23
52511 Geilenkirchen
Tel.: 02451/693330
http://www.parrotshop.de/

Papageien-Schutz-Zentrum
TAZE e. V.
Rosenstraße 10
54587 Lissendorf
Tel.: 06597/3072
http://www.taze.org/

Quiko GmbH
Franzstraße 95
46395 Bocholt
Tel.: 02871/24870
http://www.quiko.de/petshops.html

Rico's Futterkiste
Friedrichstraße 120
71638 Ludwigsburg
Tel.: 07141/281280
http://www.ricos-futterkiste.eu/cgi-bin/index.pl

Geschlechtsbestimmung, labortechnische Blut- und Kotuntersuchungen, veterinärmedizinische Analysen:

Eurofins Medigenomix GmbH
Frauenhoferstraße 22
82152 Martinsried
Tel.: 089/899892-0
http://www.medigenomix.de/

Klinik für Vögel, Reptilien, Amphibien und Fische
Fachbereich Veterinärmedizin
Justus-Liebig-Universität Gießen
Frankfurter Straße 91–93
35392 Gießen
Tel.: 0641/9938431
http://www.vetmed.uni-giessen.de/vet-gefl/

taurus diagnostik
Universität Bielefeld, Bio V, W7-227
Universitätsstraße 25
33615 Bielefeld
Tel.: 0521/1065484
http://www.tauros-diagnostik.de/

Universität Leipzig
Veterinärmedizinische Fakultät
Klinik für Kleintiere
An den Tierkliniken 23
04103 Leipzig
Tel.: 0341/9738700
http://kleintierklinik.uni-leipzig.de/

Vet Med Labor GmbH
Mörikestraße 28/3
71636 Ludwigsburg
Tel.: 01802/838633
http://www.vetmedlabor.de

Bildquellen

Umschlagfoto: Bildagentur Waldhäusl/ Arco Digital Images/Sohns J. & C.

Roland Adam, Hörstel: S. 24, 52, 75 unten.
Arendt und Schweiger, Efringen: S. 41.
Bettina Böhm, Niederlehme/Beate Hein, Halver: S. 59.
Christine Breda, Reher: S. 60 unten.
Stefanie de Buhr, Backnang: S. 60 oben.
Ingrid Bunse, Köln: S. 67, 83.
Regina und Jörg Eidner, Berlin: S. 68 oben.
Nicole Gehrmann, Dinslaken: S. 106 links.
Goldstein & Willems, Witten: S. 64 unten.
Reinhold Hackmann, Recke: S. 114.
Christian Hesse, Oberhausen: S. 97.
Stephan Heub, Neuss: S. 113 links und rechts.
Walter Jahn, Falkenberg: S. 19 rechts, 75 oben rechts.
Marco Jung, Alpen: S. 73.
Heinz-Dieter Kaatz, Krefeld: 18, 23 oben, 25, 37, 45, 77, 124.
Koos Nieuwhof, Capelle/NL: S. 19 links, 106.
Kai Kriebel, Gersthofen: S. 69.
Inga Kühn, Kiel: S. 21.
Lothar Ortmann, Bad Laasphe: S. 7, 8, 78 links und rechts.
Papageien Paradies Wagner eK, Geilenkirchen: S. 86 unten rechts.
Alfredo Pisacane, Köln: S. 17 rechts, 117.
Dorothea Rink, Sinsheim: S. 26.
Ralf Schmeling, Linsburg: S. 92 unten.
Anni Schöttl, Neustraubling: S. 92 oben, 101.
Heidrun Schrooten, Hünxe: 11, 14, 16, 17 links, 23 unten, 26, 27, 36, 46 oben links, 58, 61, 63 oben, 63 unten, 64 oben rechts, 65 links und rechts, 66, 68 unten, 71, 75 oben links, 79 links und rechts, 81, 86 oben, 86 unten links, 102, 103, 104, 116 unten, 123.
Anne-Dore Schwarz, Geltendorf am Ammersee: S. 85.
Christa Strobl, Hohenstein: S. 87.
Sunbird Images, Mullen & Pohland, Wülfrath: S. 29.
Anja Upmeier, Barntrup: S. 3, 22.
Elektrotechnik Vogel, Schwabach: S. 105.
Thomas u. Sabine Vinke, Filadelfia, Paraguay: S. 43.
Petra Wild, Stuttgart: S. 54.

Die Zeichnungen erstellte Helmuth Flubacher, Waiblingen, nach Vorlagen des Autors.

Register

Haftungsausschluss

Autor und Verlag haben sich um richtige und zuverlässige Angaben bemüht. Fehler können jedoch nicht vollständig ausgeschlossen werden. Eine Garantie für die Richtigkeit der Angaben kann daher nicht gegeben werden. Haftung für Schäden und Unfälle wird aus keinem Rechtsgrund übernommen

Impressum

Bibliografische Information der Deutschen Nationalbibliothek

Die Deutsche Nationalbibliothek verzeichnet diese Publikation in der Deutschen Nationalbibliografie; detaillierte bibliografische Daten sind im Internet über http://dnb.d-nb.de abrufbar.

Wollgrasweg 41, 70599 Stuttgart (Hohenheim)
E-Mail: info@ulmer.de
Internet: www.ulmer.de
Umschlagentwurf:
Lektorat: Dr. Eva-Maria Götz, Helen Haas
Herstellung: Ulla Stammel
Reproduktionen: brk, Stuttgart-Plieningen
Druck und Bindung: Firmengruppe APPL, aprinta druck, Wemding

Printed in Germany

ISBN 978-3-8001-5446-3